北京冬奥会延庆赛区
建设记忆（下册）

2022

《国家重大工程档案》编辑部　编著

人民交通出版社股份有限公司
China Communications Press Co.,Ltd.

图书在版编目 (CIP) 数据

北京冬奥会延庆赛区建设记忆 . 下册 /《国家重大工程档案》编辑部编著 . —北京：人民交通出版社股份有限公司，2022.12

ISBN 978-7-114-18373-7

Ⅰ.①北…　Ⅱ.①国…　Ⅲ.①冬季奥运会—体育建筑—建筑工程—概况—延庆区　Ⅳ.① TU245.4

中国版本图书馆 CIP 数据核字 (2022) 第 237624 号

Beijing Dong'aohui Yanqing Saiqu Jianshe Jiyi (Xiace)

书　　名：北京冬奥会延庆赛区建设记忆 (下册)
著 作 者：《国家重大工程档案》编辑部
责任编辑：齐黄柏盈
责任校对：赵媛媛
责任印制：刘高彤
出版发行：人民交通出版社股份有限公司
地　　址：(100011)北京市朝阳区安定门外外馆斜街3号
网　　址：http：//www.ccpcl.com.cn
销售电话：(010)59757973
总 经 销：人民交通出版社股份有限公司发行部
经　　销：各地新华书店
印　　刷：北京地大彩印有限公司
开　　本：889×1194　1/16
印　　张：22.5
字　　数：412千
版　　次：2022年12月　第1版
印　　次：2022年12月　第1次印刷
书　　号：ISBN 978-7-114-18373-7
定　　价：180.00元

(有印刷、装订质量问题的图书，由本公司负责调换)

卷首语

————

　　国际奥林匹克运动，对于世界文明的发展和人类社会的进步，具有重大意义。中国北京已于 2008 年成功举办夏季奥运会，又于 2022 年举办冬季奥运会，这使北京成为世界首座"双奥之城"，使中国成为国际奥林匹克运动至关重要的一员。从参与者到举办者，从支持者到担当者，不仅体现了中国对奥林匹克运动的贡献，也体现了中国构建人类命运共同体的民族担当；不仅展示了中国"阳光、富强、开放"的良好形象，也增强了中国走自身特色发展道路的坚定信心；不仅展示了中国工程建设的卓越实力，也将推动中国建筑行业的创新发展。

　　习近平总书记指出："历经 7 年艰辛努力，北京冬奥会、冬残奥会胜利举办，举国关注，举世瞩目。中国人民同各国人民一道，克服各种困难挑战，再一次共创了一场载入史册的奥运盛会，再一次共享奥林匹克的荣光。事实再次证明，中国人民有意愿、有决心为促进奥林匹克运动发展、促进世界人民团结友谊作出贡献，而且有能力、有热情继续作出新的更大的贡献！"[1]

　　北京冬奥会、冬残奥会是在全党全国各族人民向第二个百年奋斗目标迈进的关键时期举办的重大标志性活动。冬奥盛会取得了"坚持党的集中统一领导，坚持集中力量办大事，坚持主动防范应对各种风险挑战，坚持办赛和服务人民、促进发展相结合"的宝贵经验，创造了"胸怀大局、自信开放、迎难而上、追求卓越、共创未来"的北京冬奥精神，还为后人留下了珍贵的冬奥遗产。

　　北京冬奥盛会硕果累累，场馆建设是取得这些成绩的重要前提，是办好北京冬奥会、冬残奥会的重中之重。北京冬奥会场馆和基础设施建设，自 2016 年开始规划设计，2017 年开工建设，2020 年底所有新建、改造竞赛场馆和主要非竞赛场馆基本完工，2021 年全部交付使用。冬奥会场馆及其配套设施的建设，落实了"绿色、共享、开放、廉洁"的办奥理念，突出了"科技、智慧、绿色、节俭"的建筑特色，为赛会的

---

[1]参见:《在北京冬奥会、冬残奥会总结表彰大会上的讲话》，《人民日报》，2022年4月9日02版。

成功举办打下了坚实基础。

延庆赛区是北京 2022 年冬奥会、冬残奥会的三大赛区之一，其核心区位于北京市延庆区燕山山脉军都山以南的海陀山区域、小海陀南麓山谷地带，南临延庆盆地，邻近松山国家森林公园自然保护区。国家高山滑雪中心、国家雪车雪橇中心两大竞赛场馆，延庆冬奥村、山地新闻中心两大非竞赛场馆，以及大量配套基础设施，就建设在这里。

延庆赛区的建设是北京冬奥会场馆建设中挑战性最强的建设项目。赛区场馆及其配套设施全部为新建，工程建设面临四大挑战：一是场馆设计、建设、运行方面的"零经验"；二是高山、深谷、密林环境所带来的规划、建设、运行的"高难度"；三是高标准赛事、体育与文化融合和向世界展现中国文化的窗口的"高要求"；四是对生态敏感地区的环境保护和经济不发达地区的可持续发展所必须做出的"综合考量"。但延庆赛区一直在攻坚克难中前行，工程建设者们赢得了挑战。

面对"零经验"和"高难度"，建设者们采取中外融合工作方式，发挥中方单位熟悉国内情况、各专业力量充足、工作效率高的特点，与国外相关领域权威高度协同开展工作，因地制宜提出创新性解决方案，对各种特殊建造难点进行重点突破，使小海陀这片在建设之初还无水、无电、无路、无通信信号的"四无"山区，崛起了一座崭新的冬奥之城，为北京 2022 年冬奥会的成功举办提供了坚实保障。

面对"高要求"和"综合考量"，建设者们主动作为，把国际组织的需求与中国自身的条件及发展需要结合起来，把办一届"精彩、非凡、卓越"的赛会的目标与延庆赛区可持续发展的长期目标统筹起来，坚持自我，勇于创新，使得延庆赛区不仅出色地完成了比赛任务，也为世界提供了一份举世瞩目的"精彩、非凡、卓越"的建筑记忆。

正如习近平总书记所指出："冬奥遗产成果丰硕，实现成功办奥和区域发展双丰收。北京冬奥会、冬残奥会筹办举办对国家发展特别是京津冀协同发展具有强有力的牵引作用。我们把冬奥筹办举办作为推动京津冀协同发展的重要抓手，区域交通更加便捷，生态环境明显改善，产业联动更加紧密，公共服务更加均衡。"①

---

① 参见：《在北京冬奥会、冬残奥会总结表彰大会上的讲话》，《人民日报》，2022 年 4 月 9 日 02 版。

延庆赛区的场馆设施建设，不仅留下了"雪飞燕"（国家高山滑雪中心）、"雪游龙"（国家雪车雪橇中心）等造福人民的优质资产，还造就了一方绿水青山和旅游胜地。建设者们围绕"山林场馆、生态冬奥"理念，从规划设计到工程建设，从建筑设计、景观设计、赛道设计的联合创新，到项目建设、生态环保、可持续利用的科技攻关，都在办好赛会的前提下，最大限度地注重奥运遗产的长期良性利用、运营和可持续发展，最大程度地减少工程建设对既有自然环境的扰动，使建筑景观与自然有机结合。现在，延庆赛区建成了国际一流的、具有里程碑意义的国家高山滑雪中心、国家雪车雪橇中心，建成了国家级雪上训练基地，建成了集山地冰雪运动、休闲旅游、冬奥主题公园为一体的服务空间；成为体现绿色、生态、可持续发展理念的工程典范，是北京 2022 年冬奥会、冬残奥会的重要遗产。

为创造历史的人们记录历史，让历史告诉未来。北京冬奥会延庆赛区的冬奥场馆设施建设，是中国建筑史上崭新的篇章。本书对北京 2022 年冬奥会及冬残奥会延庆赛区的国家高山滑雪中心、国家雪车雪橇中心两大比赛场馆，延庆冬奥村、山地新闻中心两大非竞赛场馆，以及大量配套基础设施的建设，从规划、勘测、设计，到施工、运营及赛后利用的全过程，进行全面、系统的记录；对建设过程中的党建引领、科技创新和生态修复与环境保护，做史料性、经验性的记述；对工程建设中的亮点、重点、难点及在攻坚克难中创造的文化、科技成果和优秀建设团队及个人，予以客观、真实的反映，以期为北京冬奥工程建设留下一份珍贵的记忆，为中国建筑史留下一个全新的篇章，为冬奥工程的建设者和延庆的经济社会发展提供一种独特的价值。

《国家重大工程档案》编辑部
《北京冬奥会延庆赛区建设记忆》编审委员会
《北京冬奥会延庆赛区建设记忆》编辑委员会

序

———

　　遵循以习近平同志为核心的党中央着眼我国改革开放和现代化建设全局作出的重大决策，中国奥委会于 2013 年 11 月 3 日正式致函国际奥委会，提名北京市为 2022 年第 24 届冬奥会的申办城市。2015 年 7 月 31 日，在马来西亚首都吉隆坡举行的第 128 届国际奥委会全体会议上，北京如愿获得举办权。

　　2015 年 12 月 15 日，北京 2022 年冬奥会和冬残奥会组织委员会（简称"北京冬奥组委"）成立。北京控股集团有限公司（简称"北控集团"）成为延庆赛区的主建设方，在北京冬奥组委领导下，在北京市委市政府、市重大项目办、延庆区组织下，负责延庆赛区的场馆建设、运营和赛后利用。这是北控集团担当国家使命、迎接时代挑战、发挥企业能力、走上国际奥运建设第一阵营的重大契机。我们北控人胸怀祖国、放眼世界、勇挑重担、不辱使命，创造了"雪飞燕""雪游龙"等中国建筑史和国际奥运史上的杰作，向世界展示了中国能力，实践了中国方案，彰显了中国精神。

　　奥运场馆建设是北京冬奥的重中之重，而延庆赛区则是北京冬奥场馆建设中的难中之难。延庆赛区的所有场馆及其配套基础设施，全部为新建，其建设周期最短、施工难度最大、设计标准最高、质量要求最严、现场参建队伍最多。因此，北控集团自领受延庆赛区建设任务伊始，就秉承"让北京为北控而骄傲，让世界为北京而骄傲"的宗旨，从工程进度、安全质量、环保科技、赛事服务等各个方面，举全集团之力，人人全身心投入，从零开始，一往无前。

　　在延庆赛区建设开局之始，我们北控人就到往届冬奥会场馆开展实地学习考察，请国际专家来项目上进行交流指导，为圆满完成场馆建设任务奠定了基础。在建设过程中，面对雪道设计与地形实况存在巨大矛盾的工程挑战，我们根据实际情况，多方协作，调整设计，提出中国方案，在山脊、谷底间筑起了面积达 25.15 万平方米的 4 条冬奥竞赛雪道，在保证设计目的能够达到的同时，既降低了建设成本，又缩短了工期，使"高山滑雪"项目这颗"冬奥会皇冠上的明珠"在延庆大放异彩；面对建设难度极大的双曲面雪车雪橇赛道的毫米级精度要求，我们基于国内相关产业的技术优势，应用包括高精度 BIM 在内的系列先进技术，对传统的夹具范式和制造工艺进行了改进，大幅提高了制造效率和赛道骨架安装的精度保障，建成了被国际雪车联合会主席伊沃·费里亚尼所称赞的"近几年全球新建赛道里最好的一条"的雪车雪橇赛道；面对历史上首次雪车雪橇赛道位于山体南坡带来的阳光照射威胁赛道冰面安全、增大能耗的课题，我们开创性地构建了赛道遮阳棚、遮阳帘与"人工地形"结合形成的"地形气候保护系统"，确保了北京 2022 年冬奥会赛事的高质量进行。针对冬奥村设计，我们力求做到与众不同且体现中国特色。由此，与以往奥运村常见的"高楼大厦"形成鲜明对比，延庆冬奥村呈现出的是一个美轮美奂的"冬奥山村"。冬奥村的建筑体现的是中国北方山村模式，"村落"依山形地势而建，秉承中国传统的山水文化，半开放的院落中，原有的树木成为主角，让建筑掩映于山水林木之中。

各国专家和冬奥会官员们，在与我们共同工作的日日夜夜里，见证了中国建设者如何执着地追求更好的方案，如何改造运输设备、调集各种力量，在没有供水、供电、道路和通信信号的大山里创造施工条件，如何从无到有地创制标准规范，用忘我的奋斗，用聪明才智，坚定不移地、充满必胜信念地前进，创造出惊艳世界的杰出成就。

来到北京冬奥会延庆赛区的各国运动员、教练员们，看到了山林掩映中的场馆、公路绕行保护的珍稀植物，看到了我们不辞繁难的生态修复工作所达成的与自然和谐共存的环境，见证了中国人践行"绿水青山就是金山银山"理念的最新成果，见证了我们启动预案，集体动员，保障道路畅通、赛道安全的使命感和行动力。

北京冬奥会的成功举办，说明我们已经跻身于以往为欧洲、北美国家和日本等国所占据的、更高精度的建设领域，在高山滑雪、雪车雪橇这些中国人以前从未涉及的冬奥基础设施建设之中，北控集团代表中国，给出了完美的答案。而且，我们还以独特的创见，为世界奥运建筑的建设提供了新思路、积累了新经验，扩展了未来其他冬季运动国际赛事相关建设的解决方案库，乃至为更广阔的建筑设计领域增添了又一项可资借鉴的中国方案。

北京冬奥会的成功举办，不仅让世界见证了中国能力、中国方案和中国对国际奥林匹克运动的卓越贡献，还让全世界人民看见了新时代的中国景象、中国精神和中国人民在中国共产党的领导下砥砺前行的强大力量。

随着北京冬奥会的完美落幕，一份早已绘就的、对于冬奥遗产可持续利用的蓝图，已经展开在我们面前。延庆赛区的赛前建设和赛时运营，留下了一份丰厚且富足的奥运遗产，不仅包括建筑物的物质遗产，还有包括重大国际赛事举办经验、奥林匹克精神薪火传承在内的精神遗产。为充分利用好奥运遗产，实现全民共享冬奥成果，2022年5月1日，延庆奥林匹克园区正式对外营业，"最美冬奥城"第一时间呈现于世人面前。我们还将大力推进冰雪产业的可持续发展，更多的惊喜与精彩值得期待。

"更快、更高、更强、更团结"的格言，在北京冬奥会上，闪耀着奥林匹克运动的光辉，这也是我们北控集团参与冬奥建设运营的生动写照；北京冬奥会"一起向未来"的主题口号，表现了人类社会的愿望，这也是我们北控人勇毅前行的心声；《北京冬奥会延庆赛区建设记忆》忠实、全面、客观地记录了建设者砥砺奋进的足迹，这里面有我们的智慧、汗水和生命中光辉的岁月。

时间可以作证，在延庆赛区留下的像"雪飞燕""雪游龙"等气势磅礴、足以载入史册的绝美建筑，以及如诗画般铺陈于山林间的延庆冬奥村，将作为我们北控集团永攀高峰的里程碑，矗立在中华民族伟大复兴的征途上！

共筑中国梦，一起向未来。

北京控股集团有限公司党委书记、董事长

将中国梦与奥运精神织进项目经纬

——记北京冬奥会延庆赛区建设运行项目管理工作

　　机会永远只属于敢于胜利、勇于拼搏者，对于走在伟大复兴征程上的中华民族来说是如此，对于北京2022年冬奥会、冬残奥会延庆赛区建设运行项目的业主单位——北京控股集团有限公司（简称"北控集团"）来说同样如此。

　　在2022年冬奥会的申办阶段，北控集团即作为延庆赛区业主的意向单位之一，名列中国向国际奥委会提交的申办文件之中。对于这样一份当时只是有可能落在自己肩上的特殊使命，北控集团认为自身作为拥有成功接待APEC峰会的北京雁栖湖国际会展中心，以及北京城市副中心建设等重大项目管理经验和相应人才储备的主办城市本地龙头企业，有责任贡献力量。于是，马上开始将自身带入到项目业主的角色中去，以主人翁的心态全力开展项目管理的准备工作：派出先遣队调查项目所在区域建设条件，协助中国奥委会进行储雪等技术试验，积极建立对项目情况的认识；遣员赴外国的冬奥会场馆，特别是当时正在建设中的韩国平昌冬奥会的场馆进行调研；邀请相关国际组织的专家进行技术交流……

　　最终，北控集团凭着对项目的透彻理解和技术上的准备，顺利当选为北京2022年冬奥会延庆赛区建设运营的业主单位；随即安排北京北控置业有限责任公司（2017年10月更名为北京北控置业集团有限公司，简称"北控置业集团"）调集原APEC峰会相关项目的骨干力量组建北京北控京奥建设有限公司（简称"北控京奥公司"），作为延庆赛区建设运营项目A部分，即国家高山滑雪中心、国家雪车雪橇中心两个竞赛场馆及配套设施项目的建设单位。同时，安排北控置业集团作为政府出资人代表，与社会资本方共同出资成立了北京国家高山滑雪有限公司，作为项目B部分，即延庆冬奥村、山地新闻中心建设及延庆赛区赛后改造运营项目的建设单位。

　　这个飞峙于北京市第二高峰，翻腾于云层上下的项目，终于迎来了它的管理者。可这样一个对中国而言是前所未有的项目，该如何管理呢？项目位于原始山林之中，工程建设所需的水、电和通信信号都没有，甚至道路也没有，不要说机械设备、建筑材料运不上去，一些陡峭处连人爬上去都费劲；新冠肺炎疫情之下，国际奥委会专家无法来华，对项目的定期检查只能通过互联网进行，不仅中外团队的时差难以协调，不同工作机制的对接更是平添难度；工期极为紧张，品质要求超高，但不能放松对绿色办奥、节俭办奥的追求……

这样一个项目，该怎么管？

牵手全球参建单位的"千根线"

从 2017 年建设开始的第一天起，北京 2022 年冬奥会延庆赛区就预先"欠下"了几百天的工期。项目所在的山区，每年 11 月即开始进入严寒期，最低温度可达 –30℃，阵风可达 11 级，直到来年 5 月才真正化冻，严重影响施工；6 月开始又进入汛期，直到 9 月才出汛，一年里真正适合施工的时间剩不下多少，看似距离冬奥会开幕还有四五年，实际可用工期却要短得多。

如此紧张的工期，每一天都不能浪费。因此从施工伊始，第一件事即是限期一个月抢通从海拔 800 米处到海拔 1500 米处的施工道路，确保施工周期在理想施工季节到来的一天同步启动，到 2021 年底完成数万平方米临时设施的搭建，项目全程始终处在白热化的"战斗"状态。在此期间，各种环境恶劣、工期紧张、规范空白带来的超出设计、施工单一环节范畴和参建单位各自能力之外的困难，都需要通过项目的管理来协调赛区内外部关系，解决各种问题；国际奥委会、各相关国际单项体育组织、外方设计单位和供应商与延庆赛区的距离跨越整个地球，中外各方工作流程、技术标准差异甚大，时差大到昼夜颠倒，更需要通过项目的管理加以梳理、实现对接；大量烦琐、艰深的技术攻关，也需要通过项目的管理，整合各相关单位的力量形成合力，多方调集资源提供助力。

从海拔 1500 米的施工点到海拔 2200 米的施工点，山势越发陡峭，项目前期人员攀爬竟需要三四个小时才能抵达，项目管理工作穷尽了一切办法解决建筑材料上送的问题，包括调动骡马（以每匹不能超过 100 千克的运力"蚂蚁搬家"）、改装六轮驱动的运输车辆，乃至进行直升机吊装；面对风险很大的直升机山地作业没有规范可循的局面，项目管理工作既要向上级主管单位和相关领域主管部门负责，又要解决外聘飞行员的问题，对现场地形气象条件、起吊规程、卸载指挥调度的把控更是容不下丝毫疏忽，必须落实到整套的保障措施和专门的团队中，以至于吊运阶段结束后，北控置业集团总经理、北控京奥公司董事长兼总支书记李书平成了半个直升机专家，对国内可以触及的米 -26、卡 -32、米 -171 等机型如数家珍。

而针对赛区所在地电力基础设施薄弱、无法按时供电的问题，北京国家高山滑雪有限公司加强各业务统筹协调，优化审核流程，编制完成柴油发电机使用方案，满足了施工启动过程中的用电需求，保障了用电安全。为了降低用电成本，积极与管廊建设方面沟通协调，借用施工用电，为施工有序开展和加速推进创造了先决条件。

国家雪车雪橇中心赛道的设计单位——德国戴勒公司给出的设计周期，与依据 2019 年冬进行雪车雪橇测试赛的规划倒排出的抢工期的需求形成了矛盾，以至于到 2018 年 8 月，施工单位得到的图纸仍然寥寥可数。为此，经过北京冬奥组委的协调，确定了依照进度相对较快、国内设计单位出具的国家雪车雪橇中心地下基础部分的图纸提前开工，待外方图纸到位后再进行深化的安排，由此形成了让图纸进度追赶施工进度，从而确保了建设进度的"神奇"局面。

国家雪车雪橇中心空间双曲面赛道施工所必须的喷射混凝土施工相关材料、工艺等整套技术，是国内未曾涉足的。项目管理部门基于施工单位的研发成果，请来美国喷射混凝土领域权威专家和行业组织的会长进行现场指导，并手把手地传授混凝土喷射的施工方法，成功推进了相关课题的研究。

从帮助参建单位扫清各种障碍，到协调各参建单位之间的关系，各种形式的项目管理工作在建设进程中无处不在、无时不有，宛如一根根细腻且坚韧的丝线，将各方力量、各种要素和谐、紧密地编织在一起，一点一点将赛区恢宏的图景变为现实。

卓越追求指向的"一个点"

尽管带来的压力如此之大，工期对于延庆赛区建设项目而言却不是唯一重要的。"安全、进度、品质等等要素达到一个平衡的点，才能成就一个成功的项目。"李书平说，"项目管理工作就是要求得出各个要素之间的最优解，主导各参建单位向着这个最优解无限靠近。"

建筑品质的价值通过人的体验得到兑现，除了设计中的艺术理念和文化内涵外，也渗透在方方面面的建造细节之中。如何通过延庆赛区的建造品质展现中国人对美好生活的理解和向往的愿望，并将其转化为建

设工作中的具体指标？项目管理工作的抓手，就是在满足雪车雪橇赛道毫米级精度、几十千米长制冷管道制冰均匀等国际奥委会和各国际单项体育组织苛刻的体育建筑技术要求的基础上，按照鲁班奖、詹天佑奖、竣工长城杯、结构长城杯的标准，对建设过程进行约束。

山地施工的空间极为局促，不同专业、不同单位间的交叉是家常便饭，确保安全的项目管理工作和确保工期一样不容丝毫妥协。赛区面积广大，又紧邻自然保护区，施工过程中的山林消防安全挑战巨大。项目管理工作采取了广设 10 立方米容量的大水罐，并为之加装太阳能和风能加热装置进行防冻的方式，配合覆盖整个赛区的红外线监控，以求杜绝火灾隐患。

不仅如此，项目管理工作还肩负着将习近平总书记叮嘱的节俭特色和绿色办奥的理念贯彻落实的责任。

建设项目落实成本控制的大头在规划设计阶段。为此，针对国家高山滑雪中心、国家雪车雪橇中心这样中国前所未有的特殊建筑，项目管理工作须在充分吃透、尊重其设计方案背后的设计精神和客观需要的基础上，根据项目实际情况，找到降低成本的空间，并取得外方设计单位的支持和配合。

作为这一领域的初学者，谈何容易？

国家高山滑雪中心的外方设计团队给出竞速雪道的图纸时，中方感受到了巨大的压力：照此设计施工，将需要沿着山势对山脊进行巨量的挖方。外方设计的初衷是塑造出充满挑战、能够让世界顶尖运动员充分发挥竞技水平的坡度和赛道曲线，但现场陡峭的地形、恶劣的施工条件，使得巨大的挖方量将带来工期无法保证的严重风险和巨大的成本。项目管理工作要如何才能在竞赛需要与保证工期和坚持节俭原则的矛盾之间，找到一个"最优解"？

唯有一寸一寸地研究图纸所欲实现的竞赛效果，结合对现场地形的深度调查，找到既能实现设计所欲达到的目的，又能节省工程量的方法。辛苦扎实的工作之下，中方提出将雪道整体抬升 2~3 米的调整设计的设想，赢得了外方设计团队的重视。设计人员专门乘飞机飞过半个地球，来到延庆赛区实地考察中方设想的可行性，并最终同意。只此一举，成功节省了 20 万立方米土石方所需耗费的工期和成本。

设施设备选型的工作也是一样。国际奥委会和国际单项体育组织在专业化程度很高的冬季运动相关特种设备的采购上有其惯例。而北京

2022 年冬奥会延庆赛区的项目管理工作要践行节俭办奥原则和严格规范招采手续，便不可避免地要面临与国际奥委会相关管理矩阵磨合的问题。唯有吃透赛事需求、供应商的产品特色和技术指标，乃至全球市场的状况，才能实现与国际奥委会和国际单项体育组织管理工作的顺畅对接。

环保理念，尤其是生态环境保护理念的落实，同样不可避免地给各参建单位"出难题"。无论是冬奥村施工全过程中绕开原地保护的 127棵珍稀树木，跟进每一株异地保护苗木的迁移、回植过程和养护情况，还是在坡度超过 40°的崖壁上剥离、回填表土，进行生态修复，都会极大地增加项目的复杂程度，给工期带来挑战。项目管理工作组首先提高站位、自我加码，基于专业团队对赛区所在地域生态环境的本底调查，结合项目建设的具体情况，与北京冬奥组委一道提出了包含 55 条内容的生态环境保护措施矩阵。而后，一方面成立环保及可持续发展工作组，并要求各施工单位、监理单位专设领导及工作人员负责相关工作，派出技术人员参与相关课题的研究，确保了生态环境保护矩阵中的每一项任务都分解到对应参建单位的具体工作中去。另一方面，聘请第三方环保管家，并且积极拥抱舆论监督，高度重视并为曾经参与制定生态保护矩阵的北京林业大学张志翔教授及其团队每月攀登赛区山岭、查看生态保护工作状况并出具调查报告的志愿行动提供方便，使包括项目管理者自身在内的所有参建方的生态保护措施落实情况得到有效监督。

从充分考虑节俭办奥和赛时、赛后赛区运营工作的品质与效率，向中外设计团队提要求，到坚决守好安全关、环保关，给施工、监理单位"出难题"，如果将一个项目的建设过程视为一个人的成长历程，这样的项目管理工作便正是一个人追求卓越的具象化体现。而北京 2022 年冬奥会延庆赛区项目管理工作在如此追求卓越的志愿之下，梳理、组织、激励相关的各方力量、各种要素向着项目建设"最优解"抵近的效果，已经在冬奥会、冬残奥会期间来自世界各地的运动员、教练员、竞赛官员的交口称赞中，得到了最好的证明。

将奥运精神灌注进项目经纬的"一根针"

2022 年 2 月 11 日，气象服务部门预报，延庆赛区将迎来一场持续时间长、气温下降幅度大、能见度低的降雪。由延庆冬奥村通至国家高山滑雪中心集散广场及两个结束区 7.6 千米长的赛区 2 号路，平均坡度达 8%，一旦被冰雪覆盖，将给行车安全带来巨大的安全隐患，很可能会干扰冬奥会的赛程。同时，大雪也会给冬奥村中运动员、教练员、赛会官员的生活带来不便。

顶着大雪保证道路通畅，这是一场没有取巧方案、只能正面迎击的战斗，需要顽强的"战士"，需要高效的组织。

在冬奥村，"战士"们提前一天到达预定"战位"，在大雪如期而至后连续奋战 25 个小时，保证了严寒供电、供热的安全和稳定，"村民"出行不受天气影响；在弯曲盘旋的山路上，众多不同专业领域、分工条线的项目管理人员、服务人员与保洁团队并肩作战，轮班上阵，昼夜不息，实现了对赛事"随下随清，雪停路净"的承诺。

"战士"们何以能释放出如此大的能量，"战斗"何以能实现如此有效的组织？

延庆赛区的建设和冬奥会、冬残奥会期间的运行保障是一场漫长的战役，有些环节需要积极主动地挑战智慧的极限，有些领域需要数年如一日地专注和勤奋，有些时候需要集中迸发的斗志和热情，而所有这些都需要精神力量的引领和支撑才能实现。北控京奥公司党总支在北控集团党委和北控置业集团党委的领导下，联合各参建单位组建了北京 2022 年冬奥会和冬残奥会延庆赛区核心区联合党委。正是在联合党委指引下，项目管理工作才能将勇于挑战、追求卓越、团结一心的精神力量调动起来，灌注到赛区建设和运行保障的点点滴滴之中。

在前期建设阶段，联合党委的执行副书记轮值机制成功促进了参建各方集思广益、相互借鉴。各单位根据轮值当时项目上遇到的技术、工艺、管理难题，组织考察自家典型项目，分享经验、心得，帮助其他单位获得启发、拓宽思路。同时，各单位针对赛区地处山区，建设者进出不易，与外界隔绝的时间长、程度深、生活单调的状况，请来专业人员提供理发、心理疏导等服务；组织球赛丰富建设者的生活；逢年过节争取到电信运营商向坚守岗位的建设者赠送网络流量，方便建设者与家人通过网络视频连线……各种关心建设者生活的举措，也通过轮值机制在整个赛区得到推广，对于保证整个赛区始终拥有旺盛的士气发挥了重要的作用。这一机制得到了中宣部的高度评价，联合党委也荣获北京市委宣传部、首都文明办组织评选的"2021 北京榜样"年度特别奖。

　　在场馆及运行保障机制的测试方面，项目管理工作因新冠肺炎疫情的影响面临巨大挑战。本应由国际奥委会专家定期来到延庆赛区，针对施工技术标准和进度进行的"飞行检查"，不得不让位于赛区乃至国家防疫的需要，改为线上进行。昼夜颠倒的时差同时增加了中方团队和外方专家的工作强度，很多中方人员不得不时常处于晚间与外方专家开会，次日继续在项目上指导工作的连轴转状态。同时，通过网络视频而非外方专家亲至现场的方式进行检查，以及在不能当面交流的情况下进行中方项目管理工作与国际奥委会工程进度管理矩阵的对接，沟通成本也大幅提高。

　　到了 2021 年底，进行世界杯级测试赛时，项目管理工作的强度更是达到了空前的程度。由于防疫的需要，整个测试赛与未来的冬奥会一样，处在与社会隔绝的闭环管理状态之下，这使得人员、物资进出的管理面临双重压力：疫情传播将给赛区建设乃至冬奥会举办带来无法估量的严重风险，因此防疫管理不能有丝毫松懈；但与此同时，国际单项体育组织技术代表根据运动员表现和反馈，乃至实况转播情况，针对场馆细节提出的全部，甚至是反复多次的调整要求，都必须在测试赛期间落实并立即检验其效果。仅运动员自雪车雪橇赛道出发区 1 起跑时，出发区 2、出发区 3 所需的挡板，就进行了 5 轮修改。而该挡板长约 14 米，重达几百千克。对其进行的修改需要使用卷扬机等大型设备，必须连夜完成，以便次日再次进行测试，还需要从赛区外调入专业技术人员。最终，该项修改是由河北省的技术工人穿着防护服进入赛区施工完成的。

为期 50 天的测试赛，项目管理部门的工作是在两班倒，24 小时不停，白天服务比赛，晚间服务中国国家队训练，间隙落实修改要求中度过的，没有坚韧的毅力和极大的耐心，这些专业细致的工作难以完成。

北京 2022 年冬奥会和冬残奥会延庆赛区这个"北京市海拔最高的联合党委"，带给建设者的精神力量，同样攀上了高峰。

也正是在这样的精神力量引领下，北京国家高山滑雪有限公司赛时保障团队积极主动地超前规划，组织各相关单位制定了全面、详细的预案，包括对除雪工具进行超出保洁团队人数的储备，为进行更大范围动员、应对极端天气做足了准备。并在赛时实现了雪情出现时一声召唤，全体响应，不分团队，不分职务，团结一心，勇往直前，像运动员在冬奥会、冬残奥会赛场上的拼搏一样，成为更快、更高、更强、更团结的奥林匹克格言最好的写照。

在被灯光映照得闪亮的漫天雪花中，无数劳动者在层层叠叠的山路上奋进的火热场景，深深刻进了李书平的心中。挺着快到预产期的肚子往来于赛区山路上的经历，永远留在了工程师王珺的心中。腰系安全绳，用肩膀扛起一棵棵树木，攀上陡坡，完成北京 2022 年冬奥会延庆赛区生态修复的经历；在不容转身的狭窄空间里一寸寸打下人工挖孔桩，建成北京 2022 年冬奥会延庆赛区的"雪飞燕"和"雪游龙"的经历……都将成为参与北京 2022 年冬奥会、冬残奥会延庆赛区建设运行项目的劳动者们永恒的回忆。而无数劳动者被项目管理工作的"千根线"牵着，由灌注了中国梦与奥运精神的"一根针"指引着，绣出一个又一个和谐美好的"点"，最终成就一幅杰出画卷的历程，也必将成为全体中国人民的时代记忆。

因为它正是中华民族伟大复兴进程的又一写照，也正是新冠肺炎疫情挑战下全球人民共同构建人类命运共同体的生动诠释。

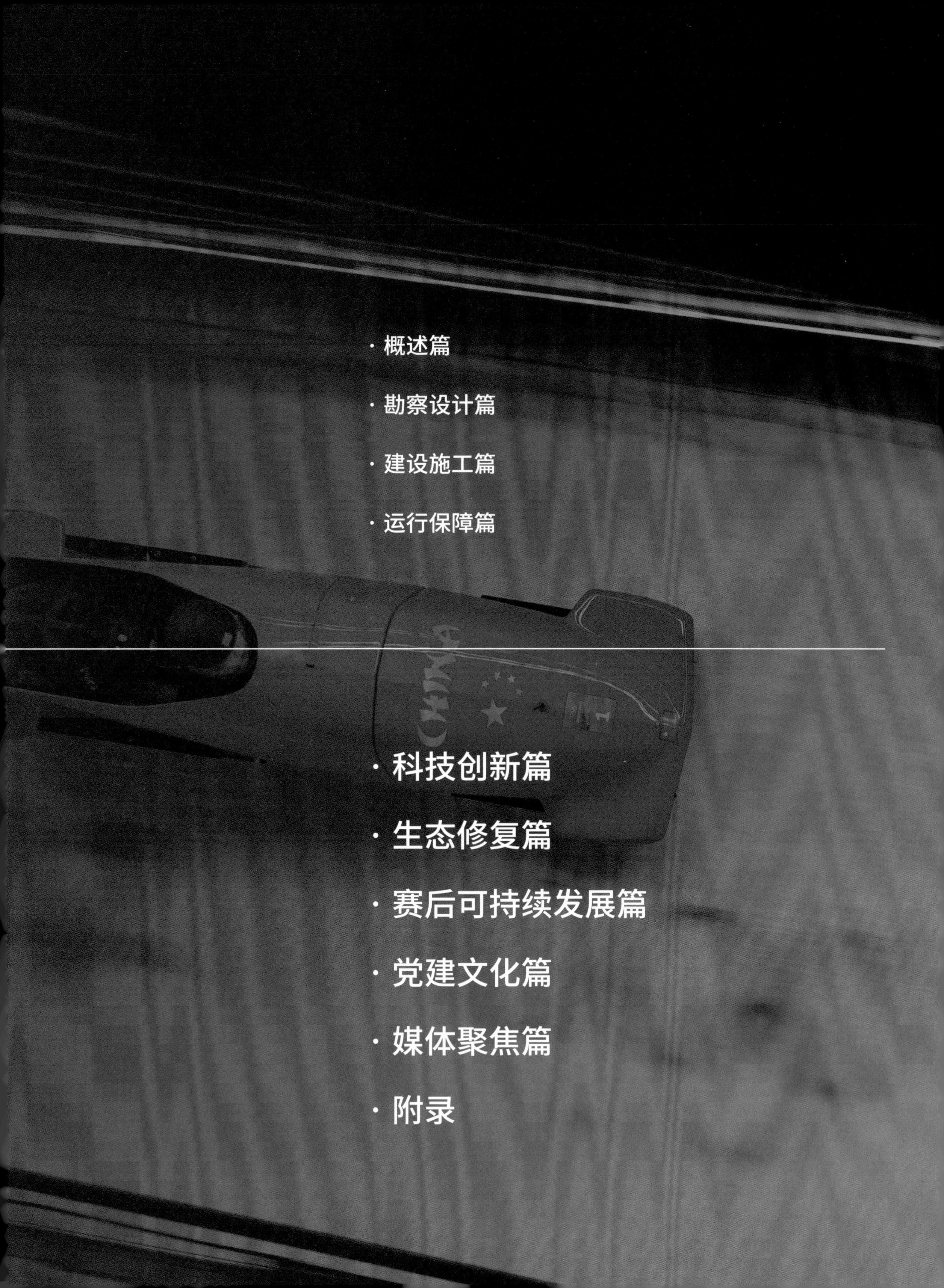

目录

下册

CONTENTS

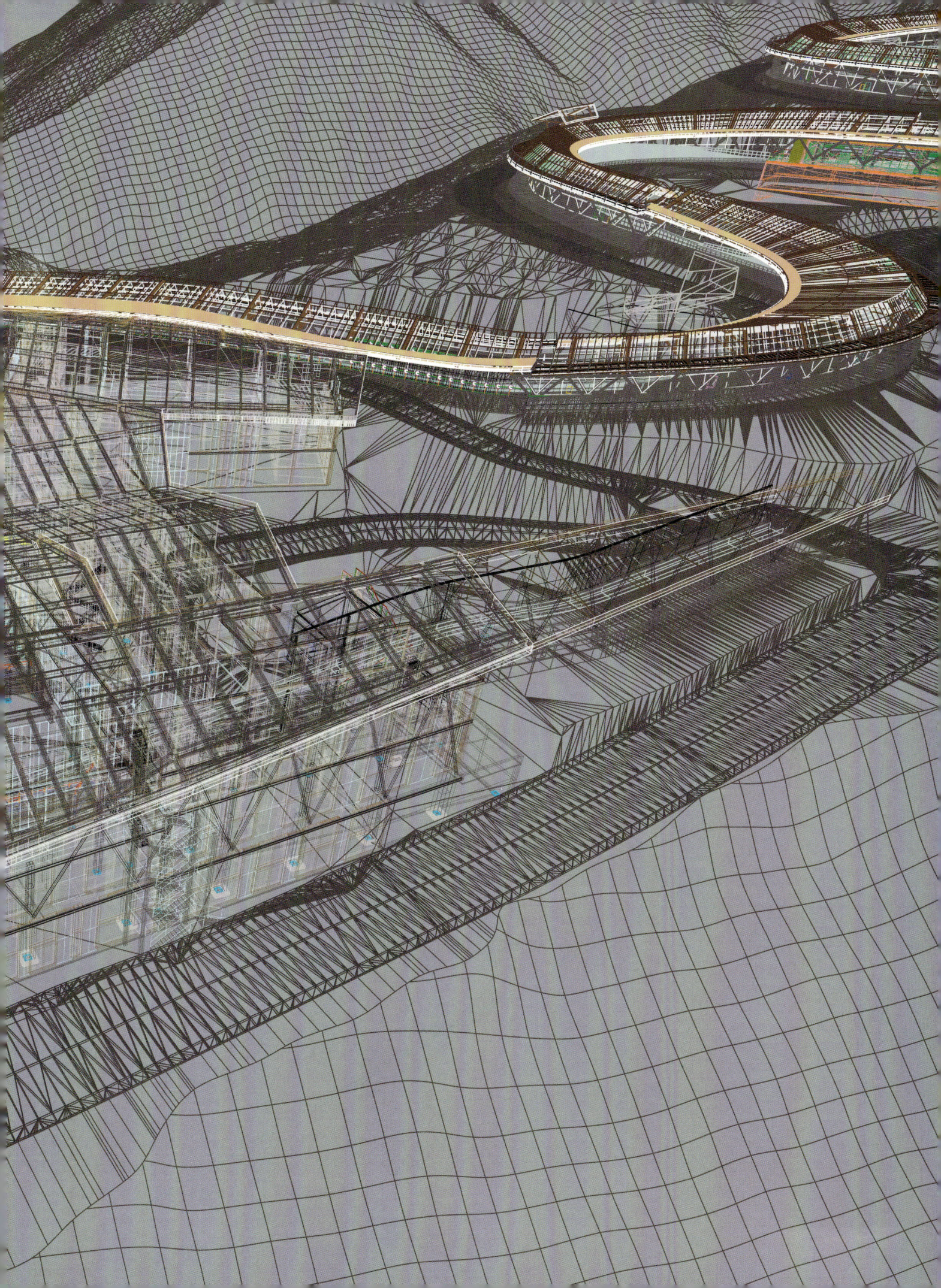

Scientific and Technological Innovation
科技创新篇

05

北京 2022 年冬奥会延庆赛区的场馆及其附属配套设施的建设，使中国第一次拥有了奥运级别的高山滑雪和雪车雪橇竞赛场馆。冬奥赛后，拥有世界一流竞赛场馆的延庆赛区将成为国家级雪上运动训练基地。

在此极具挑战的建设过程中，建设者们坚持并实践"绿色、共享、开放、廉洁"办奥理念，突出"科技、智慧、绿色、节俭"特色，勇于创新，大量运用新技术、新工艺、新材料、新设备，并有计划地开展课题研究活动，成功解决了一系列在中国工程建设领域堪称前所未有的难题。为最大限度减少资源浪费，降低对周边自然环境的破坏，建设者们十分注重场馆的综合利用与低碳使用，施工质量、施工效率、安全保障得到了有效提升。

采用"四新"技术进行施工，与传统施工方法相比较，节约了施工成本，还产生了大量的科技创新成果，不仅使工程建设展现了中国建筑的风采，为北京冬奥会和冬残奥会的成功举办打下了坚实的基础，也为未来山地环境下的复杂工程建设积累了宝贵的经验。

本篇对延庆赛区冬奥会工程建设中的重要技术创新（生态修复工程的科技创新见本书生态修复篇）做确切的记述，并对获得的重要科技成果进行汇总呈现。

冬奥会延庆赛区

科技创新篇

Scientific and Technological
Innovation

CHAPTER ONE　　　第一章

土建工程

01 | 第一节　雪车雪橇赛道喷射混凝土技术

一、研发背景

雪车雪橇赛道为双曲面结构，任意两个部位的弧度都不同，无法立模浇筑混凝土，必须采用喷射混凝土材料及工艺。

喷射混凝土是将胶凝材料、集料等按一定比例拌制的混凝土拌合物送入喷射设备，借助压缩空气或其他动力输送，将之高速喷至受喷面所形成的一种混凝土。与一般的浇筑混凝土不同，喷射混凝土不需要立模、振捣，而是依靠高速喷射的动能将混合料连续喷射到受喷面上，冲击、挤压达到密实。此前国内对于喷射混凝土的应用仅限于保护层，未涉及主体结构。国家雪车雪橇中心赛道施工在喷射混凝土配合比设计方面没有经验可借鉴，需要根据结构要求进行喷射混凝土的研发。

同时，由于雪车雪橇赛道的混凝土喷射施工技术属于永久性结构混凝土喷射技术，要求在喷射时必须一次性成型；尤其是壳体部位喷射时，不可能采用振捣等手法增加混凝土的密实性，因此对喷射手法有着很高的要求，混凝土是否密实在很大程度上取决于喷射手法是否正确、娴熟。并且，由于混凝土喷射和赛道曲面精加工成型实施过程相互穿插，工序搭接必须科学严谨，各工序衔接须结合混凝土的现场使用性能变化，做到灵活掌握、精确计算、恰到好处。这决定了此前在国内仅应用于临时结构或结构保护层（如隧道内衬、护坡、钢结构保护层等）的既有喷射施工技术无法满足雪车雪橇赛道施工的要求，需对可用于永久性结构的混凝土喷射施工技术展开研究。

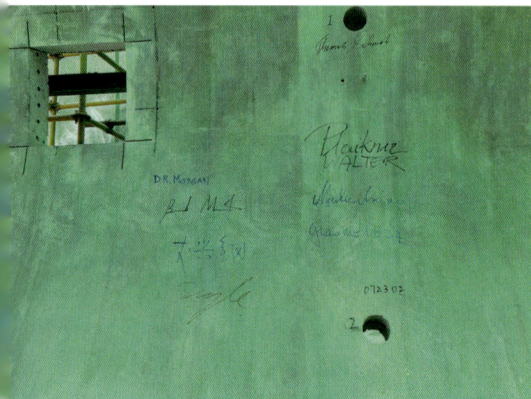

切割检测试件后的试验模块

外方专家摩根博士现场检测试验模块、评定试件等级

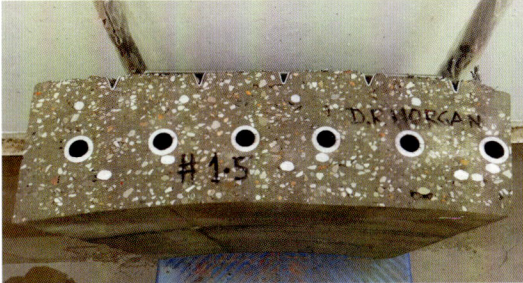

经摩根博士定级并签字的大板样品和芯样

经过大量试验，国家雪车雪橇中心赛道喷射混凝土配合比、喷射设备和喷射工艺不断得到改进，喷射手技能不断提高。2018年7月21—24日，赛道模块测试顺利通过了外方专家的认证，混凝土性能、喷射手的喷射技能、喷射设备技术参数和施工工艺均得到外方专家的高度认可，所钻取芯样密实度等级均在二级以上（三级以上为合格品）。

二、应用效果

（一）赛道喷射混凝土特殊性能

研究显示，针对国家雪车雪橇中心需求研发成功的赛道喷射混凝土具有和易性好、易泵送、易喷射密实、抹面性能佳、强度高、耐久性好等特点。

1.施工性能

（1）优异的泵送性能

坍落度在小于60mm时，赛道喷射混凝土容易产生堵管现象，泵送性能不好。坍落度大于90mm时，泵送性能较好，但抗流挂性能较差。在喷射高墙段部分时，坍落度一般在60~90mm之间。

（2）抗流挂性能好

赛道喷射混凝土有较好的黏聚性。国内一般的喷射混凝土在喷射时通过添加速凝剂促进混凝土的水化反应，使混凝土瞬间产生较大黏聚性，从而提高混凝土抗流挂性能。赛道喷射混凝土则通过加入胶粉和纤维等提升抗流挂性能；当纤维掺量在 0.7% 时，抗流挂性能最好。

（3）密实性好

雪车雪橇赛道钢筋较密，且内部有稠密的冷凝管道，喷射混凝土时，钢筋和冷凝管道会挡住喷射路径，使钢筋和冷凝管背面的混凝土中出现孔洞。通过对集料的细度模数及级配进行调整，对细度模数从 2.0 到 3.2 的不同集料进行配比对比试验，发现集料颗粒在满足国内标准的前提下，混合级配曲线满足美国混凝土协会 ACI 506 标准中 2 号分级要求的，效果最好。在胶凝材料方面，对水泥、矿粉、硅粉三种不同细度材料的掺量进行研究，通过对比试验得出，三种材料掺量为 22：5：3 时可使混凝土结构在微观上也具有良好的级配。而良好的级配使混凝土具有较好的流动性能，提高了混凝土的填充性能，使混凝土在喷射压力下可以较好地填充到钢筋和冷凝管背面的缝隙里，具有较高的密实性。

（4）良好的抹面性能

雪车雪橇赛道的表面平整度要求高；而其结构为双曲面，表面每个部位的曲率系数都不相同，施工复杂程度高，混凝土抹面工作需要较长时间。因此，混凝土需要具有良好的抹面性能。

对掺速凝剂的喷射混凝土与不掺速凝剂的喷射混凝土进行凝结时间的对比试验，结果表明，掺速凝剂的喷射混凝土初凝时间只有 10 分钟，不能满足抹面的施工要求。而赛道喷射混凝土在喷射时不掺速凝剂，凝结时间未受改变，抹面时间充足。

对使用不同水泥的喷射混凝土进行凝结时间对比试验，发现用海螺 42.5 水泥的初凝时间为 5~8 小时，满足施工要求。在研发过程中，在混凝土中添加不同种类和掺量的外加剂，分别检验其抹面性能，最终找到了合适的外加剂及其掺量，使混凝土性能柔软，易于抹面。

2. 力学性能

赛道喷射混凝土设计强度等级为 C40，抗弯强度大于 4.4MPa，黏结强度大于 1.5MPa。

3. 耐久性能

（1）抗渗性能好

通过级配，赛道喷射混凝土密实性高，拥有较好的抗渗性能，抗渗等级为 P6。

（2）抗冻性能好

雪车雪橇赛道表面需要反复制冰，混凝土处在反复冻融的环境下，抗冻性能要求高。配合比设计时，在混凝土中加入适量引气剂，使混凝土内部形成密闭的气泡，增加其抗冻性能。试验显示，混凝土拌合物含气量控制在 6%~10% 之间；喷射施工时，

长线形空间双曲面赛道结构成型效果

混凝土内部部分气泡在高压下被挤出，含气量降为 3%~5%；混凝土抗冻等级达到 F250，且质量损失和动弹性模量损失均比较小。

（3）抗氯离子渗透性能好

混凝土中掺加颗粒较细的硅灰和矿粉，提升了混凝土的密实性，大大提高了混凝土抗氯离子渗透性能。其 6 小时电通量约为 400 库伦左右。

4. 抗裂性能

通过添加植物纤维及聚丙烯抗裂纤维，喷射混凝土的抗裂性能得到提高。对不同纤维掺量混凝土的抗裂性能进行对比试验，发现纤维掺量为 7% 时，混凝土抗裂性能最好。

（二）混凝土喷射施工技术应用效果

国家雪车雪橇中心经过研发和试验形成的混凝土喷射施工技术，通过了模块认证、正式赛道施工和国际体育单项组织的多次"飞行检查"的检验，已经成熟，可应用于各种异形结构的施工，是一种质量好、精度高、速度快的施工技术。

三、应用过程

赛道喷射混凝土在国内是一种新型混凝土，其使用范围不仅限于赛道。在国外施工中，此类型喷射混凝土广泛应用于住宅、厂房、交通等各种施工中，在艺术作品如雕塑、假山等的制作中也大量使用。由于赛道喷射混凝土有着施工快、适合复杂结构类型施工等优点，随着施工需求的发展，此类型喷射混凝土将大量用于各种施工中。

（一）赛道喷射混凝土技术要求

雪车雪橇赛道精确曲面造型的特点，对喷射混凝土的强度、密实度、抗裂性、低收缩性、抹面性能等提出了很高的要求。

①赛道高墙段部分要求喷射混凝土坍落度在 60~100mm 范围内；由于坍落度较小，易损失，喷射混凝土同时还需具有较高的保坍性能。

②喷射混凝土需要有良好的泵送性能；由于坍落度较小，为确保泵送性能满足要求，对喷射混凝土

原材料的颗粒级配有较高要求。

③由于赛道表面平整度要求较高，喷射混凝土需要有足够的抹面时间，同时又要能在短时间内达到一定强度，初凝时间一般为5~8小时。

④由于需要在赛道表面制冰，而直接蒸发式氨制冷系统的制冷管位于滑道结构层内，因此喷射混凝土需要有较高的抗冻融等级。

（二）混凝土配合比试验

国家雪车雪橇中心项目在施工前进行了大量的混凝土配合比试验，按照前期设计文件要求定制集料筛网，对多种原材料进行交叉对比试验，寻找适用的聚合物助剂；通过5m试验模块、11m试验模块等大量的混凝土喷射试验，验证混凝土配合比是否满足施工要求以及混凝土力学性能、耐久性能是否满足设计要求，逐步提升混凝土性能；并对喷射混凝土的施工工艺进行了可行性验证。在此基础上，联合美国混凝土协会主席 Lihe（John）Zhang、美国混凝土协会前任会长 Campbell Morgan、冬奥会赛道喷射混凝土首席操作专家 Brad Martin，明确了喷射设备的各项参数要求，对赛道喷射料的研制方案进行了改进。

①参考美国、加拿大、韩国往届冬奥会雪车雪橇赛道喷射混凝土的配合比，将水泥、矿粉等胶凝材料的用量降低至不超过500kg/m³，从而将喷射料的28天抗压强度由54MPa降为45MPa左右，降低了喷射料养护过程中出现塑性收缩开裂的风险。

②为提高喷射料密实度，粗集料选择最大粒径10mm的碎石，细集料颗粒级配满足美国混凝土协会ACI 506标准中2号分级要求。

③将通过添加速凝剂改变喷射混凝土凝结时间的做法，改为调整混凝土配合比，提高黏聚性（将混凝土坍落度由230±20mm降低为80±20mm），使抗流挂性能达到施工要求。

④将混凝土的含气量范围调整为喷射前6%~10%、喷射后3%~5%。

⑤通过调整配合比，将混凝土初凝时间控制在5~8小时范围内，终凝时间控制在6~10小时范围内，满足喷射施工要求。

⑥使用麻秆植物麻纤维，以改善混凝土和易性，提高混凝土抗流挂和抗裂性能。

⑦鉴于施工现场气候环境变化大，在试验过程中建立天气变化时产品性能变化的小型数据库，方便施工中环境变化时喷射料质量控制措施的制定。

⑧在满足国内标准的前提下，参考国外标准和规范，为国际雪车联合会和国际雪橇联合会对模块测试段的认证工作提供方便。

（三）毫米级空间双曲面赛道结构混凝土喷射及成型技术

1. 混凝土喷射施工技术

混凝土喷射施工技术是一种利用喷射机将混凝土泵出，经过高压空气推送，高速喷射至结构骨架上

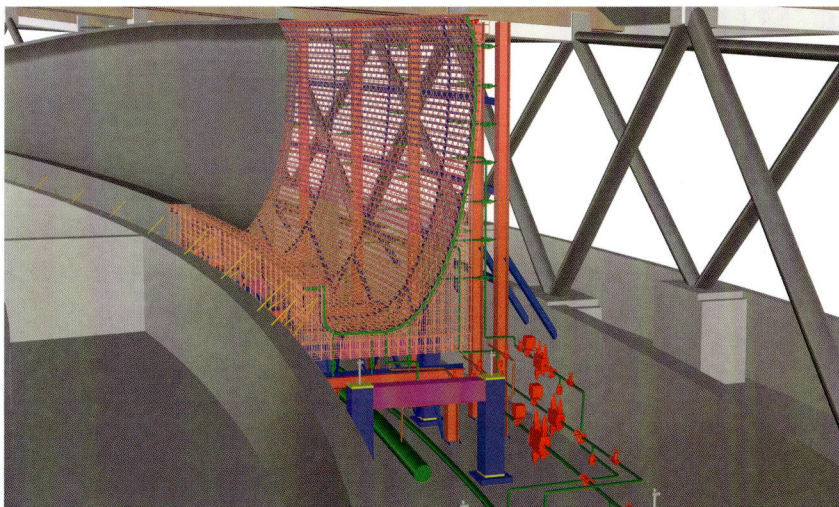

赛道断面结构分解

的施工技术；在异形结构的施工方面，相比一般混凝土浇筑，具有密实度好、效率高等优点。

赛道实体工程中，混凝土喷射是最为核心的部分，其设备选型、泵送速度、空气流量和压力、喷射手法、喷射工序等任何一方面存在缺陷都将导致不能完成赛道的曲面轮廓造型，无法保证内部结构密实和无杂质。混凝土喷射施工技术研究工作的模式为，先通过不断改变变量进行试验，掌握正确的喷射手法，培养出熟练喷射手；再改变设备及其参数进行实喷试验，由熟练喷射手和试验人员共同判断，确定适用的设备和满足喷射需求的试验参数。

赛道内部骨架错综复杂，对喷射实体的密实度要求极高，不但要求制冷管道和钢筋网的周围均须紧密包裹混凝土，而且要求赛道内部不能有回弹和回灰。这是因为回弹和回灰一方面会影响赛道物理强度；另一方面会降低制冷的传导，造成局部制冰后的冰层强度过低，严重

时甚至会造成局部难以制冰。

根据赛道各喷射区的内部构造和成型外部环境，如模板形式和所在部位，采用不同的喷射距离、喷射角度、喷射路由、喷射速率、喷射压力和喷射形式，如全压喷射、半压喷射等。

为减少高压喷射形成的有害杂质回弹和回灰，喷射过程中，吹扫手同步于喷射手，以合适的角度和时机采用特制高压吹扫管将落入赛道骨架中的回弹料和黏附在钢筋网片上的回灰吹出赛道，确保赛道连续喷射中，回弹和回灰都得到同步清理。

通过大量喷射试验，对喷射工序进行多次优化，最终确定一种适用于雪车雪橇赛道的喷射工序。对喷射过程各工序分区的喷射可操作性、喷射料的坍落度、喷射成型效果、实体密实度、杂质产生和清理有效性等反复试验论证，研发出各工序的喷射工艺参数。赛道竖向剖面基本分为 14 段喷射分区和 14 步喷射工序，每道

工序的喷射工艺参数和所需的喷射混凝土坍落度均不同；工序间的顺序须严格遵守；主赛道全长分为54段长度不同的制冷单元，每段单元的喷射和修面需连续进行，单次纵向喷射距离和工序搭接须密切结合喷射混凝土在实时环境气候下的初终凝时间和混凝土的软硬状态做调整。赛道剖面内的结构层混凝土喷射应采取自下而上的顺序，使混凝土层层叠加，不会出现空鼓。

此外，为配合精加工工序，在赛道长度方向还需对具体的喷射施工工序做出整体规划。以5m长度为例，首先，将檐口部位及所有结构层喷射完成，然后喷射除底部外的所有面层，为精加工提供作业面；接着喷射下一5m段，在前一段面层加工完成后，将本段5m范围内除底部外所有面层喷射完毕，同时

喷射前一段的底部，使底部和其他部分的加工作业面分开，以此循环向前推进。

2. 赛道精加工成型技术

赛道精加工成型是赛道结构成型的最后一道工序，须综合考虑混凝土初凝和终凝特性、赛道纵剖面喷射工序复杂程度、檐口异形模板拆除和成型的条件关联、赛道各段长度和曲率各异及每日气候的各时差异等多方面因素的影响，在有限且变化的时间内，完成施工并保证加工精度。

（1）专用特殊工具研发

为保证赛道毫米级双曲面的成型工艺可行、空间精度达标，研发出多种特制、专用喷射和修面成型关键工具。

（2）精加工施工技术

混凝土喷射完成后，利用精加

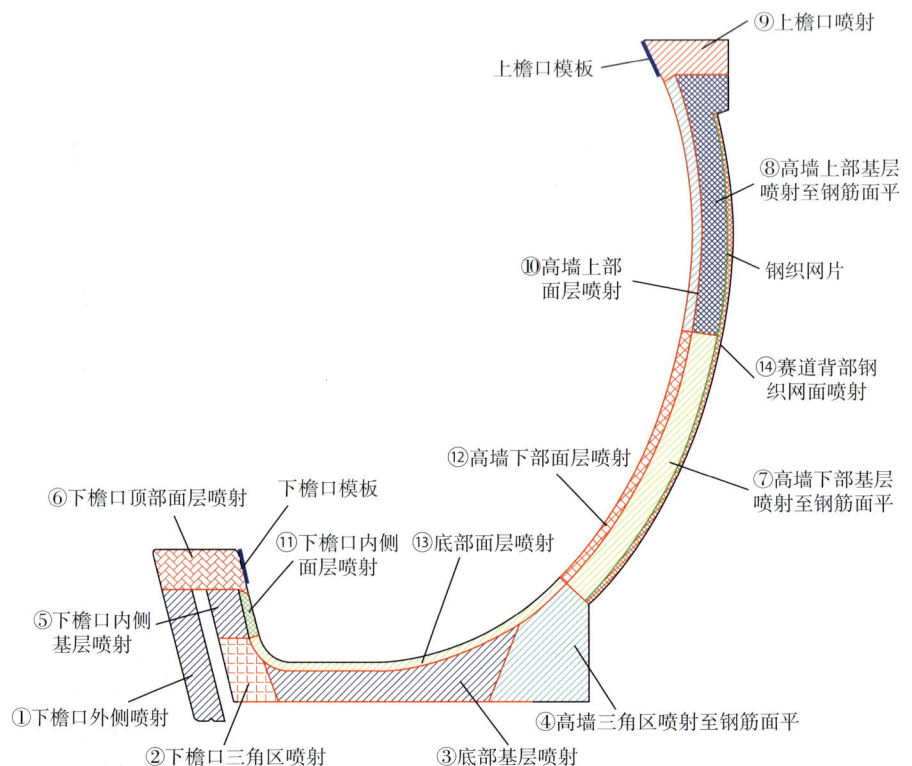

赛道结构混凝土喷射工序

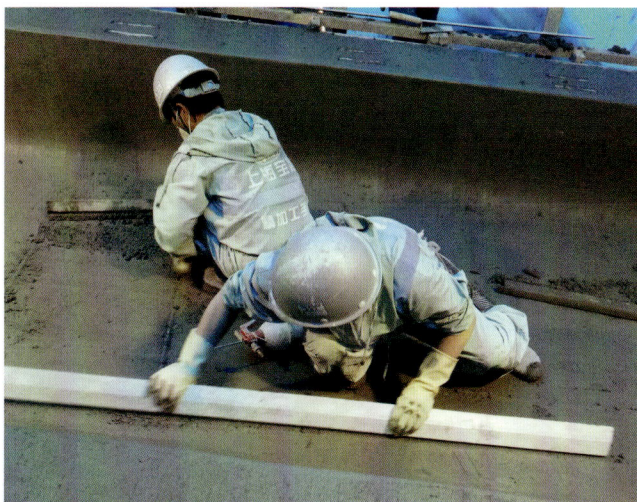

赛道表层预加工成型

赛道内曲面拉毛粗糙化

工施工技术将赛道表面的混凝土加工、修饰成型，使其表面平整并做好粗糙化处理（即拉毛）。精加工施工技术主要步骤有：

①赛道内曲面面层喷射完成后，立即用铝刮板将多余的混凝土刮下，同时用刮板横隔在找平管上反复挤压混凝土，利用刮板较宽边做初步的抹平；檐口顶部与曲面内侧同步进行；若局部混凝土厚度不足，使用湿润的混凝土用力抛掷在赛道混凝土面上，再用刮板反复挤压密实。

②曲面内侧找平、一次收光完成后，拆下找平管，清理废料；使用人工填补的方式将管缝补实，再以两侧混凝土面为基准抹平。

③在檐口部位混凝土达到40%~50%初凝状态后，拆除吊模，进行修面；完成混凝土表面抹平收光后，使用倒角工具将檐口倒角修出。

④管缝全部补好后，对整个混凝土面做一次收光，然后进行拉毛。

⑤赛道底部找平工作是最后一步，在赛道内倒退进行；拉毛完成后所有人员不再进入成型面，并立即开始养护。

02 | 第二节　山地材料运输施工技术

一、应用背景

国家高山滑雪中心的雪道，是国内最高等级的高山滑雪赛道，也是国内唯一符合冬奥会标准的赛道。在国家高山滑雪中心赛道的建设中，山体

海拔高、地形起伏大、复杂多变的高山地形和占地面积广、材料运输量大、交通导流难等，给工程施工带来了极大的挑战，如何针对不利条件，采用相应的技术手段，合理组织施工，成为建成竞速赛道的关键。施工建设单位采用了特殊的山地材料运输施工技术。

二、应用过程

（一）施工便道修筑

国家高山滑雪中心 C1 雪道，终点至 K2+400 位置现况纵坡约为 22%，K2+400~K1+900 位置现况纵坡约为 49%，K1+900~K1+850 位置现况纵坡约为 23%，K1+850~K1+700 位置现况纵坡约为 43%，K1+700~K1+400 位置现况纵坡约为 24%，大型机械设备无法直接由坡底行驶至坡顶施工。由盘山公路得到启发，在现况坡面上修建"之"字形便道，降低坡率，减小机械设备爬坡的难度。施工便道为 5m 宽临时道路，总长约 4100m，纵坡不大于 18%，设置 1% 的横向内坡。

"之"字形便道施工采用单钩液压挖掘机配合挖掘机进行，首先采用单钩液压挖掘机进行松土，清除的土方严禁堆放在便道两侧，采用装载机将多余的土方均匀摊铺，然后采用推土机对便道进行整平，最后采用挖掘机振动夯对施工便道表面进行夯实。

现况坡度在 40% 以上的位置，S 形便道转弯处角度在 34°~119°之间。为保证行车安全，在 S 形便道转弯处设置 10m×15m 平台。

"之"形路的下边坡填方超过 1m 时，采用台阶分层填筑（填方坡比为 1∶1.5），填方边坡采用 100mm 厚水泥土（土质边坡）或挂钢丝网（石质边坡）进行表面硬化处理，防治水土流失或落石。当填方坡度现场不满足要求时，采用石笼挡墙。

（二）运土溜槽

1. 溜槽的布置

为保证土石方外运，在 C1 雪道 K1+620 至 D3 位置设置溜槽。溜槽坡度为 36°，顶部设置 15m×40m 平台，底部设置 30m×30m 平台用于土方倒运。溜槽长 200m，直径为 1.8m，呈半圆形。在平台位置放置挖掘机及推土机，对土方进行倒运。溜槽采用圆柱钢模板制作，每个单元板块凹槽向上固定在坡面上，单块柱模 2~4m。经过试验段验证，该溜槽可以满足施工要求。

2. 溜槽的选型

可选的溜槽断面形状有半圆形、矩形、椭圆形。考虑到现场土体为粉状和块状，矩形截面的溜槽容易出现土体流动不畅乃至堵塞。椭圆形截面的溜槽横断面顺滑，截面面积大，对土体的流动非常有利。溜槽的最佳截面形状为椭圆形。但是椭圆形的钢溜槽需加工定制，一次性投入成本大。圆形溜槽性能介于矩形和椭圆形溜槽之间，且可利用市场上大量存在的二手圆柱形钢

溜槽运输

模板制作而成，一次性投入成本适中。综合以上因素，溜槽的横断面形状选择为半圆形。

3. 溜槽位置的确定和安装

溜槽位置的确定既要考虑选定位置的坡度，又要考虑土体输送距离的长短。根据工程的实际需要尽量设置在坡度36°、自然成凹形的位置，同时便于安装，尽量减少对原自然山貌的破坏。

溜槽安装前人工在原地貌上挖一条圆形的土槽。土槽深0.3m，宽1m；开挖保证顺直，断面圆滑，避免扰动基底土层，保证安装溜槽时钢溜槽与土槽接触严密，避免溜槽局部下沉使土体流动不畅。

土槽开挖完成后将柱模放置于土槽中；两柱模之间采用8个螺栓（18mm×20mm）进行连接，螺栓安装完成后对土槽回填密实。柱模两侧原地面以上采用加固装置（高400mm、底板为200mm×200mm的钢板）进行稳固；加固装置与柱模采用焊接方式进行连接，与地面采用钢筋进行锚固，锚固深度为300mm。溜槽分段安装时接口之间无错台，保持接口之间顺滑过渡，避免土体流动时受阻。

在距离流槽上方10m位置，用挖掘机挖长6m、宽1.2m、深3.5m的基坑。基坑中放入4根长6m，规格为300mm×100mm的槽钢。槽钢之间采用焊接方式连接。在距离槽钢端头200mm处开始安置φ32mm钢丝绳，槽钢两侧各10根，间距为150mm；然后采用大块毛石进行回填，每填筑500mm使用水泥砂浆进行灌缝，直至回填结束。柱模溜槽每20m连接一处钢丝绳，钢丝绳采用张拉器拉紧受力。

溜槽安装完成后，严格落实定期维护工作，包括检测板块之间是否平整顺滑；定期清理溜槽顶面的积土，保证钢溜槽顶面是一个完整的滑动面；对不同板块之间的连接螺栓进行紧固。

溜槽固定方式多种多样，国家高山滑雪中心工程采用拉锚方式固定，对使用时间长的溜槽酌情采用

混凝土条形基础固定（施工造价相对较高），对短期使用的溜槽酌情不设固定措施，而是利用溜槽本身与土体的摩擦力进行固定。

4. 溜槽底部平台施工

为便于土石方倒运，在雪道位置修建长 30m、宽 30m 的平台，保证运输车辆通行；在平台至雪道终点位置修建 6m 宽施工便道。平台及施工便道采用土石方填筑而成。

由于雪道位置为泄洪沟，为保证雨水正常排出，在平台及施工便道左侧修建排水沟。排水沟采用浆砌毛石砌筑；上口宽 500mm，底宽 400mm，高 500mm，呈梯形；顶面采用砂浆进行抹面。

5. 溜槽扬尘防护

在溜槽顶部安放钢筋支架，ϕ8 钢筋成半圆形，半径为 800mm，每隔 2m 放置一个钢筋支架，在钢筋支架上安装防尘网，防止扬尘产生。

6. 临边防护

在溜槽顶部平台，溜槽两侧距边部 2m 处设置临边防护。临边防护用栏杆及密目网组成。栏杆采用直径 48mm、厚 3.5mm 的钢管，用扣件进行连接。

防护栏杆由二道横杆及栏杆柱组成，上横杆离地高度为 1.2m，下横杆离地高度为 0.6m；立杆总长度 1.7m，埋入地下 0.5m，间距 2m。防护栏杆自上而下采用密目网进行全面封闭。

7. 溜槽溜土的土质要求

使用溜槽进行土方运输，土体必须是块石土、卵石土、碎石土，含水率低。黏土不适合用溜槽溜土。如果土体含水率高，则对土体进行晾晒，减少土体与钢溜槽之间的摩擦力。

（三）卷扬机牵引运输

钢管、模板等非散质的辅助材料采用卷扬机运输。卷扬机设置在雪道下部，运输速度约 8m/min；钢丝绳采用 ϕ18~ϕ20 规格，滑轮额定载荷 8t。在施工最上部滑轮组及卷扬机位置挖深 2m、长 3m、宽 1m 的基坑；各放 2 根 DN250 管道，缠绕固定滑轮组、卷扬机的钢丝绳做牵引；设置完成后，土方回填夯实。中间雪道突出部位设置滑轮组，避免钢丝绳与地面摩擦。在施工时，采用卷扬机连接运输专用车进行辅助材料运输；材料放置在运输专用车上，使用螺栓紧固，以防在运输过程中下滑，保证运输更为方便、安全、快捷。当专用车运输材料到指定位置时，固定好运输车，挖掘机自身站稳后吊装材料至工作面。

（四）其他运输措施

由于施工区域地形地貌复杂，坡高路陡，且施工作业面狭长，除了上述主要运输方式以外，还采用了其他多种措施作为补充，在保证工期的同时兼顾成本和安全。具体的运输措施见表 5-1-1。

运输措施　　　　　　　　　　　　　　表 5-1-1

地面坡度	每车次运输重量（t）	采用形式
$i < 25\%$	0.5~2.5	履带运输车 + 车斗、推土机前铲安装料斗、挖掘机或装载机
$25\% \leq i \leq 35\%$	0.5~2.5	履带运输车 + 车斗、推土机前铲安装料斗、履带运输车 + 山地专用运输车
$i > 35\%$	0.5~2.5	履带运输车、货索、卷扬机牵引

03 | 第三节　高山雪道土石方施工技术

一、应用背景

国家高山滑雪中心雪道的修建采取"小坡不动土、大坡找平衡"的方式进行，在滑雪道内实现土方平衡，最终达到"四个平衡"的标准，即单条竞速赛道达到自平衡，整体竞速赛道达到平衡，竞速赛道与邻近雪道、技术道路之间达到平衡，延庆赛区整体范围达到平衡。

雪道挖方在土质符合要求的前提下，尽量用于雪道的土方回填、园林造景、基础及肥槽回填。石方破除后，将符合要求的片石用于岩土支护工程。

雪道土石方施工运输采用在雪道内修筑的施工便道，外弃时利用技术道路（技术道路未完成时利用技术道路路由修筑施工便道）及场内道路。

二、应用过程

（一）土石方开挖技术要点

雪道普通土质采用普通挖掘机进行开挖；碎石土及较硬土质采用单钩液压挖掘机进行松动，然后使用普通挖掘机进行装车；对于局部孤石或者坚硬的岩石采用破碎炮进行破碎（坡度较大等危险性较大的位置采用静力爆破）；大面积的硬岩、冻土采用普通爆破法进行爆破。

（二）土方开挖

土方开挖采用单钩液压挖掘机进行松土，然后再用挖掘机配合装载机进行运输，形成松土－集堆－运输的机械循环作业。

1. 单层横向挖掘法

当开挖深度不超过 4m 时，技术道路和雪道的局部区域采用此种开挖方法。从开挖雪道的一端或两端按断面全宽一次性开挖到设计高程，逐渐

向纵深挖掘。

2. 多层横向挖掘法

当开挖深度超过 4m 时，技术道路和雪道的局部区域采用此种开挖方法。从开挖雪道的一端或两端按横断面分层开挖至设计高程，逐渐向纵深挖掘。

（三）石方开挖

石方开挖有两种方式，一是破碎炮机械作业法，二是爆破作业法。对于风化较严重的软石，采用破碎炮机械作业法。选用破碎炮将软石破碎钩松；表层翻松后，再用挖掘机配合自卸汽车运输，形成松土—集堆—外运的机械循环作业。松土顺岩石的下坡方向进行，间隔 1.0~1.5m。

石方爆破作业以小型及松动爆破为主，严禁过量爆破，不采用大爆破施工。确需大爆破施工的，严格按《土方与爆破工程施工及验收规范》（GB 50201—2012）进行。施工后的石方凿成平整度不大于50mm 的表面。

对于比较坚硬，用松土机械作业法施工有困难的软石，可采用浅孔松动爆破，然后再进行松土作业。爆破施工对边坡的稳定性影响很大，为保证边坡的稳定性，不宜用大爆破，选用小型爆破。施工中采用300 型挖掘机结合小型机具爆破施工。在石方集中段，采用浅孔松动控制爆破、光面爆破和解小爆破法进行爆破作业。

光面爆破要按设计精确钻孔，必要时在地层、地质情况变化时，在需要处加设不装药的导向孔。炮孔的装药量要精确地控制到必需的最小数量，并采用特殊的装药结构或专用的低爆速、低威力但殉爆、传爆性能良好的炸药。

深孔、浅孔松动爆破采用导爆管非电毫秒微差起爆技术，一次点火，多段孔内或孔外接力延期起爆。预裂、光面爆破采用即时爆破或毫秒微差起爆网络。

进行爆破作业时确保由经过专业培训并取得爆破证书的专业人员施爆。注意开挖区的施工排水，在纵向和横向形成坡面开挖面，其坡度满足排水要求，以确保爆破出的石料不受积水浸泡。

单边坡石质深雪道已有一面临空，为了使爆破后的石块较小，便于挖土机清方，采用深粗炮眼、分层、多排、多药量、群炮、光面、微差爆破方法。其原则是打炮眼尽量使用机械，爆破后使石块小一些，便于机械清除。最后一排炮眼靠近边坡时，采用光面爆破设计施工。双边坡石质深挖雪道的施工较单边坡的困难一些。首先需用纵向挖掘法在横断面中部每层开辟一条较宽的纵向通道，以便爆破后的石料运输，同时成为两侧未炸石方的临空面；然后在横断面两侧按单边坡石质雪道的施工方法作业。

（四）冻土开挖

在初冬季节，采用单钩液压挖掘机勾松土层，然后使用挖掘机配合自卸车进行挖运。

在严冬季节，采用浅孔松动爆破法松动土层，然后使用挖掘机配合自卸车进行挖运。

（五）土石方回填技术要点

1. 土石方回填方法

对于纵向坡度大的部位，土方填筑采用水平分层填筑法施工。对于回填长度较长的部位，采用纵向分段、横向水平分层的方法施工。

对于雪道较宽部位，采用左右半幅回填方案施工，分幅回填时交接部位不同层间错开 1m。对于雪道长度较长的部位，采用纵向分段分层施工。

回填前首先清除腐殖土。土方回填按照 1∶1.5 坡度进行放坡分层回填。回填时由低处向高处逐步回填，采用挖掘机配合人工进行铺筑；铺筑完成后采用 22t 单钢轮压路机进行压实。

土石方回填采用水稳定性好的填料，回填完成后保证雪基透水性良好。石方回填时材料的不均匀系数控制在 15~20，大粒径的材料大面朝下铺放，石料之间的空隙用细料填实。回填时严格按照试验段施工情况将土石比例控制在石料含量为 70%。取

土点土石分布不均匀时，采用挖掘机进行土石拌和后再进行回填。

雪道坡道填方段首先清除表层耕植土层。分层回填，台阶高度不大于 1m，高宽比值不大于 1∶2。每层铺筑为 500mm，铺筑时采用水准仪控制虚铺厚度，避免铺筑过厚。粒径不超过摊铺层厚的 2/3，上部填方 1.5m 范围内的粒径不大于 270mm，1.5m 以下填方范围内的粒径不大于 330mm；对于粒径大于 330mm 的回填材料，采用破碎锤进行破碎处理，确保符合设计要求；不均匀系数为 15~20。铺筑层表面确保无明显孔隙、空洞，石方回填确保大面朝下。

2. 碾压

经试验段施工总结确定，采用单钢轮压路机进行碾压；碾压方式为静压 1 遍，振动碾压 4 遍，最后静压 1 遍，轮机重叠宽度为 20~30cm。

对于边角等压路机碾压不到的位置，采用冲击夯或者平板夯进行夯实。

04 | 第四节　高山雪道高填方抗滑施工技术

一、应用效果

国家高山滑雪中心部分雪道路由在山谷低洼区域，该路由修建雪道采

用大量土石方回填成形。高填方区域雪道的长度达到 600m，平均宽度为 50m，回填高度最高达到 17m。高填方雪道土石方抗滑移是项目研究重点。根据现场地质条件及无人机测绘数据，最终选择采取抗滑桩挡墙、毛石混凝土挡墙及平铺格栅三种抗滑移措施解决大体积土石方回填和高填方的抗滑难题，有效增强高填方的稳定性，避免了高填方滑坡和塌方。

二、应用过程

（一）抗滑桩施工技术

山谷处为雪道填方。为了避免填方土体滑移，设置抗滑桩挡墙。

1. 桩位定线

布设施工测量控制网；经校核无误后，按照设计图纸测定桩位轴线方格控制网和高程基准点。放样时以长 300~500mm 的木桩或铁钎打入标定桩孔的中心，出露高度 50~80mm，中心偏差不大于 50mm。

2. 锁口施工

为防止桩孔周围土石滚入孔内造成安全事故，也为了防止地表水流入桩孔，在挖孔前浇筑井圈锁口，同时考虑在锁口外侧浇筑一个绞盘（孔内出渣使用）的支承平台。

3. 开挖

人工挖孔桩分节开挖，分节支护；采用人工持铁锹、尖镐开挖，特殊情况配合风镐、风枪，乃至采用化学膨胀剂破碎岩块的方式。桩孔开挖直径为设计桩径加 2 倍的护壁厚度。

挖孔作业由人工逐层用风镐、锹、撬棍配合进行；挖土次序为先挖中间部分后周边，允许误差为 30mm。

每节挖土（禁止超挖）完成后，及时用支模现浇混凝土护壁。桩护壁上段竖向筋按设计要求伸入下段护壁内，伸入长度不小于设计要求的长度。上下节护壁的搭接长度不小于 200mm。

开挖通过地下水质土层时，缩短开挖进尺，随时观察土层变化情况；当深度达到 5m 时，应加强通风，保证人员施工安全，有情况需及时上报。

开挖过程中遇到孤石，首先请勘察单位验孔，如果勘察单位同意终孔，则停止开挖；如果不同意终孔，则用风镐破碎，直至符合终孔条件。

井下人员连续作业时间不得超过 2 个小时，2 个小时内必须换班。

确保有专业人员，对有限空间作业进行监护。

4. 垂直运输设置

根据现场的场地条件，采用人工手摇辘轳和提升机相结合的方式进行物料、渣土的孔内垂直运输。挖孔所使用的起重工具有人工手摇辘轳或电动提升机、钢支架、钢丝绳、铁吊桶等。根据作业队施工工作实际与吊桶承载力，采用规格为 6×19、直径为 10mm 的软钢丝绳作业。

某一规格的钢丝绳允许承受的最大拉力是有一定限度的，超过这个限度，钢丝绳就会被破坏或拉断，因此，在工作中需对钢丝绳的受力进行计算。

实际工作中，钢丝绳起重的最大重量为 80kg，远远小于钢丝绳的破断拉力，所以在实际操作中，不会发生断丝引发高处坠落事故。

为了保障挖孔桩施工中提升机不发生倾覆事故，在实际操作中采取用土包配重的方法保持卷扬机两端平衡。

在实际操作中，提升机通过定滑轮改变方向，从桩孔中提升渣土。根据现场实际情况及能量守恒原理，提升机的受力情况即为实际重量（80kg）。为了保证提升机在使用过程中不发生倾覆，根据实际情况将保障系数定为 1.5，即实际配重为 120kg。

所以，在实际操作中，只要配重 120kg（提升机自重忽略不计），提升机就不会发生倾覆事故。

5. 护壁施工

板桩孔体每挖掘 1m（不得超挖），就必须要浇筑混凝土护壁。护壁做法参照设计要求，护壁混凝土级别为 C20。护壁模板为木制，每节 1m，拼装紧密，支撑牢固不变形。上下护壁搭接 200mm 以保证护壁的支撑强度。模板底应与每节段开挖底土层顶靠紧密。在护壁混凝土中加配三级钢筋，配置规格为：水平环筋 ϕ18，竖向钢筋 ϕ10，双层分布，上下节护壁竖向钢筋接搭不小于 300mm。

人工挖孔桩单孔每天成孔不超过 1m。特殊情况下，为加快挖孔桩施工进度，可在护壁混凝土中加入掺量为水泥用量 1%~2% 的早强剂，对于地下水较多的地层，还可加入速凝剂；也可采取不拆模的方式适当加快施工速度。

每节挖土完毕后立即立模浇筑。浇筑采用吊桶运输，人工撮料入仓，钢钎捣实，混凝土坍落度控制在 8~10mm 范围内。混凝土浇筑完毕 24 小时后拆模，每节护壁均应在当日连续施工完毕。拆模后发现护壁有蜂窝、露水现象时，及时用高等级水泥砂浆进行修补。

每节护壁做好后，在孔口用"十"字线对中，然后由孔中心吊线检查该节护壁的内径和垂直度，如不满足要求即进行修整，确保同一水平上的护壁任意直径的极差不大于 50mm。

6. 通风照明

挖孔至一定深度后，设置孔内照明系统。鉴于受限空间内必须使用安全电压的行灯照明，电压不得高于 36V；在潮湿场所或金属容器内，电压不得超过 12V，挖孔桩优先考虑使用 12V 电压。所用电线、电缆具有足够的强度和绝缘性能。

孔深超过 5m 时向井下送风，出风管口距操作人员不大于 2m。

挖孔时，应经常检查孔内有害气体浓度，当二氧化碳或其他有害气体浓度超过允许值或孔深超过 10m、腐殖质土层较厚时，加强通风。

在人下孔内施工前，使用四合一检测仪对受限空间内的可燃气体、一氧化碳、硫化氢、氧气浓度进行

检测；确定检测结果符合要求后再进行作业。

7. 土石方提升

桩孔开挖出的土石方等弃渣装入吊桶，用提升机（或手摇辘轳）提升至地面，倒入手推车，运到临时存渣场，再用自卸卡车集中统一运送走。

8. 钢筋笼制作与安装

（1）钢筋笼制作

技术人员应先进行图纸会审及技术交底，并做好交底记录。

制作钢筋笼前，先进行钢筋原材的验收、复验及焊接试验，钢材表面有污垢、锈蚀时予以清除，主筋调直，在钢筋加工场加工成半成品。

抗滑板桩的钢筋笼可以在孔外绑扎，也可以在孔内绑扎。钢筋主筋接头优先采用套筒；如果采用搭接，则注意保证搭接长度满足设计、规范要求。相邻接头错开，同截面数量不大于50%。

（2）钢筋笼安装

钢筋笼的安装方法为：钢筋笼采用孔内绑扎工艺，主筋采用直螺纹套筒连接。

下放钢筋笼时的注意事项包括：

①下放钢筋笼前应进行检查验收，钢筋笼加工质量及尺寸不合要求不准入孔；记录人员根据桩号，按设计要求选定钢筋笼，并做好记录。

②入孔时轻放慢下，入孔后不强行左右旋转，严禁高起猛落、碰撞和强压下放。

③为缩短下笼时间，由3~4名落笼操作工人同时作业，保证钢筋笼平稳下放。

④钢筋笼入孔后检查钢筋顶高程。

⑤按设计图纸要求安放定位钢筋，以确保桩基混凝土保护层厚度达标。

（3）钢筋丝头加工

钢筋丝头加工要求包括：

①连接钢筋时，确保钢筋规格和连接套的规格一致，钢筋和连接套的丝扣干净、完好无损。

②必须用力矩扳手拧紧接头。

③力矩扳手的精度为±5%，每半年用扭力仪检定一次。

④连接钢筋时对正轴线，将钢筋拧入连接套，然后用力矩扳手拧紧；禁止超拧；拧紧后的接头做好标记，防止钢筋接头漏拧。

⑤钢筋连接前，根据所连接钢筋直径的需要将力矩扳手上的游动标尺刻度调定在相应的位置上，即按规定的力矩值使力矩扳手钳头垂直钢筋轴线均匀加力，当听到力矩扳手发出"咔嗒"声响时即停止加力（否则会损坏扳手）。

⑥连接水平钢筋时应依次连接，严禁由两边向中间连接；连接时两人面对站定，一人用扳手管钳卡住已连接好的钢筋，另一人用力矩扳手拧紧待连接钢筋，按规定的力矩值进行连接，以避免损坏已连接好的钢筋接头。

⑦力矩扳手不使用时，将其力矩值调为零，以保证其精度。

9. 桩身混凝土灌注

从孔底及附近孔壁渗入的地下水的上升速度较低（每分钟上升低于6mm）时，视为干桩，采用在空气中灌注混凝土桩的办法。除按一般混凝土灌注有关规定办理外，需注意的事项还包括：浇筑前再次清除孔底渣土；采用明浇法施工；由拌和站集中制料，混凝土罐车运输至孔边，一次连续灌注完成。为防止混凝土在下料时产生离析，通过料斗和串筒下料，串筒底距浇筑面不超过2m。

当孔底深处的地下水上升速度较快（每分钟上升超过6mm）时，视为有水桩，按导管法在水中灌注混凝土。灌注混凝土前，孔内的水位应灌到与孔外自然地下水位同样高度，使孔内外水压平衡。

（二）毛石混凝土挡墙及平铺格栅施工技术

国家高山滑雪中心竞速赛道原地面坡度陡，雪道填方高，为了避免填方土体滑移，设置片石混凝土抗滑挡墙。片石混凝土挡墙上设置直径100mm的泄水孔，间距为2m，呈梅花形布置。

1. 施工工艺

毛石混凝土挡墙及平铺格栅施工工艺为：测量放样—基坑开挖及垫层施工—模板安装及片石混凝土浇筑—养护—墙趾回填。

2. 测量放线

根据设计坐标，放出挡墙的控制桩，以便施工过程中随时控制线形，同时复测水准点，将高程引至各木桩，以便检测开挖深度。对原始地貌进行测量并做好原始记录，填写好放样资料，再用石灰撒出基坑开挖线。

3. 基坑开挖及垫层施工

挡墙基槽开挖按1∶0.5放坡。挡墙基槽采用分段开挖方法，分段长度控制在5~6m，开挖一段，立即砌筑、回填一段，严禁一次全段开挖。为防止超挖，基槽开挖接近高程时，保留200mm厚度，采用人工挖除。基坑开挖后将其基底整平，确认位置高程无误后，报测量监理检验平面位置及高程。

基坑验收完成后，基层底浇筑一层150mm厚C15混凝土垫层。

4. 模板安装及片石混凝土浇筑

（1）模板安装

安装前必须对模板表面进行打磨处理，做到光洁、平整，并涂刷脱模剂。墙体模板由侧板、立挡、横挡、斜撑、地锚组成，立挡采用5mm×10mm方木，横挡采用ϕ48钢管，斜撑的下端有垫板，地锚采用C32钢筋，锚固深度为50cm。两侧模板采用A16对拉螺栓焊接钢筋连接固定，螺栓螺母为双螺母，最下一排对拉螺杆距离地面不大于300mm，对拉螺杆横向与纵向间距均为500mm。模板板面之间平整，接缝严密，以确保混凝土表面美观，挡墙线形流畅。模板拼装严格按照设计图纸尺寸进行，确保其垂直度、轴线偏位、高程、内部尺寸等满足施工技术规范要求。

（2）毛石混凝土浇筑

混凝土采用混凝土运输车运送至施工现场，采用泵车进行浇筑；连续浇筑到顶面后，按照要求进行表面收浆、修整、抹平。采用插入式振捣器进行振捣，振捣棒移动间距不超过振捣棒作业半径的1.5倍。振捣棒快插慢拔，每一振捣部位均需振捣到混凝土密实为止，使其表面呈现平坦、泛浆，且不再冒出气泡。

在混凝土浇筑振捣的过程中掺加毛石，采用人工码放的方式进行。混凝土浇筑施工过程中严格控制毛石掺量不超过混凝土总量的25%；严格落实分层浇筑，每层厚度不超过300mm。毛石混凝土挡墙施工具体要求包括：

①选用坚实、未风化、无裂缝、洁净的石料，强度等级不低于30MPa。

②毛石尺寸不大于所浇筑部位最小宽度的1/3，且不大于300mm。

③毛石放置均匀排列，间距不小于100m，距模板或槽壁不少于150mm。

④在每次浇筑前测量放样挡墙边线，及时修正挡墙坡度，保证挡墙顶部平面位置符合设计及规范要求。

⑤挡墙分层施工，每层理想施工高度为1~2m；混凝土初凝前，在混凝土表面上设置不小于250mm的条状石块，埋入混凝土150mm，以增大上下层新旧混凝土之间的联结力；对接茬面进行凿毛处理。

⑥挡墙顶面覆盖不小于250mm的混凝土层。

（3）养护

混凝土浇筑完成后及时覆盖洒水，并经常保持混凝土表面湿润。混凝土洒水养护的时间不少于7天。

（4）模板拆除

模板拆除按照自上而下的顺序进行，不允许猛烈敲打和强扭，防止撬坏模板和破坏结构。拆除的模板堆码整齐，清理干净，以便下一次使用。

（5）试验检测

现场配备塑料试模、铁抹子、振捣棒、铁板、坍落度桶、钢尺等以制作混凝土试块、检测坍落度。其他试验委托有资质的单位进行。

①标养试块留置。

每拌制100盘但不超过100m³的同配比的混凝土，取样次数不少于一次。每工作班拌制的同一配合比的混凝土不足100盘时，其取样次数不少于一次。当一次连续浇筑超过1000m³时，同一配合比的混凝土每200m³取样不少于一次。每次取样至少留置一组标准养护试件。

②同条件养护试块留置。

同条件养护时间由各方在混凝土浇筑入模处见证取样。每段混凝土挡墙同一强度等级的同条件养护试件留置不小于1组，留置总数不少于10组。当试件达到等效养护龄期时，再对同条件养护试件进行强度试验。

③坍落度检测。

每100m³相同配合比的混凝土

取样检验不少于一次；当一个工作班相同配合比的混凝土不足 100m³ 时，也不少于一次。

5. 泄水孔设置

沿墙长每隔 2m 设置一个泄水孔，泄水孔孔径尺寸为宽 400mm，高 600mm；沟谷中心设置大尺寸泄水孔，宽 1m，高 1m，出水口距离地面不小于 300mm。泄水孔坡度为 5%，内填充碎石块，石块砾径不大于 100mm。

6. 墙背填料填筑

回填前，对墙背回填位置的杂物进行清理。墙趾外侧基坑采用原土分层回填，原土中石头最大砾径不大于 100mm，石头含量不大于 30%；严格控制每层松铺厚度在 200mm 以内。回填采用小型机械（蛙式打夯机）进行夯实，压实度不低于 90%。每层自检一处，并做好检测记录。

挡墙之间、挡土墙后背的回填材料采用透水性良好的材料，结合工程所处的位置采用碎石土进行回填。

回填土的抗滑措施除了用片石混凝土挡墙外，也可采用方形抗滑桩支挡结构体系，每层回填土之间架设土工格栅。

钢结构工程

02

---

01 | 第一节　复杂曲面赛道钢结构及附属工程成型关键技术

一、研发背景

雪车雪橇赛道为空间扭曲的双曲面赛道，设计标准高，滑道结构层次复杂，制冷管道、管道夹具、钢筋网片等构件密布，施工难度大，此前国内无同类建设工程经验，没有任何标准依据，很多施工要求及施工技术均属国内首创。因此，需开展复杂曲面赛道内部钢结构成型关键技术研发与科研创新，通过在实践中摸索，形成自有的技术。

（一）管道夹具

国家雪车雪橇中心赛道是一种空间曲面造型的滑道，赛道内部均匀排列着一根根制冷管道，管道内部通液氨，通过液氨的蒸发吸热制取赛道表面冰层。赛道内部的制冷管道随赛道造型的弯曲变化而呈现三维弯曲变化，即同时有两个方向的曲率变化，这带来了两方面的影响：管道夹具安装的位置和精度对赛道的最终成型起着至关重要的作用；同时，由于赛道混凝土表面精度要求高达 ±5mm，因此夹具加工的精度要求也非常高。

为此，结合加工及安装工艺，研发满足高精度、高效率安装与调节要求的夹具调节装置；以满足 –50℃ 低温工况要求为标准，进行制冷管道夹具材质选型；优化夹具的形状及规格等，考察并确定夹具切割形式、切割设备，同时进行检测设备测试，确保夹具精度、强度、侧向刚度、弯曲性能等满足设计要求；研制可调支撑系统，确保安装成型质量；研发夹具的精准定位安装技术，确保满足设计及国际体育单项组织的要求等。

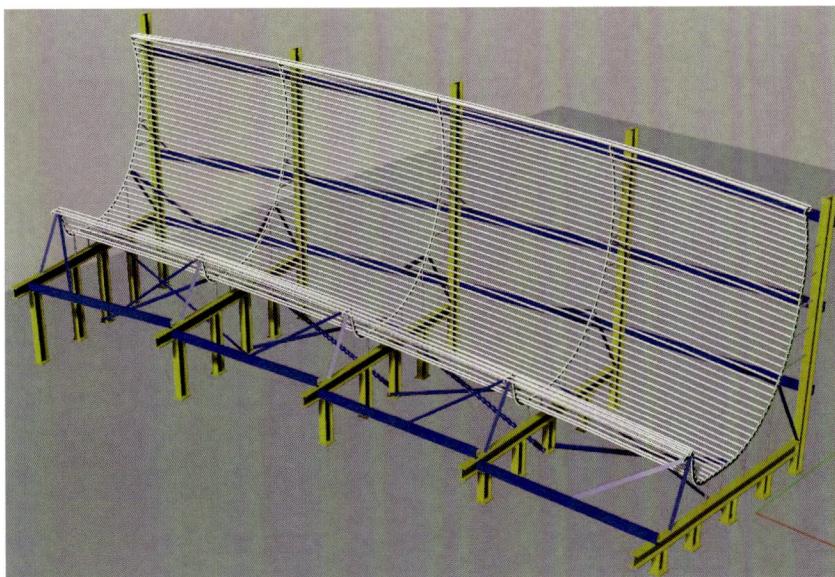

制冷管道及其夹具支架整体效果

（二）制冷管道

国家雪车雪橇中心赛道蒸发制冷管排布紧密，所有管道均为双曲面线形，成型复杂，管道定位精度要求高达毫米级，远超传统管道安装的厘米级定位精度要求。如何实现毫米级的管道精确定位，是必须要重点解决的难题。因此，对制冷管道三维成型及安装线形控制等技术难题进行科研攻关具有重大意义。研发核心内容包括考察弯管设备、进行管道双曲面弯制研究、确保满足赛道双曲面成型的精度要求、制定焊接工艺、考察管管焊接设备、提高焊接效率等。

（三）钢筋骨架

雪车雪橇赛道为双曲面空间薄壳体异形结构，各个断面长度、高度、宽度方向的每一个弧度及尺寸均不相同；赛道内部起结构支撑作用的双向垂直钢筋骨架与线形制冷管呈双向45°斜交布置，每一根钢筋的长度、弯曲弧度都不相同，且单根钢筋均呈三维曲率变化。

由于赛道最终成型的混凝土滑行面精度为空间毫米级，钢筋作为赛道内部结构骨架，对赛道物理强度和成型精度都至关重要。然而在钢筋自身三维曲率和赛道异形曲面变化的影响下，钢筋安装极易出现累计偏差，造成后续斜交钢筋安装难度和误差成倍数增加，甚至无法满足安装尺寸要求，因此，每一根钢筋均须结合安装标准与现场情况进行精确的三维安装定位和调整。此外，赛道内曲面钢筋必须紧贴制冷管道，误差须小于2mm，这使得在长线形制冷管道整体柔性特点，以及安装后的钢筋网受自身应力作用向外弯曲的共同作用下，制冷管道和钢筋网会出现三维坐标移动，整体精度下降明显。而若赛道结构骨架安装精度不满足毫米级空间坐标要求，将造成后续找平管和赛道

混凝土成型面精度进一步偏差，严重威胁运动员在赛道内曲滑行面上的高速滑行安全。为此，必须研发一套高精度的赛道三维骨架安装和测控技术。

二、研发、应用过程

（一）钢制制冷管道夹具成型及安装精度控制技术

1. 夹具制作

由于赛道内部的制冷管道随赛道造型的弯曲变化而呈现三维弯曲变化，即同时有两个方向的曲率变化，而其三维空间形状依靠夹具卡槽固定成型，造成了赛道夹具必须随着赛道造型的变化而变化，不能用批量的模板统一制作，且成型准确性和三维空间定位精度至关重要。

外国同类赛道建设中，夹具采用直径 20mm 管道弯制而成，内侧焊接钢片。这种加工方式周期长、加工精度低，且大量焊接易导致喷射混凝土在夹具缝隙处密实度不够，影响赛道成型质量。

国家雪车雪橇中心项目运用 Rhino 软件编辑参数化程序组进行设计深化，生成夹具加工模型，实现夹具智能编号、加工安装数据定位、扫描校正、材料量统计；将模型数据传递至激光切割设备，实现夹具一次成型；形成了制冷管道夹具一次切割成型关键制作工艺及技术，加工速率较国外加工方式提升 90% 以上，且保证夹具切割成型出

厂精度控制在 3mm 以内。

（1）夹具材质及设计

原始设计中的夹具制作方式为圆钢与板块焊接结合。该方式存在焊接变形和精度偏差较大，装配、焊接和矫正工作量大，效率低等问题。为了解决这些问题，同时确保夹具的强度、侧向刚度、弯曲性能达到设计要求，国家雪车雪橇中心项目团队采用厚度 20mm 的钢板进行直接切割加工，完全取代了传统的夹具制作方式。同时，为解决曲面成型的制冷管道无法与夹具全面贴合固定，夹具设计需保证管道有可调空间，背部有足够的钢筋安装空间的问题，项目团队重新设计了多种夹具及其支架形式，并进行应用效果对比分析，最终确定了最合理的方案。

（2）切割机具的选择

试验阶段，采用了数控激光切割和数控水切割两种方式进行夹具制作。数控激光切割速度快、成型好、精度高，但是存在部分应力；数控水切割速度慢、成型非常不好，但是应力略小。经综合考虑，采用大功率数控激光切割。

（3）切割方式

试验阶段，夹具切割采用了整体切割和分段切割两种方式。整体切割一次成型，效果好，精度偏差小，材料损耗较大，加工周期非常短；分段（3 段）切割成型好，材料损耗较小（约为整体切割的 1/2），但是后期需要拼焊，焊接、测量等耗费人工，且存在焊接变形

的问题。结合项目工期要求，经综合考虑，采用整体切割方式。

（4）夹具精度检测

焊接完成后，须对夹具进行二次检测，检验其是否因焊接收缩产生变形。

试验阶段的夹具精度检测采用了三维激光测量仪和便携式 3D 测量仪两种设备。三维激光测量仪扫描速度较快、辐射范围较广，但是需对原材料表面进行处理后（表面为白油漆或石灰水等）才能扫描，扫描结果生成较慢。便携式 3D 测量仪扫描速度较快，不需要对原材料进行处理，扫描结果同步生成，

整体切割成型的夹具

但是辐射范围有限。

通过测量试验，选择采用便携式 3D 测量仪进行夹具切割后的检测工作。

2. 可调装置制作

雪车雪橇赛道的制冷管道夹具安装精度要求高，调整难度非常大，调整点位多，须配置可调支撑系统，使每一根制冷管道夹具的局部形状偏差均可以非常方便地通过调节装置得以微调。可调支撑系统及调节装置的研发过程为：根据图纸、三维模型、安装技术要求及安装后夹具支架的总负荷，进行受力分析，

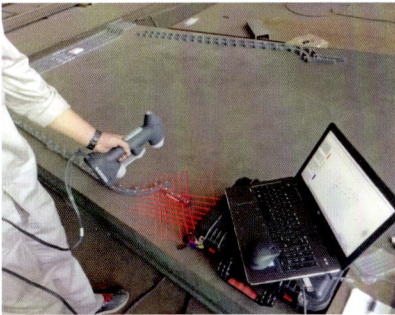

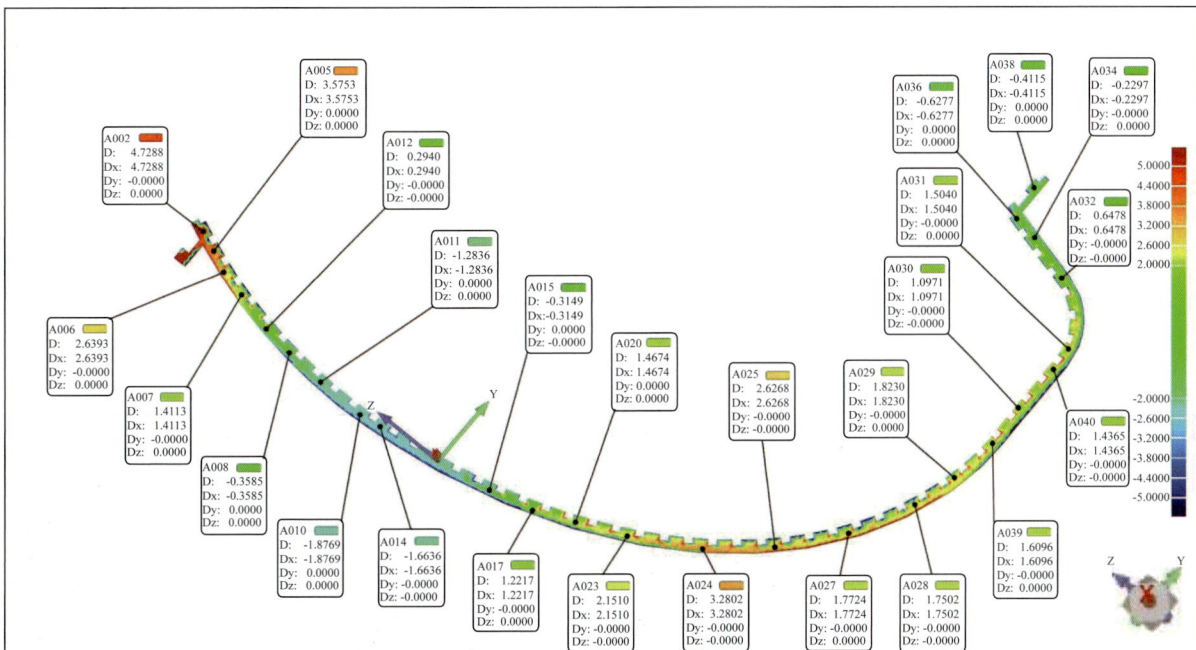

便携式 3D 测量仪及扫描结果

调节杆　条形方块　锁紧螺母

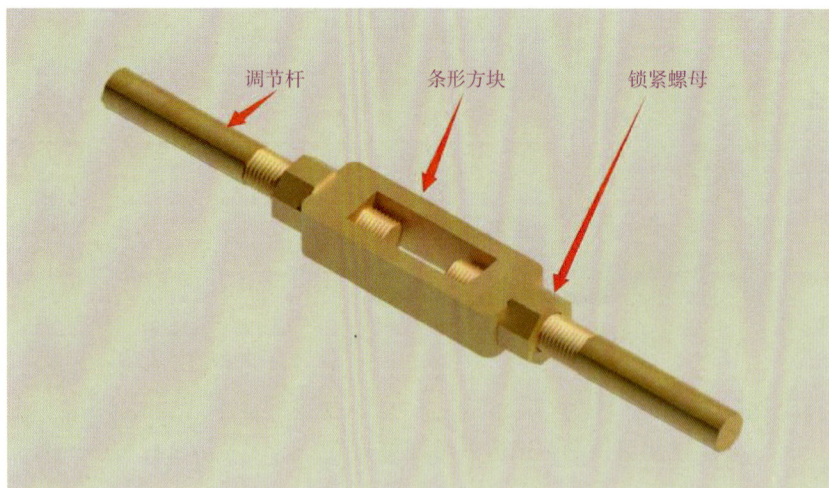

调节装置设计及相关专利证书

计算每根夹具支架的负荷比，据此设计每组调节装置的材料、规格及尺寸参数，并在赛道测试段上进行验证。经过前期反复试验制作，以及夹具安装效果分析，多次优化改进调节装置，最终确定其使用型号（M26×L）以及加工工艺，并形成了相应专利技术。

3. 夹具安装

夹具安装精度是赛道轮廓精度的决定因素。然而由于各个夹具支架构件的安装高度和安装角度都不同，且赛道修建在山体上，蜿蜒盘曲，整体造型在空中扭曲变化，形体复杂，在常规正南正北项目中可以利用轴线进行定位的普通BIM技术，无法在短时间内完成对所有夹具支架的精准定位。

为此，在前期11m测试段（7套）、5m测试段（1套）、3m测试段（2套）夹具安装工作中进行了一系列的工艺研究，初步形成了管

模块测试阶段夹具安装

正式赛道夹具安装

道夹具的安装工艺技术规程；在后期正式赛道夹具的安装中继续优化安装方法，缩小安装偏差，提高安装质量，缩短安装时间，形成了最终的安装工艺技术：根据设计图纸，建立三维模型，确定夹具关键检测点的三维坐标；结合夹具支架空间坐标位置，采用免棱镜精密全站仪进行夹具的空间定位安装，保证夹具支架的高程、垂直度和角度满足精度要求；利用经纬仪或吊线坠方式检查夹具支架的中心线位置；最后进行两侧斜支撑的安装。

（二）制冷管道三维成型及安装线形控制

1. 集管成型

国家雪车雪橇中心主赛道分为54个赛段，每个赛段两端都要安装氨制冷系统供液回气集管。氨液由主管经供液集管输送至蒸发排管内，吸收热量后蒸发为氨蒸气，由回气集管返回，实现制冷循环。集管形状与赛道断面轮廓一致，因此各集管造型互不相同，弯制难度大，开

孔位置定位难，且精度要求高；其预制加工是整个国家雪车雪橇中心建设项目的难点之一。经过反复试验，最终确定了加工技术和流程：基于BIM模型进行预制，采用数控弯管机弯制，引用激光开模进行对比，局部火焰校正，两端分段焊接。弯管工艺为"穿心弯＋盘管"（组合弯管）工艺。考虑到整个集管的弯曲半径处于动态变化中，半径小于300mm的部位采用穿心弯，半径大于300mm的采用盘管工艺。开孔位置根据工艺要求，以达到最佳制冷效果为目标，通过BIM建模及深化后确定：DN40的供液集管在中轴线偏下开孔，DN65的回气集管在中轴线处开孔；孔距允许偏差±0.5mm，弯管弧度允许偏差±3mm。

2. 蒸发排管曲面成型

基于赛道内部的制冷系统蒸发排管双曲面模型，应用GH程序，获得夹具支架模型的空间三维坐标后，自动完成管道全长的分段切割、编号并导出管道切割的加工图纸。

制冷主管

根据管径大小制作专用的弯管胎具，采用数控弯管机进行大弧度管道弯制。经过多次调整、研究，最终确保了大曲率弯制的可行性。

3. 自动焊接

赛道蒸发管数量多，排布间距较小，普通的管管焊接设备无法使用。为了能够满足现场施工条件及环境的要求，保证焊接质量，提高焊接效率，项目组会同多家厂商进行了大量模拟试验，研发了一套窄间距管管焊机，并完成了操作人员培训、焊接试验、焊接工艺评定等各项研究，满足了蒸发管在线焊接的需求，提高了焊接质量。

4. 赛道制冷管道安装

（1）主管安装

赛道制冷主管布置在U形槽内，赛道下方；随赛道走势呈现蜿蜒曲折的形状。主管及其保冷支架的位置均经过应力计算后确定，允许偏差值较小，定位难度较大。同时，由于主管拐弯折点较多，角度变化多样，国标成品弯头角度均无法满足要求，每个弯头均需要现场再次加工制作。

滑动保冷支架安装要求高，工序烦琐，需要严格控制每道工序质量。

（2）蒸发排管安装

前期测试段制冷管道安装中发

滑动保冷支架安装

现，由于制冷管道弯制精度存在偏差、焊接和运输过程产生部分变形，存在管道安装完成后，部分曲面尺寸偏差过大的问题，经调整后基本能满足技术要求。

后期进行正式赛道蒸发排管安装时，结合外方专家的意见，因蒸发管管径较小，不采用预弯工艺，直接预拼接后整体铺设于夹具上，使管道依靠自身的柔软性依附于夹具上；再调整管道的间距及绑扎固定。由此，形成了一套完整的工艺流程。

（3）集管安装

各赛段两端供液与回气集管安装是赛道制冷管安装的关键。蒸发排管马鞍口制备难度大；与供液、回气集管连接部位的技术要求各不相同；管间位置狭小，与供液、回气集管对孔难度大，焊接难度大。此外，

蒸发管安装成型效果

由于蒸发排管与供液、回气集管焊接点位高度集中，需要采取措施防止焊接变形。

赛道上檐口集管管径较大，呈曲面造型，需要预弯；与蒸发排管的连接需要现场在线定位，离线制口，工序复杂多样。两种集管的安装已经形成了一套完整的工艺流程。

（4）阀站安装

赛道制冷管阀站的安装，安排在赛道混凝土喷射及拆模完成后，

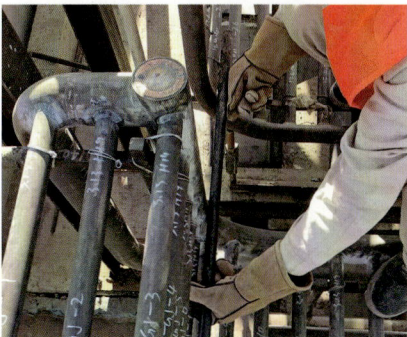

赛道两端供液与回气集管安装

目的是避免阀站内的电磁阀、调节阀、过滤器等精密仪表部件损坏。阀站安装管道路由需要基于BIM模型进行管道预制，需要控制管道坡度、膨胀间距、阀门安装位置及焊接变形。

（5）管道内部清洁度控制关键技术

制冷管道的清洁度是决定制冷系统能否可靠、高效运行的核心因素之一。清洁度欠佳的制冷系统在投入运行后会出现脏堵、设备部件非正常磨损加剧等问题，严重时甚至可能造成制冷系统无法正常运转或赛道局部不制冷。如氧化皮、焊渣等杂质堵塞蒸发管、膨胀阀、过滤器，会影响阀门的闭合性能。若有较多杂质进入压缩机润滑油，会使其润滑性能大大下降，造成压缩机的磨损，严重影响压缩机的使用寿命。

造成制冷系统清洁度欠佳的主要原因有：管道本身内壁存在污物、锈渣，管道焊接时内壁出现氧化皮、焊渣，制冷系统吹扫及清洁不彻底，制冷系统内部含水率超标等。因此，在制冷系统安装时，采用管道内部清洁度控制关键技术，以多种途径提高制冷系统清洁度，对保证赛道制冷系统工程的整体质量意义重大。

①管道开孔及吹扫等清洁度控制。

制冷管道现场开孔和坡口制备会形成大量的铁屑等杂质，加之制冷管布局复杂、转角较多，管道内

部清洁度控制难度大，需要在安装的各个环节逐一控制，减少管道内部的杂质。因此研发了磁条吸附、内窥镜检查、通球试验、焊前分管吹扫、焊后分单元吹扫、主管爆破吹扫等措施，多环节减少铁屑等杂质，保证管道内部清洁度达标。

②管道焊接控制。

制冷系统管道存在多种材质（P265GH、16MnDG、S304）、多种规格，为确保各种接头焊接工艺正确、合理且符合规范及设计要求，研发了7种焊接工艺，避免了干净的管材内部出现焊渣等杂质，使焊件应力、变形、裂纹倾向变小，同时保证了管道的清洁度和焊缝的质量。

（三）赛道高精度三维骨架安装和测控技术

1. 参数化建模

利用三维建模技术建立赛道钢筋骨架的三维模型，通过模型提取各部位钢筋的长度、弧度等信息，制作钢筋下料表，用于指导实际操作。

采用犀牛软件Grasshopper参数化建模技术和标准控制工具使异形高精度钢筋安装得以实现：针对各制冷单元中数量庞大且造型逻辑规律性强的钢筋，通过Rhino-Grasshopper参数化平台设置一系列的逻辑模块，编写逻辑算法"电池组"；通过使用REBUILD命令重建曲面，将曲面的骨架线调整均匀，使得钢筋网格均匀排布；输入方向值，建立双曲面钢筋网状结构的设计模型，并通过计算参数提取钢筋

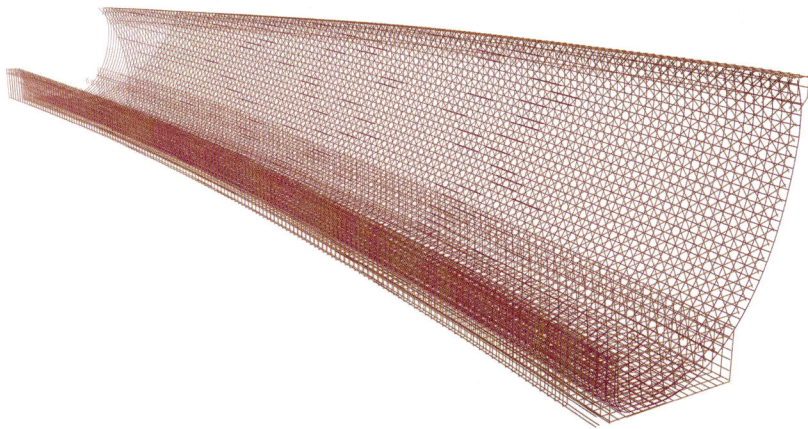

三维异形钢筋 BIM 模型

参数，包括长度、曲率和重量等，进而据此指导安装前的钢筋下料和预弯。安装过程中遇到设计和现场调整时，只需修改运算器中的相关参数，便可快速实现模型的更新和维护。

2. 赛道内曲面三维异形钢筋安装

赛道内曲面钢筋的安装是赛道三维骨架安装的重点和精度核心体现之一。根据设计要求，钢筋骨架使用 HRB400 三级螺纹钢制成，与制冷管呈 45°斜角。为达到最终误差在 10mm 以内的混凝土面平整度标准，赛道内曲面钢筋必须紧贴制冷管，误差不大于 2mm；同时，由于制冷管道相对柔性，受到钢筋应力作用会向内弯曲，造成精度下降，故在钢筋安装时，还需尽可能减少钢筋自身的预应力。为此，制定研究钢筋工程施工技术研究方案：使用特殊的小型工具，控制异形曲面钢筋安装间距和角度，同时保证安装速度；利用可靠手段消除钢筋内部预应力，避免发生二次变形。

（1）专用工具开发应用

根据赛道线形特点做出分析，由于弯道部分内、外弧线条长度不等，外弧长度长于内弧长度，若保证钢筋间距相等，则其角度必然发生累积变化，以致无法保证钢筋与制冷管之间的角度；若角度严格控制为 45°，则钢筋间距必然发生累积变化，直至超出允许误差范围。

因此，钢筋安装须在允许误差范围内做适当的调整，消除累积误差。为控制钢筋安装间距，制作一种专用于赛道钢筋安装的卡具。其卡槽间距对照赛道钢筋设计间距，为 125mm，可同时卡住 3 根钢筋。同时，准备等腰直角三角板，安装中随时测量钢筋与制冷管道间的角度；随时通过适当的调整，在间距固定的前提下，使角度保持或接近于 45°。

（2）三维预弯技术

实验证明，长距离制冷管道的柔性特点，以及内曲面钢筋紧贴制冷管安装的现实情况，决定了如果

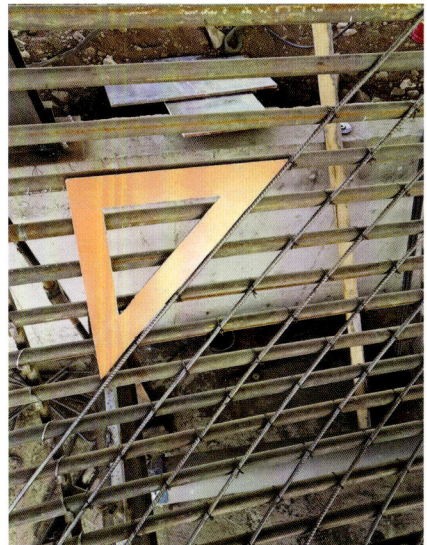

使用等腰三角板控制钢筋与制冷管的角度

赛道骨架安装采用直线钢筋，在安装时强行形成三维钢筋网片的流程安排，由于钢筋内部预应力未得到有效消除，钢筋网片会出现整体的弹性形变，令制冷管同样产生相应的变形。

为此，结合钢筋参数化建模的提取信息，提前对长度和曲率相近的钢筋整体分组做初步三维预弯，消除大部分应力，从而保证钢筋网的安装精度不受整体和局部应力影响；安装时，在每处钢筋与制冷管的绑扎部位，先使用钢筋扳手将弧度调整好，使钢筋在绑扎时不存在

明显的反弹力。

3. 高精度找平系统安装

赛道找平系统是赛道混凝土内曲面平滑度、高精度的核心控制抓手，是赛道内曲面平整度控制的基准；加之赛道混凝土具有不可修复性，因而找平材料的选型、安装方式和安装精度，对于赛道滑行面成型的曲面效果和空间坐标精度，乃至赛道最终能否通过滑行认证、保证运动员的比赛安全，具有重要影响。

塑料管质地较软、尺寸稳定，可顺赛道弧度进行各方向的弯曲，能够不留间隙地安装在钢筋网片上；

赛道内曲面三维异形钢筋安装成型

且管状物的形状特点，使得其各个方向的尺寸都是相同的，不会因为安装角度问题影响弧度变化或钢筋保护层厚度，非常适合作为找平材料使用。

（1）选型分析

赛道各部位曲率半径为150~3000mm不等，优先考虑找平管能够适应所有部位曲率的变化，无须采取其他措施即可达到安装效果的方案。同时，赛道下檐口的内弧为大曲率弧面，找平管须具备质地柔软、尺寸稳定、可沿赛道弧度无间隙贴合的特性；因赛道喷射和修面过程人员较多，找平管还需具有较大的硬度，以免发生压缩变形，影响赛道最终成型精度。

基于以上需求进行选型，发现质地相对较硬的PE管（聚乙烯管）在曲率较小的部位安装效果优良，能够贴在钢筋网片上，受到踩踏不易变形；但在曲率较大的部位很难与钢筋网片贴合，强行绑扎后，管身发生明显变形，直径变化为2~5mm不等，超出允许误差范围；在管内设置弹簧装置以增强PE管弯弧能力，同时控制其形变量的做法过于复杂，不利于现场大面积施工，并不适用。

质地较软的电缆套管能够适应所有弧度变化，但由于质地过软，管壁较薄，容易发生变形，无法大范围应用。

实心橡胶棒不可能发生直径变形，但整体较软，容易因受到踩踏而发生变形，绑扎时受到外力拉伸同样会产生较大的变形，不适合大面积使用。

因此，采用PE管与实心橡胶棒混合使用的方案。在赛道曲率较大的局部，如受外界接触和影响较少的下檐口内弧区域，采用材质较软的橡胶棒作为找平管，可满足该区域90°夹角、半径150mm的大曲率贴合的要求；且因橡胶棒为实心结构，具备一定的强度。

赛道底部和高墙段的曲率较小，过渡较平滑，采用材质较硬的PE管。通过多次生产配方调整和试验得以明确，PE管适当的柔软度为15%~30%；此时既可完全与钢筋曲面柔性贴合，又具有较硬的强度，受到外界压力仍可保持原有形状，不影响找平管表面切线精度。

（2）安装工艺

找平管的安装结合赛道各剖面的轮廓和弧度规律进行。安装设置思路为：安装间距根据赛道制冷单元各弯道的不同曲率决定，中心间距控制在500~800mm之间；平直段底部采用特制PE管，两侧檐口内侧采用柔性橡胶棒；高墙段赛道下檐口内侧夹角采用橡胶棒，赛道底部采用特制PE管，高墙立面部分采用一段或两段PE管搭接；同一剖面的相邻两段找平管之间连续搭接150mm，保证端头处于钢筋网片水平筋正上方；高墙高度超过单层喷射和修面高度的，需结合便于人员操作的需求布置两层或多层找平管；各剖面搭接点随赛道高墙曲面流线设置。

4. 特殊模板选型及设计安装

赛道模板工程是赛道主体结构成型的关键之一，直接影响赛道尺寸、曲率等。赛道的异形结构决定了其施工不能使用通常的模板制备方式。根据混凝土成型需求，赛道檐口部位及外曲面两处模板需采取特殊的安装方式。

（1）赛道上下檐口异形模板设计安装

由于赛道内曲面为滑行功能面和高精度成型面，所有部位的混凝土均不允许出现光滑的模板成型面，因此赛道上下檐口内曲面模板须在混凝土喷射完成后、初凝前拆除，以便进行赛道内曲面的精加工成型

赛道骨架、找平管及模板安装成型效果

和表面拉毛处理。而上下檐口的外曲面为非功能面，须待喷射混凝土凝固，保证完好的拆模外观成型和曲线轮廓。

针对上下檐口同一部位内外曲面成型时间和功能要求不同的情况，模板材质均选用柔性材料和窄薄胶合木模板，以实现檐口内外曲面的精度成型。支设方式上采用吊挂模板方式，内曲面模板为临时固定，易拆卸，以保证能在喷射混凝土达到初凝后快速拆除模板，完成曲面找平和表面粗糙化；外曲面模板为短期固定，养护结束后正常拆除。

针对赛道内曲面采用低坍落度混凝土高压喷射成型，上下檐口上表面无钢筋骨架，混凝土无法单独成型固定的问题，考虑到表层混凝土厚度和下部留有一定模板固定距离的需要，内曲面采用高度为150mm的柔性窄板，使用自攻螺栓固定在内曲面找平管上，上方使用木拉杆与檐口外侧模板连接；采用垂直向下喷射成型的工艺。

（2）赛道外曲面免拆柔性金属模板选型研究

赛道内曲面为高压喷射混凝土成型，因而受喷面内部结构越密集（赛道内部恰恰是钢筋网和制冷管等纵横交织）、背部材质越硬，喷射助力气体越无法有效排出，将造成喷射体内部气体不均匀聚集，形成孔洞，且产生大量的回弹料，因回弹料的夹杂和填充造成赛道实体内部的质量缺陷，影响后期制冷传导和

结构强度。

为此，经反复试验验证，选用带钢肋金属柔性织网作为赛道壳体部位的免拆模板，覆盖在赛道外曲面，发挥混凝土喷射载体的作用。钢织网规格根据喷射工艺决定，网孔尺寸为9mm×11mm，V形肋高20mm，肋间距100mm；母材强度通过试验验证能够耐喷射高压冲击。

①网孔尺寸。

赛道喷射混凝土最大集料粒径为10mm，网孔过大会导致混凝土集料大量损失，影响强度；网孔过小则会使得裹挟集料的混凝土极易在网片上堆积，不能挤出网片，以致空气导流不畅，后续喷出的混凝土受到阻挡，影响底层密实，且混凝土不能充分充溢和填充金属网孔，造成结构缺陷。因此，网孔须略小于喷射料集料的最大粒径，且大小均匀。

②V形肋高度。

V形肋主要控制钢织网与钢筋网片的间距，若其高度不足，则钢织网与钢筋网片的间距不足，二者的间隙不能有效被混凝土填实，造成钢筋背部不密实。

③肋间距。

V形肋会占据一定的空间，如肋间距过小，则网片面积将相应减少，混凝土填塞的体积也将减少，对结构强度不利；如V形肋间距过大，则无法适应赛道曲面弧度的变化，钢肋中间的部分会距离钢筋更近，导致厚度不均匀。

5. 参数化建模高精度正向控制技术

找平管是赛道精度控制的最后一道正向控制抓手。参数化建模高精度正向控制具体做法为：运用参数化平台建立各制冷单元找平管的深化模型，提取测量点云数据；采用全站仪现场测量找平管上表面均匀等分的控制点，将坐标值导入 BIM 模型进行比对，计算和输出偏差值；赛道喷射前对偏差超出赛道成型精度要求的找平管做局部调整，或通过调整夹具、钢筋网片等达到调整的目的，使各特征点的三维坐标偏差值均控制在 10mm 内。

02 | 第二节　耐候钢及其涂装应用技术

一、应用背景

国家高山滑雪中心所处位置由中低山向平原过渡，属大陆季风气候区，是温带与中温带、半干旱与半湿润地区的过渡地带。由于海拔较高，地形呈口袋形向西南开口，故大陆季风气候较强，四季分明，冬季干冷，夏季多雨，春秋两季冷暖气团接触频繁，对流异常活跃，天气与气候要素波动，多风少雨，全区多年平均降水量为 436mm；多年平均气温 8.7℃，7 月平均气温 23.2℃，1 月平均气温 –8.8℃，最高气温 39℃，最低气温 –27.3℃；全年无霜期 150~160 天。国家高山滑雪中心所处位置属于典型的山地气候环境，因此钢结构防腐显得极为重要。

二、应用效果

该工程共应用耐候钢 20500t，相应的耐候钢涂料应用 85000m²。

耐候钢自开发以来，被广泛用于桥梁、铁路车厢、建筑、集装箱、塔架、护栏等领域。耐候钢可以免涂装使用，避免了喷漆和镀锌对环境造成的污染，是一种环境友好材料。同时，其后期不需要维护，大大降低了后期的维护成本。

通过对耐候钢进行互穿网络锈化稳定涂层的涂装，克服了靠钢材自身生成稳定的锈层需要周期较长且外观锈层颜色在短时间内不能做到协调一致的弊端。

涂装后的耐候钢

三、应用过程

（一）耐候钢专用涂料施工工艺

室外钢柱及钢梁采用耐候钢。虽然耐候钢自身生成的稳定致密锈化层可实现自身防腐，但外露部分要想达到均匀覆盖的效果，所需时间比较久，且过程中会出现锈液流失的情况，导致钢结构表面颜色不均匀，影响美观。

为解决上述问题，在耐候钢表面涂刷一道互穿网络锈化稳定涂层。涂刷后，在钢结构表面形成具有过滤性的膜，允许水分子透过与钢材接触锈化，又能阻止铁离子通过，防止锈液流失。待锈层颜色均匀一致，这层涂层最终老化消失，外观被保护性锈层代替。

目前，耐候钢在国内大型建筑应用较少，没有任何可借鉴的案例

工程。为此，按照需要进行耐盐雾试验，试验效果良好。

（二）耐候钢涂料施工要点

互穿网络锈化稳定涂层为耐候钢专用涂料，分为甲组分和乙组分。每次按甲乙组分 5 ∶ 1 的规定配比混合使用，并在规定的混合使用期限内用完。采用无气喷涂时，喷嘴直径 0.33~0.45mm，喷嘴处油漆压力 15MPa；稀释剂使用方面，根据现场实际的施工条件、温度状况、施工设备等，添加 10%~20% 的专用稀释剂加以调节油漆的黏度，干膜厚度达到 75~100μm 最佳。

该涂料施工前底材温度不低于 0℃，并且至少高于空气露点温度 3℃ 以上，温度的测量在作业点附近的底材处进行。在非敞开空间内施工时，要具备良好的通风状况，以确保漆膜的正常干燥。

施工主要注意事项如下：

①涂膜全部施工完毕后，避免油、雨水（露水）、化学品及物理损伤涂膜，以确保涂敷质量和效果。

②环境温度低于5℃，以及空气湿度大于85%的情况下应避免施工。

③涂料中不可混入水、乙醇系、醚类溶剂、碱性物质。

④严格按照说明书要求配比混合，搅拌均匀，否则易发生漆膜发脆或漆膜不干的现象。

⑤乙组分切忌接触水、醇、有机胺、羟基化合物；使用完毕及时封好桶口，以防止与潮湿空气起反应，导致胶化。

⑥密闭场所严禁明火，加强通风。

⑦两个组分混合时先在组分一中加入组分二搅拌均匀，再加入稀释剂充分搅拌，直到混合均匀。

⑧该产品在喷涂时，注意对暂不喷涂表面进行覆盖；在喷涂完毕后检查表面，若发现有已干燥的漆雾附着在表面，则用砂纸轻轻打磨，而后用无纺布擦拭干净。

⑨已经涂装好的物件，不允许放置在涂装作业区，以免作业时产生的漆雾附着在工件表面，产生细微颗粒。

03

综合工程

01 | 第一节　隧道波纹钢管涵施工技术

一、应用背景

为保证高山滑雪项目奥运赛时的正常运行组织和赛后的运营，须修建高山滑雪中心技术道路，作为赛时高山滑雪雪道之间连接的压雪车和工程维护车辆通行的通道。赛后，部分技术道路可作为大众雪道开放运营。为满足技术道路相关功能要求，在技术道路 J8 线 K0+092~K0+148 和 J7 线 K0+004~K0+042 处各设置一座隧道下穿高山滑雪雪道，作为高山滑雪技术道路的连接通道。

二、应用效果

波纹钢管结构具有以下优点：

①结构受力合理，荷载分布均匀，具有一定的抗变形能力，特别适合于煤矿采空区及混凝土浇筑困难的深沟深壑，可避免地基变形造成的不均匀沉降破坏桥涵，确保桥涵安全。

②采用标准化设计，工厂规模化生产，生产周期短，效率高，有利于降低成本，提高质量。

③现场安装速度快，施工工期短，社会、经济效益明显。

④施工不受季节影响，不受环境影响。

⑤后期养护工作量小，养护成本低。

⑥可减少混凝土的用量和施工现场湿作业，降低施工现场劳动力压力。

三、应用过程

（一）马蹄形波纹管涵的构造设置

马蹄形波纹管涵的构造设置如廊道横断面图所示。

（二）防水施工

波纹管拱敷设就位，拼装完成后，回填前，进行密封防腐处理的现场作业。在结构板重叠搭接处、圆管端部接合处、紧固件连接的螺栓孔空隙处用耐候胶填封（通过专用胶枪注涂），以提高结构的整体密封性。

外壁最大腰部以上的拱体（结构体）在结构板重叠搭接处、圆管端部接合处、紧固件连接的螺栓孔空隙处进行二次防水处理，优先考虑采用高分子 P 类防水卷材，全厚度不小于 1.7mm，主材厚度 1.2mm；范围为搭接缝处至最外边缘不少于 30cm，防水卷材搭接不小于 30cm。同时，为防止回填过程中回填料对防水卷材的损伤，防水卷材外设置 5cm 细石砂浆保护层。

拱底 C30 混凝土增强区外侧全包防水卷材，优先考虑采用高分子 P 类防水卷材。外包防水层外竖向设置机砖保护，水平方向设置 5cm 细石混凝土保护层。

（三）涵背回填

1. 钢波纹管结构回填

钢波纹管结构回填，在管两侧对称、均衡地进行。

楔形部回填采用 C30 混凝土，增强回填区回填高度为 3.4m，施工时采用模筑法，模板支撑采用钢木组合体系，面板采用 12mm 厚多层板，背楞采用方木，支撑采用 ϕ48 钢管。浇筑混凝土时分 7 次浇筑，每层浇筑厚度约为 500mm，采用振动棒振捣。分层厚度要严格控制，并进行两侧对称浇筑。

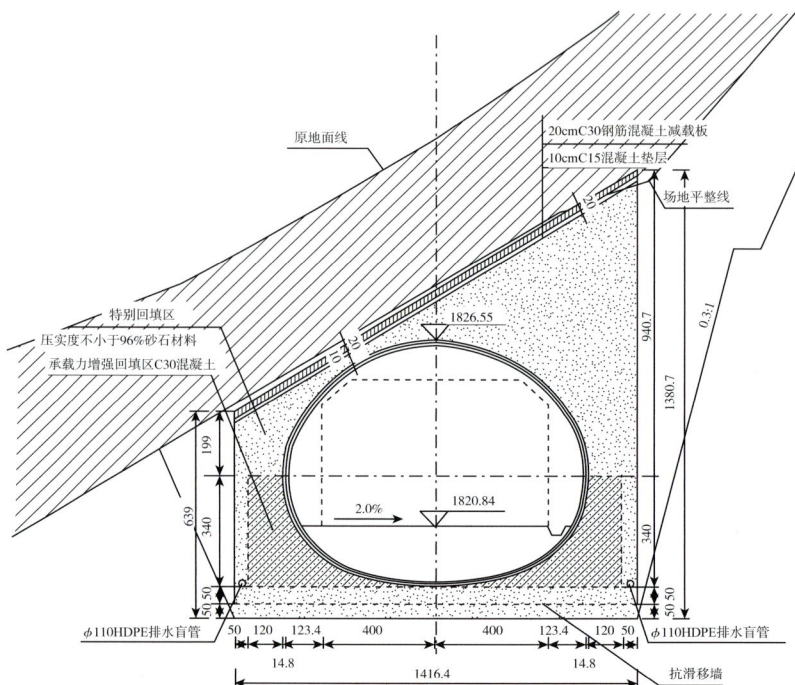

廊道横断面（尺寸单位：cm）

上方廊道、下方廊道及其在雪道中的位置

填土严格分层摊铺，逐层压实，每层压实厚度不超过250mm，压实度与该处路基的压实度一致。在钢波纹管结构顶及结构两侧3/4管径宽度范围内的管侧填土，需特别注意夯实。除可使用小型振动夯夯实外，其他位置采用与一般路基相同的压实机具，但荷载不能大于14t。在填土过程中，特别是跨度较大的结构，随时观测钢波纹管涵壳体的变形是否超过容许值，以便及时改变填土方式。在钢波纹管涵顶填土未达到设计高程时，禁止一切机动车辆通行。管顶填足最小厚度后，仍不能让重型夯锤在其上作业，以免损坏波纹管及邻近填土。

除钢波纹管结构两侧特殊回填区外，其余部分回填料应采用砂砾回填至1/2管径高度处，管顶回填可采用一般的路基用土。距钢波纹

管结构300mm范围内，不允许填筑边长尺寸大于80mm的石块、混凝土块、冻土块、高塑性黏土块或其他有害物质。结构两侧回填对称施工，分层回填，每层厚度为25cm。

2. 设置减载板

距拱顶50cm处设置厚度20cm、两侧宽度超过结构跨径各3m的C30钢筋混凝土减载板。减载板内设置2层HRB400钢筋网（净保护层各4cm，间距10cm×10cm，直径16cm）。减载板沿隧道纵向设置一道沉降缝，并在缝内填充密实橡胶板或遇水膨胀橡胶条。减载板下设置10cm厚的C15混凝土垫层，以方便施工浇筑。

3. 压实

结构近处用机械夯实，管底下方楔形部用粗砂水密法或振动棒振实。

结构两侧回填采用振动压路机压实，压实度不小于 96%。

结构上方，当回填厚度小于 60cm 时，采用手扶振动压路机压实或采用小于 6t 的静碾压路机压实，压实度不小于 96%。当涵管顶填土厚度大于 60cm 后，采用不大于 14t 的重型压路机施工，每层厚度 25cm，压实度不小于 96%。

02 | 第二节 大体量外露永久型桩墙支护体系技术

山地新闻中心各建筑物沿场内地形错落布置，采用抗滑桩作为永久型边坡防护体系，共计 234 根，施工体量大；桩身开挖深度大，最深达 34m；与传统抗滑桩相比，桩径更大，且为矩形，桩径尺寸包括 2.5m×1.75m 和 2m×1.5m 两种。该支护体系由抗滑桩桩身、桩间板墙、锚索、冠梁等共同组成。

一、应用效果

该工程在山地施工中采用人工挖孔的施工方式，与机械成孔相比较，无须进行大面积场地平整。抗滑桩护壁采用直壁形护壁，施工完毕后无须对桩身进行剔凿修补，能够节约人力，降低成本，减少机械使用量，减少建设用地需求，有利于减少对环境的污染。

抗滑桩在山地建筑中起到边坡永久性防护的作用，同时节省空间，对山地的开挖及破坏小，有利于节约土地资源。

施工过程中的山地工程外露型桩墙支护体系施工工法获得省部级科技创新奖。

二、应用过程

（一）工艺难点

1. 抗滑桩护壁施工

抗滑桩护壁施工采用人工挖孔的施工方式，抗滑桩的桩位控制以及施工期间桩身净空尺寸、护壁垂直度控制是施工的重点和难点。孔桩内遇到大型砾石、岩层、地下水的处理及保障护壁质量是护壁施工的另一难点。

2. 桩身施工

抗滑桩深度较深，桩身钢筋绑扎均在孔内完成。桩内钢筋绑扎施工质量的控制、预埋钢筋及预埋套管的位置控制及保护是桩身钢筋绑扎的重点及难点。

3. 桩身混凝土施工

抗滑桩深度大且个别孔桩内存在地下水。桩身混凝土浇筑，保证桩身完整性是难点。

4. 桩板墙施工

桩板墙钢筋连接采用与桩身预埋套筒连接的方式进行施工。控制桩板墙钢筋施工质量，控制模板垂直度、平整度和混凝土浇筑厚度是桩板墙施工的难点。

5. 预应力锚索施工

预应力锚索成孔采用套管护壁成孔技术。控制锚杆成孔质量、成孔深度、注浆质量以及张拉锁定是此阶段施工的难点。

6. 抗滑桩施工安全管理

由于抗滑桩数量多，采用人工开挖方式。开挖深度大，孔内结构复杂，保证施工作业人员人身安全是重点。

（二）创新点

1. 优化护壁形式

抗滑桩护壁原设计形式为楔形护壁，在施工前进行创新优化，改为直筒式护壁模板支撑体系，有效避免了抗滑桩桩身大面积剔凿情况的发生。

2. 优化连接方式

对桩板墙与桩身连接方式进行创新优化，采用预埋钢筋直螺纹套筒的方式代替后期植筋，如此在减少植筋量的同时，也能有效保证桩板墙与桩身连接质量。

（三）施工技术

施工工艺流程为：平整场地－护壁锁口－搭设架篷－开挖桩孔－自检修正－安装护壁（绑筋、支模、浇混凝土）－拆模挖孔（前三道工序循环）－凿打基岩（岩石强度试验）－检查隐蔽（清底）－垫层封底－钢筋绑扎－浇桩芯混凝土－冠梁施工－桩前土方开挖－桩板墙施工（与桩前土开挖工序循环）、锚索施工至底高程。

1. 放线测量

采用 RTK 设备（实时运动学工具设备）定出桩位轴线及边线，标注在挖孔桩锁口圈梁上，形成十字临时控制线，加以保护；开挖过程中随时检查桩的位置、尺寸、垂直度等；桩位确定后，及时请监理复核，形成技术资料并保存。

开挖前，先施工钢筋混凝土圈梁；待圈梁混凝土达到强度后，先将桩及承台孔口轴线、中心线的控制点、高程、自编号标示到井圈上。

2. 护壁施工

定位放线过程中，找准主滑面，使得人工挖孔桩矩形截面的长侧平行于与主滑面滑动方向，从而可以满足桩的受力要求。采用间桩开挖桩的施工方式，完成前一批桩混凝土浇筑之后再开挖下一批桩，由人工使用镐自上向下层层开挖土石方。首先在中间位置开挖，然后在周边进行开挖。挖深 1m 后，按照图纸要求绑扎护壁钢筋。模板安

装采用快速支拆桩内模板的有效措施对护壁进行临时支撑，确保桩内施工安全。矩形护壁模板采用四大块工具式内模板拼装而成，模板间上下各设一道环形支撑，模板由厚木板加工制成。由专人负责控制桩的高程及垂直度，随时进行复核，以确保满足设计要求。当有地下水出现在桩孔内部时，使用潜水泵抽干积水之后再进行施工。护壁混凝土加入减水剂和抗渗剂达到抗渗强度目标。如果水流量太大，则酌情采取其他措施，包括在一个桩进行施工时，使用潜水泵将相邻几个桩中水抽干，以减少施工桩的涌水量，方便施工。

护壁施工过程中如遇孤石、岩层，采用风镐进行破碎。

3. 抗滑桩钢筋施工

抗滑桩钢筋绑扎工艺流程为：按设计（或计算）尺寸下料—主筋套丝—箍筋加工—分布筋加工—半成品钢筋运输—孔内下部分箍筋—逐根安放主筋—固定主筋—穿剩余箍筋—均匀分布、绑扎箍筋—钢筋笼验收。

（1）按设计下料

根据技术交底及设计图纸中钢筋笼的长度和箍筋、分布筋的几何尺寸进行下料加工，将加工好的半成品按照不同的尺寸、规格分类堆码整齐，并做好标记。

（2）主筋连接

主筋加工中，单根螺纹钢长度不够时，采用直螺纹连接方式使主筋长度满足配料要求。直螺纹接头采用一级接头。

直螺纹钢筋加工时注意确保参加接头施工的操作人员已经过技术培训，考核合格，可持证上岗。直螺纹套丝机等机械设备经维修试用，测力扳手经校验，可满足施工要求。螺纹套及钢筋端头已清理、除锈、去污，按规格尺寸加工，存放备用。钢筋先调直再加工，切口端面尽量与钢筋轴线垂直，端头弯曲、马蹄严重的需切去，不用气割下料。对检验合格的丝头予以保护，在其端头加戴保护帽或用套筒拧紧，将其按规格分类堆放整齐。

（3）箍筋、分布筋加工

锚固桩箍筋由2个全封闭箍筋相套外箍主筋。锚固桩背面设置横向分布筋，分布间距由桩底至桩顶分布。每间隔2m设置一道加强封闭箍筋。

（4）孔内安置箍筋

在已合格的孔内安置一定数量的箍筋。箍筋数量不必过多，只在桩底部位范围内起固定主筋的作用。

（5）绑扎措施吊筋的安装

封口梁顶部水平方向平行主筋N1、N2每侧放置1根2.5m长的φ32钢筋（共2根）；竖直方向N1、N2每侧桩孔通长设置3根φ12钢筋（共6根），在其顶端设弯钩，固定于水平放置的φ32钢筋上。二者一起作为人工挖孔桩桩体钢筋绑扎的措施吊筋。

（6）安置主筋

将已加工好的主筋逐根下入孔内。孔外可2人一组，1人在前，扶住主筋，对正孔口；1人利用牵引绳控制方向，利用吊车将主筋缓慢放入孔内。同时，孔内 1~2 人负责接纳，将主筋安放在标记好的位置，并在靠桩内设置箍筋，固定主筋。内箍筋每隔 5m 设置一个。绑扎时控制好钢筋笼的高程。

主筋采用直螺纹连接，相邻接头间距大于 35 倍直径，在同一区段内有接头的钢筋的数量不得超过钢筋总数的 50%。

（7）穿剩余箍筋，均匀分布、绑扎箍筋

主筋固定好后，根据剩余箍筋数量，由钢筋笼上口逐一穿箍筋，并逐一按照设计间距与主筋绑扎固定。外侧箍筋及主筋施工完成后，由下向上按设计尺寸均匀绑扎锚固桩背侧分布筋；绑扎完成后，逐根穿背侧主筋，并将之均匀绑扎固定。

在此过程中，要确保钢筋定位准确，固定牢固，无扭曲变形。钢筋笼主筋保护层采用钢筋支撑，每圈至少固定 4 点，间距不大于 2m，以确保混凝土保护层厚度及位置准确。同时在桩顶护壁上对钢筋笼进行锁定，防止其下沉或在混凝土浇筑过程中上浮、移位。

（8）挡土板横筋预埋

挡土板横筋锚入抗滑桩桩体不小于 700mm，预埋钢筋为 φ22 的 HRB400E 型钢筋，长度为 700mm（包括套筒长度在内，在预埋锚索套管位置根据实际情况调整长度），与直螺纹套筒连接，接头均采用一级接头。套筒的另一侧用胶塞封闭，顶在桩护壁上。计算出每根护坡桩预埋范围，挡土板横筋上下间距 100mm，顶部第一道预埋钢筋预留 50mm 保护层。连接钢筋时，确保钢筋规格无误，套筒的丝扣干净、完好无损，与桩体外侧桩板墙水平钢筋采用绑扎搭接。

4. 抗滑桩混凝土施工

抗滑桩混凝土施工采用串桶或采用泵管配合皮管伸入桩井内下料。管口自由下落高度小于 2m，随混凝土浇筑逐渐上提。混凝土分层浇筑振捣，连续一次性浇筑完毕，不留施工缝。用长振动棒随浇随振捣，注意保证振动棒插点均匀，避免漏振，确保混凝土密实度达标。桩芯混凝土浇到桩顶以下满足柱墙插筋需求处停止，以利于柱墙安装插筋施工。

浇筑因故必须间断时，确保间断时间短于前层混凝土的初凝时间，不能保证时采取相应措施或按施工缝处理。浇筑过程中随时检查混凝土的质量，发现问题及时处理。同时留取试件，做好浇筑记录。

5. 预应力锚索施工

预应力锚索采用 φ15.2 高强低松弛钢绞线（极限抗拉强度 1860MPa）制作，锚具采用 OVM15 型号产品成套配置。

（1）预应力锚索成孔

预应力锚索成孔采用套管锚杆钻机干成孔，成孔孔径不小于 150mm，锚索孔倾角为 15°~35°。锚孔定位偏差不大于 20mm，偏斜度误差不大于 5%，钻孔深度超过锚杆设计长度不小于 0.3m。

（2）预应力锚索注浆

锚索注浆采用自孔底向上反压浆施工法，孔口适当封堵并留排气孔；注浆材料采用M30水泥浆，水灰比为0.4，注浆压力为0.5~0.8MPa。注浆完毕，待水泥浆凝固收缩后，采用M30水泥浆进行孔口二次补浆。

（3）锚索张拉与锁定

确保锚头台座的承压面平整，且与锚杆轴线方向垂直。

锚杆张拉前，对张拉设备进行标定。

锚杆张拉在锚固体强度达到设计强度的80%之后进行。

锚索锁定前先进行1.05~1.10倍的超轴向拉力（N_k）张拉，最终按锁定值锁定，封锚。

（4）锚索防腐

预应力锚索的自由段进行除锈、刷沥青船底漆、缠裹不少于两层沥青玻璃纤维布等处理后装入套管内。套管两端100~200mm长度范围内用黄油充填，外侧绕扎工程胶布固定。

锚固段同样要除锈，砂浆保护层厚度不小于25mm。

预应力锚索的外锚头经除锈、涂刷防腐漆后，采用钢筋网罩、现浇细石混凝土封闭。混凝土强度等级不小于C30，混凝土保护层厚度不小于50mm。

6. 桩板墙施工

（1）土石方开挖

根据控制线，人工配合小型挖掘机进行桩前土方开挖及桩间土方开挖。桩前土方开挖首选人工开挖，

确保开挖后的宽度与桩板墙厚度基本一致。开挖后的弃土使用挖掘机装车，由自卸汽车运至指定弃土场。开挖自上至下分层依次进行，每次开挖高度不大于2m，待当前部位桩板墙施工完成后再进行下一步开挖。开挖后的施工作业面要形成一定的坡度，以利排水，确保施工范围内地面无积水，并保证边坡在支护前的稳定。开挖至基底以后超挖不少于50cm，确保板墙深入基底不小于50cm。

（2）钢筋工程

采用直螺纹连接的方式对桩板墙水平钢筋与预埋的钢筋套筒进行连接；中间部位钢筋采用绑扎搭接，绑扎搭接长度为870mm。

（3）模板工程

桩板墙采用单侧支模的模板支撑方式，模板采用15mm多层板，主龙骨采用双ϕ48钢管。每步桩板墙竖向设置3道对拉螺栓，桩板墙宽度水平方向设置4道对拉螺栓。对拉螺栓与附加竖向钢筋焊接。附加竖向钢筋采用ϕ12钢筋，长度与每步桩板墙竖向筋长度一致，为次龙骨，采用50mm×100mm木方，间隔250mm。沿桩板墙长度方向设置3道斜撑，高度方向设置2道斜撑。

（4）混凝土工程

混凝土工程采用C30混凝土，浇筑前将模板内的杂物清理干净，确保混凝土振捣密实。浇筑完成后，待混凝土强度达到1.2MPa

后，再进行模板拆除。拆模后及时对混凝土表面进行浇水养护，养护期不少于 14 天。

（5）泄水孔施工

按设计图设置泄水孔，每块挡土板设置 2 个。泄水孔为直径 50mm 的 PVC 管（聚氯乙烯管），横向间距 1.5m，纵向间距 1.0m，呈矩形分布，单管长 0.5m。每块挡土板预留 2 个泄水孔，有裂隙处优先布置。孔后侧铺设厚度不小于 300mm 的碎石垫层，碎石粒径不大于 20mm。

桩板墙钢筋连接

03 第三节 石笼幕墙施工技术

一、应用背景

延庆冬奥村及山地新闻中心外檐幕墙种类多样，分为石笼墙、石材幕墙、铝板幕墙、玻璃幕墙等，其中石笼幕墙作为外檐幕墙为首次采用。石笼墙体系由主龙骨、角钢转接件、不锈钢螺栓、镀锌角钢、镀锌钢管、防水铝板、热镀锌石笼网、石料填充料等组成，结构形式复杂。

延庆冬奥村及山地新闻中心工程外立面装饰首层均采用石笼幕墙装饰；石笼墙面积约 10000m²，采用框架式幕墙结构。

二、应用效果

延庆冬奥村及山地新闻中心石笼幕墙工程通过深化设计和施工过程中各个重要节点的细部处理，抓住了技术重点，保证了质量和观感。同时，石笼墙所需装填石块量约 1500m³，采用就地取材模式，利用基础施工阶段开挖的石头配合机械，节约了材料采购和运输，降低成本，具有很好的经济效益。采用石笼墙外立面装饰，与山地形貌融于一体，更体现了"绿色办奥"理念。

石笼幕墙装饰效果

三、应用过程

（一）幕墙结构

石笼墙面材为块状石块（直径约 50~150mm），石笼网箱厚度为 150mm。立柱（主龙骨）为热镀锌钢管型材竖龙骨，尺寸为 140mm×80mm×5mm。次龙骨为热镀锌角钢，规格为 L50mm×4mm。石笼网片采用热镀锌钢丝网（直径 5mm），镀锌局部厚度最小值为 70μm，平均厚度最小值为 85μm。石笼网抗拉强度不低于 380N/mm^2。

（二）施工难点

石笼幕墙为首次采用，无相关施工经验可借鉴，给施工增加了不小的困难。

石笼幕墙与周边石材幕墙、铝板幕墙等交接部位多，且幕墙均为开缝体系，保障开缝大小统一、均匀一致是施工难点。

（三）石笼幕墙施工工艺

1. 工艺流程

石笼幕墙施工工艺流程为：测量放线－后置埋件施工－连接件安装－钢立柱安装－角钢横梁安装－防水铝板安装、打胶－内侧钢网片安装－石块装填－外侧钢网片安装－封顶部钢网片－清洗验收。

2. 施工技术

（1）测量放线

施工放线工首先要确定好基准轴线和水准点，再使用全站仪或经纬仪在底楼放出四大角控制线以及拐角控制线，并将控制点引至每层石笼安装处。

依据外控制线和水平高程点，定出石笼幕墙安装控制线。布置垂直钢线及固定支点，水平钢线每 4m 为一个固定支点。

（2）后置埋件施工

石笼幕墙工程采用后置埋件。后置埋件采用 Q235B 锚板。锚板进行相应的防腐处理，采用后扩底锚栓与结构连接。

埋件左右、上下偏差检查工作的具体内容为：由测量放样人员将支座的定位线弹在结构上，便于施工人员进行检查、记录；检查预埋件中心线与支座的定位线是否一致，通过十字定位线检查出埋件左右、上下的偏差，发现偏差大时报设计单位修正埋件方案。

结构进出检查的具体内容为：支座的定位线弹好以后，在结构处依据外控网拉垂直钢线及横向线，作为安装控制线；检查结构的高程及埋件进出尺寸，将检查尺寸记录下来，并及时纠正。

（3）连接件安装

连接件安装（包含埋件的偏位处理、防雷的连接等）是石笼墙工程的一个重要环节。连接件与埋件通过焊接方式连接。埋板先进行偏差处理，偏差大的进行后埋处理（采用后埋件通过机械扩底膨胀栓与混凝土结构连接），确保安全、经济又能满足相关规范要求。

（4）立柱安装

立柱的安装，依据放线的位置进行。安装立柱施工一般从底层开

始，然后逐层向上推移进行。

为确保石笼墙外面的平整，首先将角位垂直钢丝布置好。安装施工人员以钢丝为定位基准，进行角位立柱的安装。

在立柱安装之前，首先对立柱进行直线度的检查，检查方法为拉进法。若检查发现不符合要求，即进行矫正，而后再上墙进行安装；将误差控制在允许的范围内。

安装时，先对照施工图检查主梁的加工孔位是否正确，然后用螺栓将立柱与连接件连接，调整立柱的垂直度与水平度，最后上紧螺栓。立柱的前后位置依据连接件上长孔进行调节，上下位置也依据方通长孔进行调节。

立柱就位后，依据测量组所布置的钢丝线、综合施工图进行安装检查。确认各尺寸符合要求后，对钢龙骨进行直线的检查，确保钢龙骨的轴线偏差达标。

待检查完毕确认合格后，填写隐蔽工程验收单，报监理验收（并附自检表）。

整个墙面立柱的安装尺寸误差在控制尺寸范围内消化，不允许向外伸延。对于各竖龙骨，以靠近轴线的钢丝线为准进行分格检查。

（5）横梁的安装

立柱安装好后，检查分格情况，确认符合规范要求后进行横梁的安装。横梁的断料根据实际情况进行。横梁的断料尺寸，应比分割尺寸小 3mm，这样施工过程中安装比较方便。横梁与立柱均通过焊接方式连接。

横龙骨依据水平横向线进行安装，再依据横向鱼丝线进行调节。

石笼墙阳角处增设水平及竖向附加斜撑龙骨，龙骨采用 L50mm×4mm 热镀锌角钢。

（6）防水铝板安装及打胶

钢骨架验收完成后，根据图纸进行防水铝板的安装。

按铝板施工图的分格，将铝板运至准备安装处。将铝板的面线拉好，保证铝板水平。

安装铝板前，首先将防腐垫片垫在角码下，然后用电钻将螺栓钻入，固定。

铝板胶缝为 15mm，铝板误差不能大于 ±1mm。铝板面层平整度误差不能大于 1mm。螺栓与铝板接触处的胶皮垫片不能有损坏，损坏的需及时更换。

对铝板与龙骨及铝板拼缝进行打胶处理，胶缝需能填充 PE 棒。

（7）石笼钢网片及块状石块安装

防水铝板验收完成后，根据图纸进行石笼内的镀锌钢网片的安装，并完成内侧镀锌钢网片的防锈处理。石笼内侧镀锌钢网片安装完成后，开始安装外侧镀锌钢网片；每安装完成一道镀锌钢网片并完成防锈处理后，开始码放块石。在该道钢网片位置内的块石码放完成后，封闭此层钢网片，进行下一道外侧钢网片的安装、防锈处理和块石码放，直到完成立面所有钢网片的安装及块石码放。

网片焊接时，注意与周边网片

耐候密封胶

50mm×50mm×4mm
热镀锌方钢管

热镀锌角钢

2mm厚防水铝单板

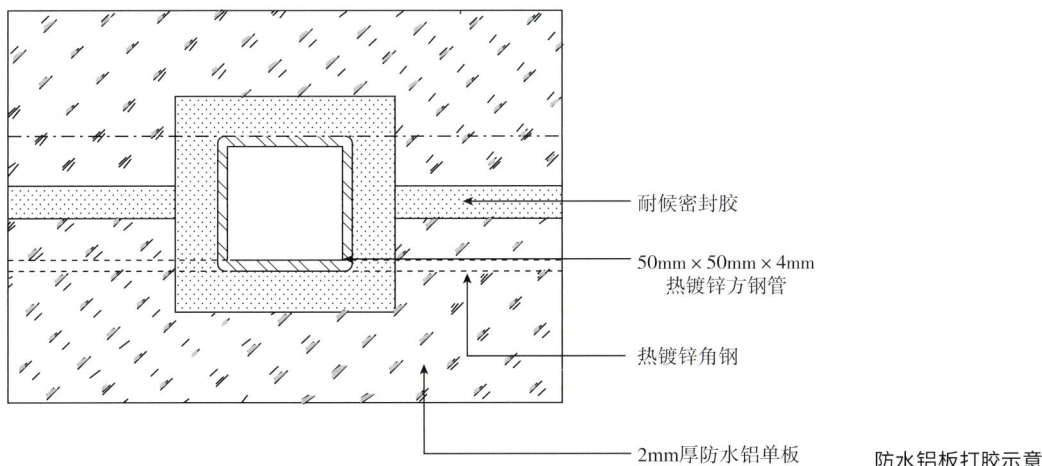

防水铝板打胶示意

的横竖对齐，按图拼接；并注意阳角的拼接处理，避免阳角出现尖锐碰角。网片与龙骨的焊接采用隔一焊一方式。

网片焊接处防锈处理方式为：环氧富锌底漆 2 道，干膜厚 75μm；环氧云铁中间漆 1 道，干膜厚 80μm；聚氨基酸面漆 2 道，干膜厚度 70μm。

确保钢结构件表面全部覆盖涂层，外露面的边缘及现场焊接部分涂有获得批准的现场用涂层系统；后期开洞及补焊处理的防锈厚度不小于已有涂层的厚度。

石笼墙内毛石块填密实。石料清洁无杂物，同一石笼墙的石块颜色均匀。严禁使用风化石。

对已填放石块的周边焊接，注意避免焊接处石块烧伤。

石块的大小粒径不小于网片的孔隙，以免发生高空坠落。

为防止石笼墙石材安装时挤压钢丝网使之产生变形，在钢笼横竖每间隔 200mm 设置水平拉结。

（8）安装验收

石笼墙施工严格按照安装顺序进行，逐步进行质量及安全检验。安装结束后进行安装验收。

检验内容主要包括：

①龙骨安装是否水平、垂直，是否严格按深化图纸间距施工。

②焊接点防腐、防锈作业是否达标。

③防水铝板节点是否打胶密封，交叉节点防水铝板是否交圈。

④填充石块粒径大小是否符合设计要求（$\phi50\sim120mm$）。

⑤石笼网拉节点间距是否严格符合图纸要求，面层平整度、垂直度是否达标。

⑥石笼网竖向钢丝在外侧，分隔按照深化要求保证外立面分隔缝通缝。

石笼墙验收关注的重点包括：

①主体结构与立柱、立柱与横梁连接节点安装及防腐处理。

②幕墙的防水铝板、保温安装。

④幕墙的伸缩缝、沉降缝、防震缝及阴阳角的安装。

④幕墙的防雷节点的安装。

⑤幕墙的封口安装。

04 | 第四节 仿清水混凝土涂料施工技术

一、应用背景

北京 2022 年冬奥会延庆赛区山地新闻中心地下一层，地上两层，建筑高度 15.3m，建筑面积 19355m²，结构形式为框架剪力墙结构，仿清水混凝土涂料施工范围主要有结构外挑檐及吊顶、种植屋面建筑物外墙及檐口、外保温墙体等外露部位。

仿清水混凝土涂料是一种新兴起的装饰材料，在现代工程中的应用越来越广泛，丰富了建筑工程的展示效果。北京 2022 年冬奥会延庆赛区山地新闻中心对仿清水混凝土涂料的应用，实现了建筑工程与山地环境浑然天成的装饰效果。

二、应用过程

（一）施工难点

1. 基层平整度控制

仿清水混凝土施工对基层平整度要求高，这是由于基层平整度直接决定完成饰面的观感效果。因此，如何控制基层平整度是施工难点。

2. 防止涂料开裂

许多部位的仿清水混凝土涂料粉刷施工是直接在保温岩棉上进行的，如何确保完成面不开裂是施工难点。

（二）工艺流程

仿清水混凝土涂料施工工艺流程为：基层处理—基层渗透型保护剂处理—透明中层保护剂处理—透明面层保护剂处理—透明面层发水剂处理。

需要注意的是，基层渗透型保护剂 6 小时之内不能被雨淋，透明中层保护剂、透明面层保护剂、透明面层发水剂 10 小时之内不能被雨淋；遭遇雨天应及时遮盖，任一工序遭雨淋则须重新施工。

1. 基层处理

基层处理的第一步，是将结构构件面层的油污、油漆以及其他污迹清

仿清水混凝土涂料装饰效果

除干净。而后，再使用角磨机对其阴角、阳角进行打磨，将多余的杂物、影响美观的位置打磨干净；在打磨过的部位刷上黏结剂混合物，静候 15 分钟以上，令其充分润湿；再用钢片批刀，批上混凝土批光材料，并用 240 目砂纸打磨，反复数次（两次之间至少间隔 5 小时），直至修补打磨部位表面手感平滑，没有错台为止。

针对面层的蜂窝麻面，包括深度大于 3mm、面积大于 50mm² 的缺陷，以及直径大于 10mm 的气泡，首先应剔凿、清理干净，再对所有角磨机打磨过的禅缝、错台，用毛刷或画笔刷上黏结剂混合物，静候15分钟以上，令其充分润湿；接着用混凝土专用填料进行第一次粗补，干燥3小时，再用铲刀铲去高出墙表面的混凝土专用填料，干燥至少12小时；再进行第二次修复，即用钢片批刀，批上混凝土批光材料，并用240目砂纸打磨，反复数次（两次之间至少间隔5小时），直至修补打磨部位表面手感平滑，没有错台为止。

针对外露扎丝，用直磨机清理，清理深度不小于5mm；而后用毛刷清理粉尘，用画笔刷上黏结剂混合物，静候15分钟以上，令其充分润湿；接着用混凝土专用填料进行第一次粗补，干燥3小时，再用铲刀铲去高出墙表面的混凝土专用填料，干燥至少12小时；再进行第二次修复，即用钢片批刀，批上混凝土批光材料，并用240目砂纸打磨，反复数次（两次之间至少间隔5小时），直至修补打磨部位表面手感平滑，没有错台为止。

对原有螺栓孔上的穿墙螺栓，用切割机逐个切割成V形凹槽，切割深度至少低于墙面10mm；而后用画笔刷上黏结剂混合物，静候15分钟以上，令其充分润湿；再用批刀沿裂缝把混凝土专用填料批入凹槽，压紧，干燥至少3小时，之后用铲刀清理高出混凝土表面的专用填料，干燥至少12小时；再用钢片批刀在表面批上混凝土批光材料，并用240目砂纸打磨，反复数次（两次之间至少间隔5小时），直至

修补打磨部位表面手感平滑，没有错台为止。

2. 基层渗透型保护剂处理

除尘之后4小时之内进行基层渗透型保护剂处理，以实现抗碱的目的。使用空压机喷枪施工，干燥时间不少于12小时（气温25℃、湿度低于80%的条件下）。气温偏低时，酌情适度延长干燥时间；气温低于5℃时不施工。共喷涂两遍，每遍均由专人检查，每遍的保护剂用量不少于0.3kg/m²（渗入混凝土2mm）。

施工过程中注意喷涂均匀，由上下左右不同角度进行喷涂，使保护剂进入气孔内，不出现遗漏，距墙体5m从不同角度进行检查，间隔时间不少于12小时。

3. 透明中层保护剂处理

底层保护剂干燥24小时后进行第一遍中层保护剂处理，保护剂用量为0.25kg/m²，主要看颜色是否均匀。

第一遍中层保护剂干燥后，进行第二遍中层保护剂处理，保护剂用量为0.2kg/m²；而后根据表面显色情况对墙体进行平色拍花处理。要求距墙体5m进行不同角度检查，24小时后再进行一次检查修补。

进行第三遍中层保护剂处理，保护剂用量为0.2kg/m²；平色干燥后，整体打磨一遍，再用吸尘器吸尘（这是由于施工环境粉尘太多），再次进行中层保护剂处理，待干燥24小时后检查其颜色是否均匀，如果未达到标准再重复第一遍

和第二遍施工工艺，直到比较均匀，才能进行下一道工序。

每两遍中层保护剂处理之间间隔 24 小时以上。每次上料前严格落实打磨（采用 600 目细砂纸）、吸尘工艺，以避免影响保护剂附着力、显色和使用寿命。

具体的施工方式为：使用空压机喷枪施工，干燥时长至少为 24 小时（气温 25℃、湿度低于 80% 的条件下）；气温偏低时，酌情适当延长干燥时间；气温低于 5℃时不施工。

平色的具体方式为：用拍花布和平色剂（平色剂至少两种以上色差）进行多次平色，直至清水混凝土颜色整体均匀；温度高于 15℃、相对湿度不高于 45% 时，两次平色的施工间隔为 4 小时。

4. 透明面层保护剂处理

透明面层保护剂耐紫外线，抗划伤，耐沾污。至少 24 小时后，进行透明面层保护剂处理，采用辊涂工艺，保护剂用量为 0.4kg/m^2，合格标准为无流挂且均匀。

5. 透明面层发水剂处理

透明面层发水剂处理的目的是达到憎水效果，发水剂用量为 0.2kg/m^2。施工具体要求为：一周后进行面层发水剂处理，采用辊涂工艺，做到无流挂且均匀；辊涂时墙体施加一定的压力，使发水剂充分进入气泡空洞内，以达到憎水效果；确保一次性辊涂足量的发水剂（这是由于发水剂憎水，不能二次辊涂），可根据实际情况把最后一次中涂与面层之间的时间拉长；干燥时间不少于 24 小时，气温偏低时酌情适当延长干燥时间，气温低于 5℃时不施工。

CHAPTER FOUR 第四章

设备、设施工程

04

01 | 第一节　复杂山地环境下超规开放式氨制冷系统控制、调试技术

一、应用背景

氨制冷系统是国家雪车雪橇中心建设过程中控制工艺最复杂、技术难度和安全等级最高的组成部分，它的安全、高效运行是赛道制冰乃至各种赛事举办的重要前提和根本保障。而对氨制冷系统进行调试，也是国家雪车雪橇中心风险最大、难度最高的工作。

二、应用过程

国家雪车雪橇中心氨制冷系统采用"R717"（液氨）作为制冷工质，供液形式为氨泵强制供液，主要由制冷压缩机、蒸发冷却器、氨液分离器、氨泵、节流装置和赛道蒸发排管组成；氨液总量约 80t，是全球液氨体量最大的单体工程。设备之间用管道依次连接，形成一个封闭的系统。

赛道分为高区、低区、终点区、冰屋训练区，各区域单独供液，每个区域设置两台屏蔽变频氨泵，供液方式为"下进上出"。主赛道共设置 54 个制冷单元，114 组调节站区。冰屋训练区共设置 11 个制冷单元，22 个调节站区。调节站设置在赛道下方。

（一）节能型、安全型氨制冷新技术理念

1. 提出高压侧节流控制供液设计理念

雪车雪橇赛道布置在室外，白天阳光直射及空气辐射给赛道制冷系统带来了较大的热负荷。为了保证蒸发器有较大的制冷量及表面温度的均匀性，国家雪车雪橇中心制冷系统采用了具有多倍供液特性的泵供液制冷系统。这种系统一般会在高压侧设置储液器，以进行末端变负荷调节。但由于储液器内部氨液为高压状态，与室外压差较大，易发生泄漏事故。而制冷系统所采用的制冷剂又是自然工质氨，除拥有良好的制冷特性外，又具有有毒有害和燃爆性特性。

为此，国家雪车雪橇中心进行了国内首次高压侧节流控制方案在大型氨制冷系统中的应用，通过定量节流供液设计方式，使高压容器容积减少约 50m^3，有效减少了系统高压侧液氨存储量，降低了系统安全风险；同时使得系统停机期间，高压侧几乎不存留氨液，大大提高了系统的安全可控性。

高压侧节流控制的原理为：以高压容器的氨液位为控制目标，控制系统实时采集节流阀上游容器液位，作为输入信号输入至控制器，与安全液位设定值进行比较，并使用预先设定的参数进行 PID 运算，从而实时输出对应节流阀的开度值。

常规氨制冷系统与控制方法

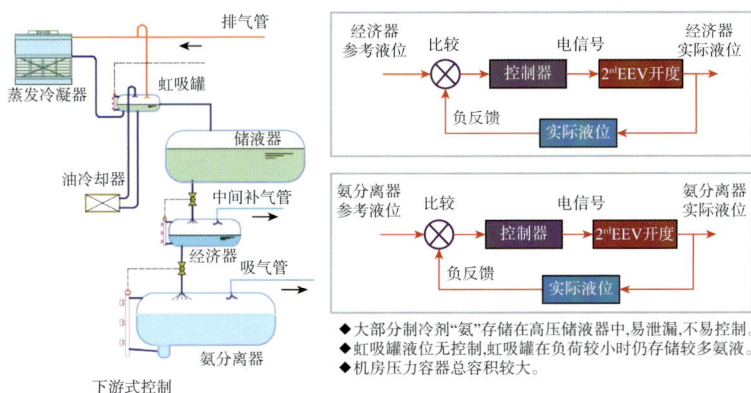

◆ 大部分制冷剂"氨"存储在高压储液器中，易泄漏，不易控制。
◆ 虹吸罐液位无控制，虹吸罐在负荷较小时仍存储较多氨液。
◆ 机房压力容器总容积较大。

国内传统氨制冷系统

优化氨制冷系统与控制方法

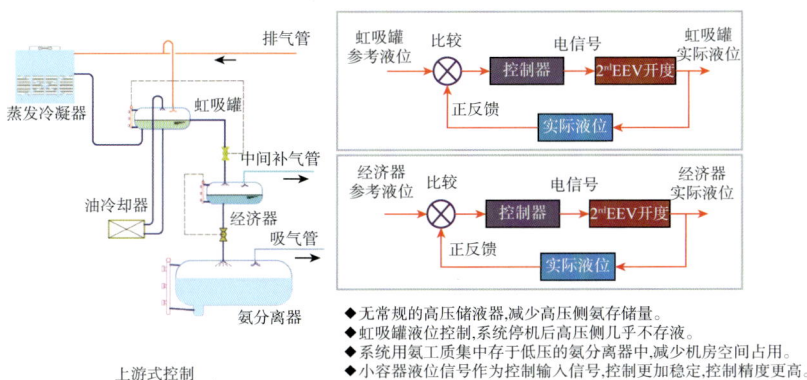

◆ 无常规的高压储液器，减少高压侧氨存储量。
◆ 虹吸罐液位控制，系统停机后高压侧几乎不存液。
◆ 系统用氨工质集中存于低压的氨分离器中，减少机房空间占用。
◆ 小容器液位信号作为控制输入信号，控制更加稳定，控制精度更高。

高压侧节流控制制冷系统

高压侧节流控制方案的特点是：

①系统无常规的高压储液器，高压侧氨存储量小，系统停机后高压侧几乎不存液。

②系统用氨工质集中存于低压的氨分离器中，因此机房空间占用少。

③以小容器液位信号作为控制输入信号，控制更加稳定，控制精度更高。

④需要精确计算制冷剂充注量，对控制系统要求较高。

2. 变频控制在氨制冷系统上的全面应用

国家雪车雪橇中心的赛道处于垂直落差 121m 的物理空间中，均匀分布多达 154 个供液阀站，即使采用分区供液，每个区内的蒸发器的物理垂直空间落差仍然较大。这种情况对赛道内表面温度场分布、制冷滞后及氨泵的稳定运行影响较大，对制冷及自控系统稳定可靠运行提出了极大的挑战。

为此，国家雪车雪橇中心将变频技术应用于氨泵以实现末端供液的变流量控制，即控制系统通过压力传感器实时采集对应分区氨泵进出口压力，以其差值（压差）作为控制器的输入信号，与设定值进行比较，并使用预先设定的参数进行 PID 运算，从而实时输出对应氨泵运行频率值。

这样的供液控制方法具备随末端负荷变化变扬程、变流量的特性，

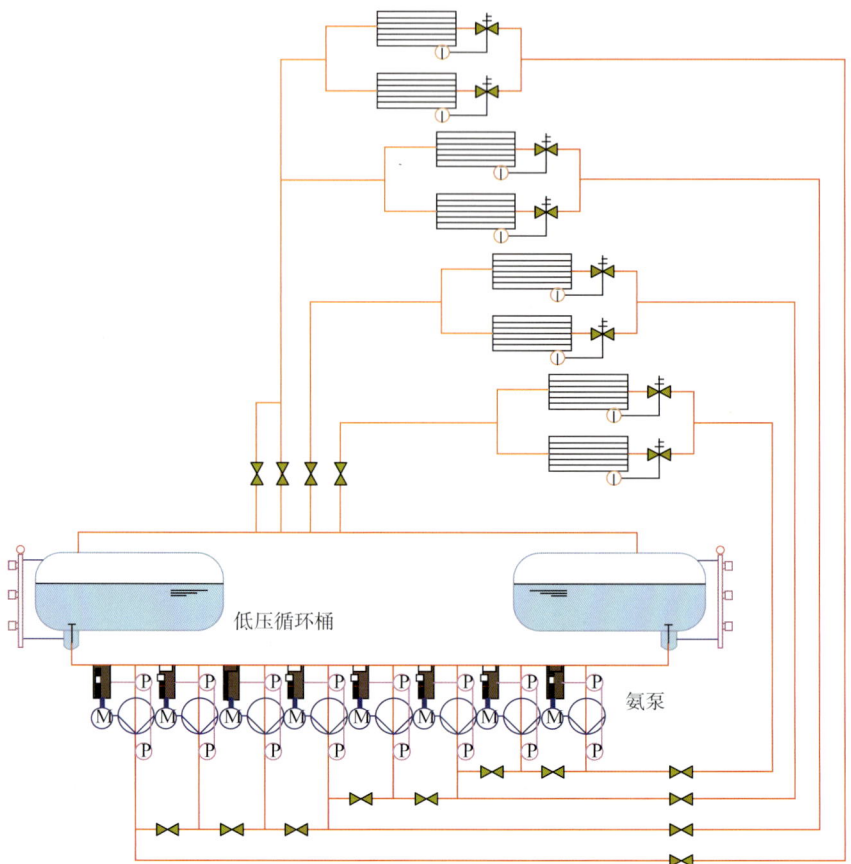

制冷系统氨泵部分示意

既可以保证不同阀站供液所需的扬程，又可提供足够的制冷剂流量，使得制冷系统运行稳定可靠；还可使氨泵出口的制冷剂流量始终与末端所需流量相匹配，相比传统定频氨泵的控制方法，可使制冷剂短路回到低压循环桶的流量更少，减少氨泵的无用损耗和能耗。相关测试数据表明，氨泵变频控制可节省氨泵侧用电约 8.7%。国家雪车雪橇中心氨泵变频控制技术的应用对于未来更多蒸发器分布垂直高差较大的大型泵供液制冷系统的前期设计与后期调试具备一定的实际指导意义。

同时，国家雪车雪橇中心制冷系统压缩机、冷凝器的变频控制也实现了压缩机群控和冷凝压力的稳定，使得压缩机侧节省用电约 20%，冷凝器侧节省用电约 15%，对制冷行业的低碳节能发展起到了标杆作用。

3. 特殊的氨制冷系统安全设计

国家雪车雪橇中心进行了氨气过滤清洗装置在氨制冷系统中的首次应用，以及分压力梯度安全泄压系统的首次应用。前者消除了事故状态下制冷机房排风可能存在的氨气排放对周边环境的安全隐患，确保了事故状态下整个场馆的安全性。后者改变了在高压侧系统压力超限的情况下，业内传统的将氨气直接排放到室外的做法，将高压氨气排入低压侧进行吸纳，不会对大气环境及场馆安全造成影响。这两项创新应用对国内制冷行业有极大的借鉴价值，对国内制冷行业安全性的提升具有很大的推动作用。

（二）开放式赛道制冷系统调试技术

1. 超规氨制冷系统充氨技术

项目团队自主研制了一整套制冷系统充氨技术工艺，从充氨顺序、批次、批量、系统运转方式等方面剖析了大规模氨制冷系统充氨的完整工艺流程。

制冷系统首次大量充氨时，依靠槽车与制冷系统的压差将液氨注入气液分离器。充氨槽车内压力与系统平衡后，开启压缩机，利用气液两相压差进行加注；启动蒸发冷凝器、压缩机、氨泵（根据冷凝压力控制启动台数，初次开启一组，压力超过 1.0MPa 后开启第二组）。开启压缩机组；根据蒸发压力控制压缩机投入台数，并利用赛道终点区部分负荷来保证机组带负荷调试。充注足够机房设备运转所需的氨量（不少于 20t），利用此部分液氨循环运转，调试制冷机房系统设备。待制冷机房压缩机、蒸发冷凝器等主要设备运行稳定后再分批充注剩余液氨。每批约 20t，80t 液氨共计分 5 批逐步注入。每次充注均在前次充注完成，设备和系统运行稳定后再进行。

2. 复杂环境下的氨制冷系统调试技术

项目团队通过对氨制冷系统调试技术的研究，解决了多种气候、较大落差、较大制冷面积等复杂情况下的调试难题，自主形成了完整的调试工艺技术。

开始调试前，首先确认制冷机房内制冷设备运转情况；待机房内所有制冷设备运行稳定后，向主赛道终点区通氨。该区域共有 13 段赛道，从 S42 段赛道开始，每 3 段赛道作为 1 个单元，共分为 5 个单元。由下向上进行赛道通路检测，期间确保当前所测试赛道段阀站供液阀门和回气阀门全开，管路上所有检修阀门全部关闭。

待终点区各段赛道的管道通路均检测完毕，向主赛道中区（共有 13 段赛道，从 S41 段赛道开始，每 3 段赛道作为 1 个单元，共分为 5 个单元）通氨；中区各段赛道的管道通路均检测完毕后，向主赛道高区（共有 28 段赛道，从 S28 段赛道开始，每 3 段赛道作为 1 个单元，共分为 10 个单元）通氨。同样由下向上进行赛道通路检测，保证所测试赛道段阀站供液阀门和回气阀门全开，管路上所有检修阀门全部关闭。

确认赛道制冷管道通氨无异常后，开始分区调试赛道盘管供液均匀度。按照由终点区至中区，再到

高区的顺序调整阀门状态。调试的关键在于，通过调整 ICF 组合阀中节流阀模块的开度大小来保证各赛道制冷单元供液均匀。基本原则为：同一赛道段的高点开启最大，向下逐渐减小；同一高度，蒸发面积大的位置对应节流阀的开度大于蒸发面积小的位置。

调试时，在降温过程中对系统各功能进行调整，并在各温度阶段对设备及系统（阀门、仪器仪表等）进行调整，使整个系统达到设计工况标准；对系统的控制设置进行调整，使系统达到最佳使用状态。

联动调试降温步骤必须缓慢进行，避免出现系统温度骤降骤升，造成设备负荷不稳。另外，缓慢降温还有助于混凝土赛道模块中水汽的析出，避免因温度剧变造成混凝土应力破坏。初步降温可通过设置压缩机蒸发温度（根据环境温度设置）来控制降温节奏，使赛道每天的降温幅度为 1~2℃，直至赛道最终蒸发温度降至 −18℃。降温过程中，通过观察赛道表面结霜情况，以及测温仪测量的温度数据来判断

氨制冷系统降温精调

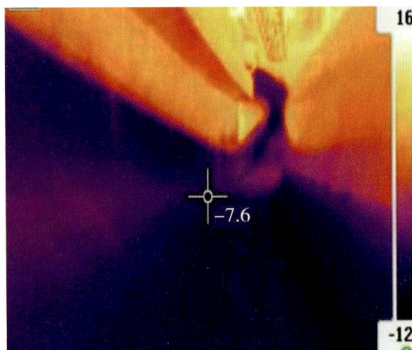

供液是否均匀。如果出现局部温度偏差较大、无法降温制冰的现象，则结合管路系统分析结果，通过反复多次的阀门开度调试，使得赛道温度均匀且满足设计要求。

为确保制冰质量，需要每天在赛道及制冷机房的每一个角落多次往复巡查，对各个部位进行测温、拍照、记录，并与系统监测的数据进行比对，分析冰的不同温度、颜色、形态及形成的原因；结合制冰师的制冰修冰要求，对氨制冷系统的设备和阀门进行精细调试。

02 第二节 固定式 GPS 基站应用技术

一、应用背景

随着卫星定位技术的快速发展，人们对快速高精度位置信息的需求也日益强烈，而目前应用最为广泛的高精度定位技术就是 RTK（GPS）。对于北京 2022 年冬奥会延庆赛区冬奥村及山地新闻中心建设工程而言，RTK 技术在应用方便的同时，也存在一些问题：在进行 RTK 测量前，要先把仪器架设完毕，常规做法是使用木质、铝合金三脚架将仪器架设在路面、草地、砂石面上。由于在室外测量过程中，现场架设仪器的支架架底容易滑脱，因此有时会在架设完毕后增设压石或压沙袋，但也很难保证支架稳固。北京 2022 年冬奥会延庆赛区冬奥村及山地新闻中心建设工程处于山区，室外环境比较恶劣，天气多变，常遇急、快、猛强风流，容易出现支架被吹倒而导致仪器摔坏的情况。此外，木质、铝合金三脚架，在受潮、受晒、受冷后，架腿容易变形，易损坏。

为此，对仪器支架进行技术改进，把三脚架改为一种固定式基准架设站，使得上述问题全部解决，同时还使测量人员安装仪器的操作更方便、更快捷，更好地保证了仪器的安全。

二、应用效果

RTK 固定式基准站在北京 2022 年冬奥会延庆赛区冬奥村及山地新闻中心建设工程于 2018 年 10 月—2021 年 9 月的施工过程中得到实际应用，取得了良好效果。

RTK 固定式基准站制作选料广泛，就地取材方便；一次制作安装完成，投入使用后，架设仪器无须再携带三脚架，减轻了每次架设仪器的出行装备负担；测绘人员安装仪器时更方便、更快捷，提高了工作效率；安装完成后无须专人看管，节省人工成本；固定基站各部件可拆卸，可重复利用，无须重新加工。

RTK 固定式基准站最突出的特点为稳、准、快、省，即架体稳、测量精度准、安装仪器速度快、人工看守投入省，在最大程度上保护了仪器不被损坏，未来将在诸多领域得到越来越广泛的应用。

该工程应用的《一种固定式 GPS 基站》已获得实用新型专利授权。

三、应用过程

RTK 固定式基准站对仪器支架进行的优化改进步骤如下：

①按照施工现场平面图，选定安全、合理、不会影响到其他专业施工的位置布置固定基站；在选定的位置设置 300mm 厚的 C25 混凝土基础，以镀锌方钢为固定基站支架，在支架底部设镀锌带孔钢板，使用膨胀螺栓将之与混凝土基础固定结实、稳定，达到不受风吹影响的效果。

②在支架顶面设钢板平台，平台上设与仪器配套的可调节中心螺栓和固定中心螺栓，使仪器安装时顺、逆旋转固定皆可，操作方便；设保护套罩住中心螺栓，用以防晒、防雨淋；用角铁盖板保护基站下膨胀螺栓连接处，用以防雨、防扰动。

RTK 固定基站完成后，仪器可直接安装与拆卸，不必每次携带设备。

仪器配套的设备，包括电池、外挂电台、充电器等，放置在柜子内，既可防晒、防淋，又可保证测量现场整齐、美观。整套仪器设备安装完毕后，无须设专人看管。此外，由于每次架设基站的位置固定，测量精度也能得到提高。

03 | 第三节 路面耐低温环保型融雪新材料

一、研发背景

热力融冰雪技术在路面工程中的应用受外界资源条件限制多，设备技术复杂，成本很高；同时，易对环境造成不可逆的破坏，作业时影响交通正常运行，人力物力消耗大。而国内外虽然均有一些应用于蓄盐沥青路面的融雪材料产品已经在市场上应用，但均不适用于北京 2022 年冬奥会延庆赛区坡度大、温度低的严苛环境，也无法满足绿色办奥理念下对环保无污染的高要求。为此，北京 2022 年冬奥会延庆赛区建设工程需要自主研发一种应用于蓄盐沥青路面的耐低温环保型融雪材料。

二、应用效果

为满足北京 2022 年冬奥会延庆赛区需求自主研发的耐低温环保型融雪材料对动植物无毒性，对环境无污染，对金属基本无腐蚀；基础有机盐类符合美国《航空道路除冰融冰固体化合物》（SAE-AMS-1431D）标准；熔点、沸点、密度且易溶于水的物化性质，与沥青混合料拌和、施工工艺的要求相吻合。

不仅如此，该耐低温环保型融雪材料在保证环保性能优越的基础上，与进口和国产同类融雪剂产品相比，仍然具备了优越的融冰雪效果。

三、应用过程

该融雪材料主要由内核和表面改性剂组成。内核为融雪盐和载体的复合物，其中融雪盐镶嵌于载体的空隙和表层；载体不仅能负载融雪盐，而且具有结构承载力，能够减轻融雪盐释放留下的孔隙结构对路用性能的破坏。内核外吸附的表面改性剂为一种憎水剂，能够阻止或减缓水与内核的接触，起到缓释改性的效果。

在融雪过程中，融雪盐不断从载体中释放。同时，融雪材料表面具有合理的憎水性，因而既拥有足够的融雪抑冰效率，又能满足路面的长期使用性能要求。

融雪盐与载体的比例越大，扭转力越小。当融雪盐与载体的比例增大到 3.5：1 和 4.5：1 时，扭转力曲线几乎重合，说明这两种配比下蓄盐沥青路面的除冰雪效果相差不大。而融雪盐掺量过多，会导致路用性能降低。因此，综合考虑融雪效果与路用性能以及工程造价，3.5：1 为融雪盐与载体的最优配合比。

四、优化升级

针对蓄盐沥青路面存在的不足，开发了一套应急凝冰预警系统。通过试验模拟不同温度和降雪条件下的路面凝冰情况，掌握了以路面温度、湿度及降水量等参数为自变量，路面凝冰时间的变化情况，从而实现了在极端气温条件下对路面凝冰状态适时预警，以便辅以撒布融雪剂的方式，满足极端气候条件下路面正常通车的要求。

凝冰预警系统与蓄盐沥青路面的结合使用，进一步保障了冬季极寒天气下路面的正常使用，减少了因路面结冰造成的交通问题及交通危害。

04 | 第四节　2号路绿色防护新材料
——土壤改良木质纤维

一、研发背景

北京 2022 年冬奥会延庆赛区 2 号进场道路，边坡总长度 127m，高度 30m，坡面分为 3 级，坡面长度约 70m；是冬奥会举行期间，人员车辆进入延庆赛区的必经道路。

其边坡经刷坡后外露面主要为强风化岩石，边坡整体滑塌的可能性较小。但外露面岩石节理裂隙发育，岩体风化成碎块状，存在表层崩塌、掉块风险。因此，在保证上边坡稳定的情况下，取消上支挡结构，采用生态防护工程技术进行坡面修复。应用绿色防护新材料——土壤改良木质纤维是坡面修复的重要内容之一。

二、应用效果

通过在种植土中添加土壤改良木质纤维，提高土壤的物理性质。土壤改良木质纤维富含有机质和其他土壤活性物质，为土壤提供了速效和长效的肥力，从根本上改良了土壤的成分比例，进而改善土壤结构，提高了土壤自身持水保肥的能力。改良后的种植土为土壤微生物提供了居所，最终将建立良好的土壤生态小循环，实现土壤植被自给自足，降低养护成本。

三、研发过程

天然土壤质地主要有沙土、壤土、黏土 3 种，其中壤土类土壤孔隙丰富，通气透水，具有良好的保水保肥特性，含水率适宜，土温较稳定，是适宜植物生长的首选基质材料。对于沙土及黏土等，一般可采取掺沙掺黏、客土调剂、施加有机肥等改良措施。

通过筛分法、密度计法、移液管法测定不同土壤的沙粒、粉粒、黏粒的含量，比较不同土质土壤上植被的生长状况，确定最适宜植物生长的土壤物理性质。

　　试验结果表明，在种植土中添加重量比为 1.0% 的土壤改良木质纤维，可以显著提高土壤的物理性质。

　　改良用的木质纤维的主要成分包括可循环热处理木纤维、生物炭、多聚糖以及海藻精、腐殖酸等多种添加物。其中，可循环热处理木纤维可为土壤提供有机质，提高土壤保水能力；且已经过消毒处理，不含杂草种子及致病菌。生物炭由木材高温分解而成，提供高孔隙度的颗粒结构，提高土壤水肥保持能力，增加阳离子交换量，为土壤益生微生物提供活动场所。多聚糖可提高介质保水能力，同时增加介质黏度和结合度以防止冲刷。海藻精、腐殖酸等多种添加物可进一步改良土壤化学性质，增加土壤活力，促进植物生长。

信息化工程

05

01 | 第一节　"BIM+"智慧建造技术

一、应用背景

延庆冬奥村项目的施工重难点包括，场地平均坡度约 10%，单体高程各不相同，最大高差约 27m，场内可利用空间有限；专业分包多，近百家分包和协作单位统一协调管控难度大，环保、机电、幕墙、精装修专业齐全，各系统综合排布难度大，深化设计工作量大，总承包管理、协调难度高；超高超大空间，弧形斜屋面节点复杂，清水混凝土结构超大的主体结构全部在冬期施工，有多处超限结构，模架搭设安全、快速是确保工期的重要先决条件；钢结构体量大，构件形式多，施工内容繁杂，施工作业面大，钢构件吊装难度大，单构件最重可达 9.5t，钢桁架整体提升重达 290t，施工难度大。

为解决以上施工难题，项目在开始初期组建了 BIM 技术部门，在项目建设过程中大力开展"BIM+"智慧建造相关技术的实践应用，并编制了《BIM+ 智慧建造技术实施策划书》及《BIM 建模标准》，为"BIM+"智慧建造技术的实施提供相关理论依据。

二、应用效果

在建筑工程整个生命周期中，建筑信息模型实现了集成管理，因此该模型既包括建筑物的信息模型，又包括建筑工程管理行为的模型。由此在一定范围内，建筑信息模型模拟了实际的建筑工程建设行为，包括钢结构安装、二次结构砌筑、管道综合排布等。

同时，BIM 通过四维模拟实际施工，实现了在早期设计阶段就发现后期正式施工阶段会出现的各种问题，提前予以处理，为后期活动打下坚固的基础；在后期施工时作为施工的实际指导和可行性指导，提供合理的施工方案及人员、材料使用的合理配置，从而在最大范围内实现资源合理运用。

三、应用过程

（一）模型建立

1.CIS 标准族库

由 BIM 中心通过 Revit、SKP 软件独立完成北京住总 CIS 标准族库，钢筋加工棚、围墙、场地大门等可实现场地漫游、合理性优化，使现场临设规划工作更加轻松、形象、直观、合理。

2. 三维场地布置

施工现场高差大，地势复杂，场地狭小。利用 BIM 技术规划现场各施工阶段的场地布置以满足现场材料运输需求，使各组团之间形成循环道路，并直观地向参建各方进行可视化交底。

3. 各专业模型

各专业模型包括建筑渲染模型、机电模型、钢结构模型等。

（二）深化设计

1. 土建深化

（1）清水混凝土计算

清水混凝土结构施工是北京 2022 年冬奥会延庆赛区山地新闻中心项目土建结构施工的重点。为了保证清水混凝土结构施工的顺利进行和成功实现预定装饰效果，运用 BIM 技术，对清水混凝土工程量进行精细计算。

（2）石笼墙节点深化

对石笼墙的施工进行节点深化，建立石笼墙模型，通过对模型的安装模拟，保证了实际施工的顺利进行。

（3）钢筋深化

结合图纸建立结构基础、柱、墙、梁、板等各节点，利用 BIM 辅助钢筋翻样，根据相应计算规则进行构件关联，针对复杂异形构件进行单独绘制、定义和计算，并根据相应数据进行体量模型构建，以辅助经营成本算量。

2. 机电深化

（1）碰撞检查

由于设计阶段各专业的信息呈现分割状态，造成很多不合理问题无法及时解决。施工阶段，在机电安装前，运用 BIM 技术，对建立的 BIM 模型进行碰撞分析，对设计错误及时进行修改，既保证了质量，又提高了机电安装效率。

经过对 BIM 模型的合理深化，最终确定了施工图方案，对当前阶段模型进行管线碰撞检测，检查出设计中不合理区域及碰撞点，进一步优化设计方案。

（2）净高深化

为了保证施工阶段机电安装顺利进行，根据规范要求和现场施工条件，通过 BIM 技术提前确定管线方案，令施工方便快捷。其中居住 1 组团二层走廊，管线原高程为

建筑渲染模型

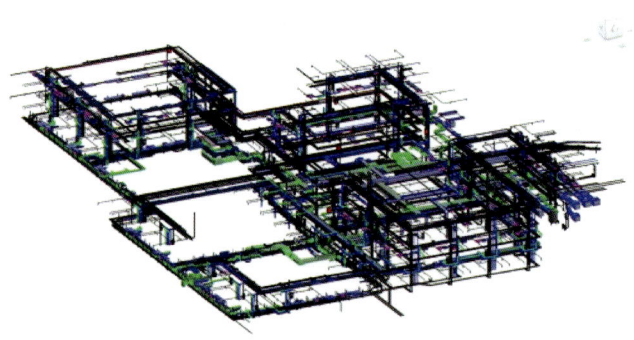
机电模型

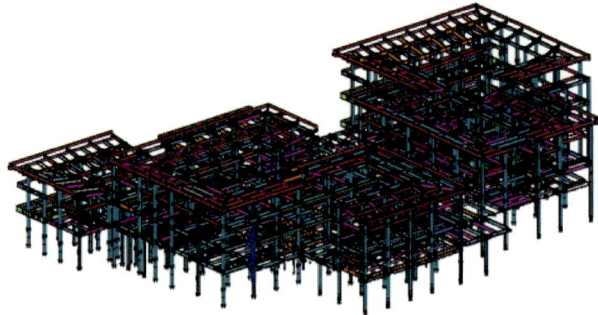

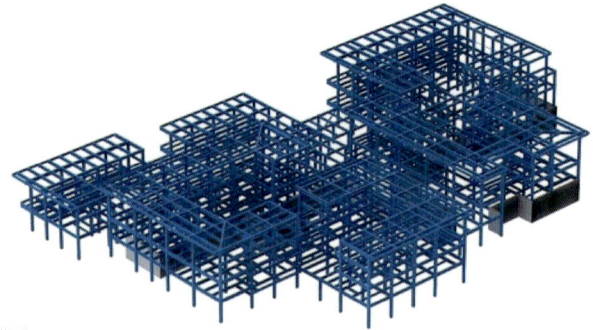
钢结构模型

各专业模型

2.635m，运用 BIM 技术对初步设计方案进行深化后，管线净高程达到 3.095m，满足了后期吊顶高程要求。

（3）综合支吊架方案设计

发挥 BIM 模型准确性和可视化的优势，整体考虑布局，对支吊架进行深化设计；充分运用综合支吊架的安装控件和资源，进行科学、系统的布置。

（4）深化出图

利用 BIM 模型"抽出"全专业 CAD 电子图纸，打印装订成册，用于后期施工阶段现场施工人员的施工保障。

3. 钢结构深化

依据深化后的 BIM 模型，结合施工方案、加工界面、加工设备参数等，将构件模型转换为预制加工设计模型及图纸，采用数字化加工，提高构件加工精度，降低成本，提高工作效率。

采用 Tekla 软件建立深化模型，在同一坐标系下对各专业单体模型进行定位后，通过模型文件格式转换将各专业单体模型统一整合，并导入专业计算分析软件，模拟施工过程，计算分析施工过程中杆件应力变化，确保施工安全。

根据深化设计内容，现场技术人员利用轻量化模型对现场施工人员进行钢结构交底。

（三）4D 方案管理

4D 方案管理包括以下步骤：

1. 抗滑桩施工模拟

人工挖孔桩、桩板墙施工模拟：延庆冬奥村项目工程抗滑桩采用人工挖孔施工，桩径为

1500mm×2000mm，桩长为9~31m不等。采用BIM技术制作方案模拟，进行钢筋绑扎、混凝土浇筑、锚杆施工、挡土板施工的质量控制。

2. 钢桁架整体提升

通过虚拟施工，将空间信息与时间信息整合在一个可视化的4D进度模型中，更直观、精确地反映各个建筑部位的施工工序流程，有效协调各专业的交叉施工，保证工程进展顺利；针对重点难点工序做了施工模拟，对作业人员进行方案可视化交底。现场钢桁架整体提升难度大，为解决现场施工困难，利用BIM技术进行可视化交底。

3. 钢筋穿插定位

依据三维模型对钢筋穿插进行精细化定位，并采用三维可视化交底模式，对施工现场进行交底。

4. 机电安装模拟

根据房间尺寸，调整管线排布，确定设备位置及管线排布方式。

（四）5D管控

5D管控包括技术管理、生产管理、质量管理、安全管理、商务管理。

1. 技术管理

将规范按专业—分部工程—章节上传至5D平台，形成结构化数据，辅助技术人员在编制方案时快速引用。

将图纸会审、变更洽商等表单与图纸等及时上传。平台可清楚显示待签字文件，并可以通知到责任人及时完成资料回复。

将轻量化模型上传至平台，辅助技术人员进行现场交底，指导现场施工；解决交底资料不共享、一线人员查阅不便、复杂节点读图困难、文字交底不直观等问题。

2. 生产管理

每天的生产情况由现场施工人员进行手机端记录，并在网页端形成多维度的信息分析，一方面为技术员此后的周报积累数据，另一方面方便领导随时查看生产进度；减轻了多方数据输入带来的统计烦琐的压力，避免施工现场进度跟进不及时。

编制单代号、双代号、甘特图等多种形式的施工组织计划，并与BIM模型相关联，提前确定项目关键线路并定期更新项目进度的前锋线，根据实际进度随时更新进度计划关键路线，有的放矢地对进度计划进行精细化管理。

3. 质量管理

使用5D平台进行质量管理，采用以拍照为核心、语音输入为辅的采集方式每天记录现场质量问题或安全隐患；由整改人将整改情况反馈给发起人，最终形成闭合管理，使现场质量管理更便捷、更高效。

手机记录的数据可上传至云端平台，形成质量统计分析，且方便项目人员查看。

4. 安全管理

使用5D平台进行安全管理，配合安全隐患排查系统，按类别等级划分安全隐患，在手机端设定好详细的整改人及整改时间。每月形成记录，以便总结安全隐患出现的主要地点，安排重点巡查。

5. 商务管理

（1）土方量计算

将地勘设计院提供的场地实际高程导入 Revit 软件，利用 BIM 技术快速生成场地实际三维地形图。

建立场地平整模型，结合实际场地地形图进行场地平整模拟计算（计算便捷、精确度高）。

运用 BIM 技术进行土方平衡方案优化，模拟 2 种土方开挖、倒运、回填方案，直接在土方施工阶段为项目降低成本约 40 万元。

（2）二次结构排布

在二次结构施工前，对二次结构墙体进行精细化排砖布置，出具排砖图，辅助计划砌块材料用量，指导材料采购；提高了排砖效率，有效节约了砌体的消耗。

02 | 第二节　雪车雪橇赛道复杂曲面成型测量关键技术

一、研发过程

面向国家雪车雪橇中心建设对高精度测量控制和实时监测的需要，从测量控制网完备性监测、BIM 与精密工程测量融合的基础研究着手，加强长大线形空间曲面测量控制网测量技术、三维激光扫描技术、三维精密测量技术的应用研究，并通过现场 1：1 试验，进行了对测量与检测方法、关键技术的验证，以及测量实施方案的改进完善。

二、应用过程

国家雪车雪橇中心的赛道精密控制测量兼顾了赛道支撑系统的精密安装和赛道混凝土平面精确喷射的要求，具体流程为：

①根据设计方案和基础资料，构建赛道支撑系统的三维模型和赛道表面的三维模型。

②建立并施测赛道控制网，包括首级控制网和赛道控制网。

③基于赛道支撑系统的三维模型和赛道控制网，确定并施测赛道支撑系统的特征点。

④基于赛道表面的三维模型和赛道支撑系统特征点，开展三维激光扫描。

⑤开展三维激光扫描实时点云测量成果与赛道表面三维模型的实时比对，用于指导赛道表面的精细修整。

```
┌──────────┐      ┌──────────────┐
│  二维图   │─────▶│平面及高程控制网 │
└──────────┘      │设计与现场施测  │
     │            └──────────────┘
     ▼                   │
┌──────────┐      ┌──────────────┐      ┌──────────┐
│钢结构支撑三维│────▶│钢结构支撑体安装 │─────▶│点位监测成果 │
│   模型    │      │测量及特征点监测 │      │  与记录   │
└──────────┘      └──────────────┘      └──────────┘
     │                   │
     ▼                   ▼
┌──────────┐      ┌──────────────┐      ┌──────────┐
│混凝土表面三维│────▶│混凝土表面成型  │─────▶│混凝土表面点云成果│
│   模型    │      │  三维扫描    │      └──────────┘
└──────────┘      └──────────────┘           │
     │                   │                   │
     │                   ▼                   │
     │            ┌──────────────┐           │
     └───────────▶│专业数据处理软件 │◀──────────┘
                  │    对比      │
                  └──────────────┘
                         │
                         ▼
                  ┌──────────────┐
                  │检测分析并生成  │
                  │  成果报告    │
                  └──────────────┘
```

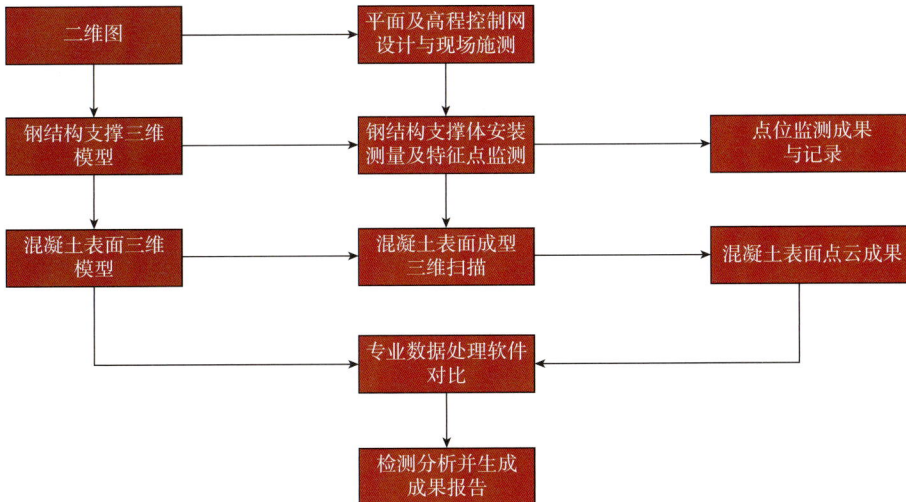

赛道测量与施工作业流程

（一）高精度测量控制网的测量与变形分析技术

国家雪车雪橇中心的赛道为复杂的长线形空间曲面结构，线形结构复杂，精度要求高（厘米级的安装精度和毫米级的检测精度）；施工场地落差高达127m；在长达2年的施工期限内要受施工场地冻融影响。要保证赛道在整个施工期间的测量精度，测量控制网的测量及变形监测精度必须达到很高的水平。

对控制测量及控制网的变形分析方法进行研究是保证赛道整体测量精度受控的基础。赛道建设中，采用神经网络分析方法对控制网的变形进行分析，保证整个施工期间控制测量的整体精度。

在使用控制网进行外业测量时，进行控制网的稳定性检测，包括定期对角度进行复测，比较实测角度与坐标反算的角度，以及定期测量控制网控制点之间的

建立高精度复杂长大线形空间曲面测量控制网

距离，比较实测距离与坐标反算的距离。

（二）复杂长线形精密安装测量控制网的测量与监测技术

赛道总长 1935m，设有 16 个弯道（其中第 11 弯道为回旋弯），安装精度要求达到毫米级，如何在保证高精度控制测量的前提下进行支架安装、制冷管安装、赛道施工等关键环节的高精度三维测量是研究工作的重点之一。结合高铁施工等线形结构高精度测量控制的相关工程经验和技术资料，采用 CPIII 控制测量技术对长线形精密控制测量的方法进行安装阶段控制测量与监测，使设备安装及赛道施工阶段的测量精度达到要求。

赛道支架特征点的精密定位采用归化定位法，特征点的坐标测量采用三维坐标测量的原理和方法。测定的三维坐标数据通过编制的程序与全站仪联机，自动转换为赛道支架坐标系，在赛道支架坐标系下与设计值进行比较。二者的偏差值可实时输出，以指导夹具调整，直到观测值和设计值各方向角差在 3mm 之内。特征点在调整确定后，随着赛道支撑系统的安装、绑扎钢筋、模板支设、预埋件安装、混凝土喷射等工作的进行与荷载的增加，将发生变化、变形，故以上各阶段施工中均要进行特征点位监测，若发生形变即需进行实地调整。

（三）复杂长线形空间双曲面三维影像检测技术

雪车雪橇赛道为复杂的长线形空间双曲面，施工精度要求达到毫米级，采用常规的测量方式对其施工精度进行检测不能满足要求，因此首创性地采用三维激光扫描测量技术、BIM 模型相融合的方式，对赛道成型精度的快速检测方法进行研究。新检测方法在国家雪车雪橇中心建设中的应用取得了突破性的成果：实现了从单点对比检测到空间形体检测的提升，不仅提升了测量外业效率，使繁重的外业变得简单，而且在表现精度及完整性方面同样实现了飞跃。

1. 赛道表面成型的竣工检测

赛道喷射混凝土完成后，对混凝土表面成型的精度进行检测。传统的检测方法是采用全站仪精密测定赛道表面特征点坐标，与设计值进行三维坐标对比。其缺点是不能对结构面进行全面检测。在国家雪车雪橇中心赛道试验段试验中，除了采用传统方法进行检测外，同时采用三维激光扫描技术实现了对结构面的检测。采用设计三维模型作为检测使用的 BIM 模型，数据处理环节结合专业软件进行对比检测，如发现找平结构与表面模型偏差超限则及时调整以保证赛道面精度的可靠性。采用三维激光扫描与 BIM 模型比对验证方法进行检测的步骤如下：

①赛道竣工 BIM 模型的制作与检查。

②赛道竣工主体的三维激光扫描及数据检查。

③根据坐标参考系在处理软

三维扫描现场作业

件中定位 BIM 模型及扫描成果。

④进行完整对比并根据要求提取抽样点对比结果。

⑤制作检测图表及验收报告等相关资料。

2. 三维激光扫描

三维激光扫描外业采用 Trimble SX10 三维影像扫描仪，采用已知点架站方式进行测站设立。在试验段通视侧面进行三维扫描，设定扫描密度参数等。由于赛道试验段场地的限制导致仪器架设不便利，加测测站采用多点后方交会方式设站、扫描测量。

3. 三维激光扫描数据处理

三维激光扫描外业结束后，即进行扫描数据内业处理，输出准确的点云数据。将扫描项目成果导入 Realworks 软件，按照规范要求对点云数据进行精度优化和评价，拼接自由测站，自动分类、剔除噪点、取样抽稀、导出处理。

三维点云数据处理完成后，进行三维点云数据的坐标匹配，即在 Trimble polyWorks 软件中打开预处理过的点云和设计好的模型，并按建筑轴线图将模型与点云的位置统一，完成位置匹配。

4. 三维激光扫描检测分析

比对检测采用 3D 模型测量系统博力加软件检测模块的三维检测功能进行，得到的三维检测结果以多色彩色谱图表示。利用博力加软件三维检测分析器对结果进行分析，可得知赛道混凝土空间结构面与设计模型任意三维点的偏差值，并生成检测报告。由此可以检测混凝土喷射表面任意点位是否符合设计要求，对超出限差要求的区域进行标识，并组织进行精细修整，以达到设计要求。

检测软件进行点云数据（扫描仪检测外业所获）与设计模型对比分析所生成的彩色对比图，以色带颜色表示不同的偏差区间。如扫描数据分析结果图所示，在赛道曲面上显示的红色区域，偏差结果为正，即实测大于设计值；蓝色、紫

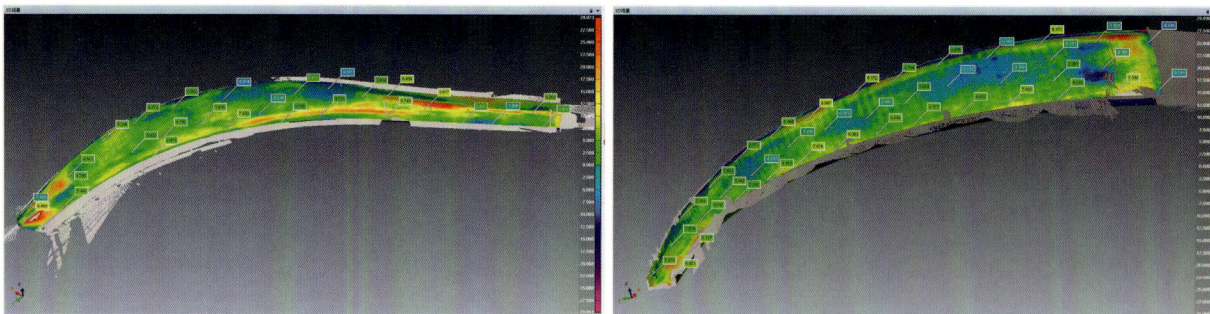

赛道面三维扫描数据分析结果

色表示结果为负，即实测小于设计值；青色、绿色表示与设计相当。根据设计限差要求在特征区域点选，即可显示该特征点的偏差值；特征点偏差可导出为报表形式。

5. 三维检测结果的论证

考虑到采用三维激光扫描技术进行复杂空间双曲面的比对检测属首创性探索，为确保方法的可行性和结果的可靠性，在实验阶段同步采用全站仪特征点精密测量，与三维点云提取的特征点坐标进行了对比，以验证三维激光扫描测量的准确性。对比结果显示，两种测量方法的检测精度误差为 0.7mm，证明三维激光扫描测量的精度能够满足国家雪车雪橇中心工程检测要求。

03 | 第三节　测绘无人机的应用技术

一、背景及应用效果

在大型山地工程中，快速获取工程所在地的地形信息，对工程施工有重要的指导作用。北京 2022 年冬奥会延庆赛区雪道的施工前期，施工区域无现状道路，山高路陡，植被茂密，人工测量困难，测设周期长。为此，将测绘型无人机摄影测量技术应用于高山地区的地形测绘，配合工程施工，取得了良好的经济效益和社会效益。

雪道的原地貌测设采用 eBee Plus 超轻型固定翼测绘无人机进行航测，按照规划的航测路线对测区进行航拍，航拍完成后通过影响数据预处理，利用 Pix4Dmapper 软件进行数据处理后完成影像建模，利用地形模型进行雪道土方量的计算和平衡、植被面积的计算、汇水面积的计算和雪道工程三维视频浏览。

针对高山地区地形起伏较大，小区域大高差的现状进行了无人机摄影测量的研究与应用，并在实施过程中对航线进行了有针对性的规划设计，增加了重叠度。最终空中解算结果表明，绝对位置精度能够满足《数字航空摄影测量　空中三角测量规范》（GB/T 23236—2009）《低空数字航空摄影测量内业规范》（CH/Z 3003—2010）的要求；对比全站仪或RTK传统测量方法，效率得到极大提高，且地形模型精度完全满足工程需要；还可根据需要进行数据转换，将模型转换并导入GIS（地理信息系统）软件进行相关分析。本项目的完成是无人机摄影测量技术在高山地区的有益尝试，取得了良好效果，对于提高作业效率、改进作业模式具有重要意义，为未来类似项目的实施提供了参考。

二、应用过程

（一）测绘无人机选型

该工程在高山地区，高差较大，航测区域内无现状道路，仅有临时上山土路且植被覆盖较多，平坦地较少，难以布设满足要求数量的像控点。如采用多悬翼或混合翼测绘无人机，为了克服重力到达高差过大的航拍起点，起飞需消耗更多的电能，造成有效拍摄时间缩短；同时，由于山间阵风较大，飞行稳定性难以控制。经过对比，选用eBee Plus超轻型固定翼测绘无人机进行航测，配S.O.D.A.相机，摄影镜头焦距为10.6mm，视场角为107°（广角），像素2000M；内置高精度GNSS（全球导航卫星系统）和IMU（惯性测量单元）组成的POS（定位定姿系统），飞行速度为45~110km/h，续航时间为59分，抗风6级，起降方式为抛飞飘降，降落误差半径为5m。结合地面GNSS接收机，可获取航摄仪曝光时刻摄站的空间位置和姿态信息。该无人机及解算软件具有动态后处理（PPK）功能，可实现免像控航测。

（二）无人机现场航拍

1. 分区及航线规划

该工程区域范围内主要地貌为山地，高差起伏较大；不同于常规城乡地区或野外平坦地区，若航测按常规航线规划为同一高度，航摄照片显然在高处重叠度可能不足，在低洼处成像的单个像素的地面采样距离过大。基于这样的困难，为满足总体的测量精度，对航线进行了有针对性的规划设计，采用细分区域，将原本高差过大的整块测区划分为多个高差较小的子区域，然后对每个子区域进行独立航线规划，使分区内地形高差减小。为保证照片各处重叠度满足要求，设定航向重叠度70%和旁向重叠度60%，GSD（地面像素分辨率）为5.3cm/px，由此提高了整体的地面采样距离，增加了全区域照片重叠度，从而保证整体的测量精度。航线大致平行于山坡，相对航高190~230m。

2. 航测外业实施

采集测区控制点的经纬度和大地高度，用以计算坐标转换参数，为免像控数据处理做准备。

作业小组携带全套设备到事先勘察好的地点（山顶附近及半山腰的平坦地等）进行航拍。首先在测区范围内已知控制点架设 GNSS 接收机（酌情架设双 GNSS 接收机以提高精度和可靠性），开机进行静态观测。用笔记本电脑打开 eMotion3 飞控软件并连接测绘无人机收发天线。为测绘无人机安装电池，检查测绘无人机与笔记本电脑信号连接情况。根据现场实地情况（地形、风向等）设定测绘无人机起降点。一切准备就绪后进行航拍（采用抛飞方式）。

测绘无人机按规划航线对测区进行航拍。航拍过程中通过飞控软件实时监控无人机运行情况。所有航线拍摄完成后，无人机飘降在设定的降落地点，结束外业航拍工作。

第六章 CHAPTER SIX

06 科技创新课题成果

01 | 第一节 新技术应用项目汇总

一、国家高山滑雪中心新技术汇总

（一）国家高山滑雪中心第一标段新技术汇总

1. 住建部新技术应用

国家高山滑雪中心第一标段根据本项目的具体情况，应用了住建部推广的《建筑业 10 项新技术（2017 版）》中的 9 个大项、31 个小项，见表 5-6-1。

一标段住建部新技术应用情况   表 5-6-1

序号	大　项	新技术子项名称	应 用 部 位
1	钢筋与混凝土技术	高强钢筋应用技术	基础与主体结构
2		高强钢筋直螺纹连接技术	基础与主体结构
3		预应力技术	支护结构
4	模板脚手架技术	销键型脚手架及支撑架	主体结构
5	装配式混凝土结构技术	预制混凝土外墙挂板技术	装饰装修
6		预制构件工厂化生产加工技术	装饰装修
7	钢结构技术	钢结构深化设计与物联网应用技术	主体结构
8		钢结构智能测量技术	主体结构
9		钢结构虚拟预拼装技术	主体结构
10		钢结构防腐防火技术	主体结构

序号	大　项	新技术子项名称	应用部位
11		基于BIM的管线综合技术	机电安装
12		可弯曲金属导管安装技术	机电安装
13	机电安装工程技术	薄壁金属管道新型连接安装施工技术	机电安装
14		金属风管预制安装施工技术	机电安装
15		机电消声减振综合施工技术	机电安装
16		封闭降水及水收集综合利用技术	施工现场
17		施工现场太阳能、空气能利用技术	施工现场
18	绿色施工技术	施工扬尘控制技术	施工现场
19		绿色施工在线监测评价技术	施工现场
20		工具式定型化临时设施技术	施工现场
21		种植屋面防水施工技术	建筑屋面
22	防水技术与围护结构节能	高性能外墙保温技术	建筑外墙
23		高效外墙自保温技术	建筑外墙
24		高性能门窗技术	建筑门窗
25		深基坑施工监测技术	基础与主体结构
26	抗震、加固与监测技术	爆破工程监测技术	地基与基础
27		隧道安全监测技术	雪道工程
28		基于BIM的现场施工管理信息技术	项目管理
29	信息化技术	基于互联网的项目多方协同管理技术	项目管理
30		基于移动互联网的项目动态管理信息技术	项目管理
31		基于物联网的劳务管理信息技术	项目管理

2. 北京市建设领域百项重点推广项目应用

　　根据本项目的具体情况，项目部应用了"北京市建设领域百项重点推广项目"中的35项新技术，见表5-6-2。

一标段北京市相关推广技术应用情况

表 5-6-2

序号	技术名称	主要性能及特点	适用范围
1	公共建筑节能评估体系	根据评估体系中对建筑能源规划与设计的具体要求，指导公共建筑能源系统的方案、设计，可从规划、设计、运行等主要环节，帮助公共建筑实现节能的目的，并达到较高的节能标准	公共建筑
2	绿色建筑评估体系	根据评估体系的措施、指南、具体条款要求，可在规划、设计、施工、运行几个阶段帮助提高建筑的可持续发展水平，实现在较低的能耗、资源使用、对环境破坏的水平上，达到较高的建筑使用环境与建筑品质	住宅与公共建筑
3	变频户式中央空调系统	利用变频调速技术、计算机多变量控制技术，连续调节小型中央空调系统的制冷量精确控制温度，消除对电网冲击的目的。制冷变化范围为1000~16000W，温度控制精度为±0.5℃	住宅与公共建筑
4	太阳能生活热水技术	利用太阳能集热板收集太阳能将水加热，可节约电能或燃气等能源。用户可单独设置，也可以小区规模集中配置	住宅与公共建筑

序号	技 术 名 称	主要性能及特点	适用范围
5	智能控制楼宇照明	集中控制，丰富了控制功能，比单独专业控制节约投资 50% 以上	商场、停车场
6	照明节电器及节能型灯具	照明节电器具有高效节能、延长灯具使用寿命、运行安全可靠等显著特征。节电率在 35%~50% 之间，延长灯具使用寿命 3 倍以上，电压稳定误差精度不超过 1%。节能型灯具体积小，质量轻，便于安装更换。电子镇流器是普通电感镇流器重量的 1/10，功率因数高达 0.96，使电能利用率提高 3 倍以上	公共建筑
7	无溶剂聚氨酯硬质泡沫喷涂外墙外保温体系	采用现场聚氨酯泡沫喷涂进行主体保温，胶粉聚苯颗粒保温浆料找平和补充保温，抗裂性能好。各层材料之间采取柔性连接，柔性逐层渐变，无空胶，抗风压、抗震性能好	适用于 100m 以下的各种建筑结构的外墙保温施工
8	加气混凝土外墙保温体系	可用作保温、内外墙体材料，配筋后可做屋面板、内外墙板。质量轻，保温性能好。可利用粉煤灰，制作和使用过程对环境无污染	多层建筑保温体系、填充墙
9	轻集料砌块	免土、免烧，高保温，高隔声，是替代黏土砖的主要材料之一	多层砌块结构、填充墙
10	石膏板、石膏砌块	自重轻、外形规整、表面光洁、可防水、隔热、隔声、防火、强度高、抗老化、易加工、装饰方便，对环境湿度有良好的调节作用	非承重内墙
11	楼板隔震技术	在楼板中增加一层隔震、保温材料，降低震动及层间传热	现浇、预制混凝土楼板
12	户室新风系统	可以方便、合理地控制新风换气，改善室内空气品质	住宅建筑
13	屋顶绿化技术	在屋顶进行适当绿化，可以改善微区域的物理环境。在一定程度上解决了屋顶绿化对附土、植被种类等有一定的技术要求，不易成活，维护成本高的问题	坡度较小的屋顶
14	屋面防水保温倒置做法	将高效的保温防水材料与建筑顶板结合，达到保温、防水的一体化，有利于屋面的绿化及对防水层的保护	建筑屋面
15	太阳能路灯及草坪灯系统	利用太阳能光电采集装置，将太阳能收集作为路灯、草坪灯的电能。一般经过一天的能量储备可满足几日的照明需求，是一项环保、节能的照明技术	小区道路交通照明、草坪照明
16	保温铝型材及断热门窗系列产品	保温性能好，密封性好，独特的欧式槽设计。制造成本低，用料少，大大降低了采购成本	住宅及公共建筑
17	建筑塑料管道系统	卫生、节能、环保、安装方便、工效高、耐腐蚀、使用寿命长。 生活热水塑料管道系统有交联聚乙烯（PE-X）管、无规共聚聚丙烯（PP-R）管、耐热聚乙烯（PE-RT）管等。 给水塑料管道系统有铝塑复合（PAP）管、聚乙烯（PE）管、交联聚乙烯（PE-X）管、无规共聚聚丙烯（PP-R）管、硬聚氯乙烯（PVC-U）管（非铅盐稳定剂生产）等。 排水塑料管道系统有硬聚氯乙烯（PVC-U）建筑排水管、硬聚氯乙烯（PVC-U）芯层发泡建筑排水管、硬聚氯乙烯（PVC-U）建筑雨落水管	设计温度≤70℃，高层建筑用于横管、内排水管道系统及内外雨落水管
18	自洁消毒器	利用水中离子或分子通过电催化作用消毒	饮用水池、水箱
19	干拌砂浆、预拌砂浆技术	节约资源，保护环境，提高建筑工程质量和施工现代化水平	各类砌筑抹灰
20	混凝土高效减水剂	聚羧酸高效减水剂、改性聚氰胺是高效减水剂、R-3 脂肪族是羟基高效减水剂等。减水率达 10%~30%，增强效果好，环保效果好，与各种水泥适应性好	各类混凝土工程
21	无醛建筑黏结剂	性能参照《水溶性聚乙烯醇缩甲醛胶粘剂》（JC 438—91）要求，游离甲醛≤0.1g/kg，其他有害物限量符合《室内装饰装修材料胶粘剂中有害物质限量》（GB 18583—2001）要求	室内装修工程
22	建筑结构胶	粘钢、粘贴碳纤维片材，黏结锚固加固	混凝土结构加固
23	混凝土脱模养护剂	由成膜乳液、保水剂、活性组分、润滑填料等组成，具备脱模和养护两大功能，突破了以往混凝土需要使用脱模剂和养护剂两种产品的做法，简化了施工操作程序，提高了施工效率，降低了施工成本。脱模吸附力＜600Pa，保水性好，混凝土强度优于洒水养护	现浇混凝土施工
24	聚合物水泥基防水涂料	由高分子乳胶和无机粉料（含水泥成分）构成的双组分复合型防水涂料。与结构黏接牢固，便于施工	厨房、卫生间

序号	技 术 名 称	主要性能及特点	适用范围
25	渗透结晶型防水材料及应用技术	具有裂缝自我修复能力，透气性好，耐化学腐蚀性和抗外界老化性强，可以阻止水分在混凝土内部转移，使用、操作简便	混凝土结构辅助防水
26	自粘防水卷材	I型：拉力 N/5cm ≥ 180，延长率（%）≥ 500，不透水性 0.3MPa/120min。II型：拉力 N/5cm，横向＞350，纵向＞350；延伸率30%，不透水性 0.3MPa/120min	屋面、地下室的防水工程
27	紫铜管件、黄铜管件应用技术	紫铜管件柔韧性好，易弯曲、易加工、易焊接和易改变形状，能满足工程安装中管口布线和互相连接的要求；黄铜刚性较强，可满足工程中与各种丝加工器的连接	建筑给水管线、暖通、燃气管线
28	直螺纹钢筋连接技术	直螺纹钢筋接头，钢筋机械连接强度高，质量稳定、施工方便、速度快、省钢材、无污染、无明火等优点	粗直径钢筋的连接
29	HRB400级钢筋应用技术	采用微合金技术生产的HRB400级钢筋，抗拉强度570MPa，屈服强度400MPa，强度设计值360MPa，伸长率（δ5）≥ 14%强度高，延性好	钢筋混凝土结构中的受力主筋
30	预制混凝土装配式检查井	井筒由井圈和7种不同高度的调节块组成，满足不同覆土高度要求。施工简便，装配化快速施工，整体稳固性好，水密性好，闭水效果理想	管道工程
31	金属风管薄钢板法兰连接技术	生产效率高，降低消耗，成型美观，实现风管加工的全自动化	建筑通风系统
32	施工项目管理软件集成系统	实现了设计、概预算与施工管理各系统间的数据共享。软件有标书制作、施工平面图设计及会址、项目管理等模块	建筑施工及工程项目管理单位
33	企业和项目管理信息化技术	基于MIS（管理信息系统）、项目管理、数据库和网络技术基础，采用了工作流技术、协同工作技术、表单自动生成技术、信息动态发布技术、内容管理支撑技术、动态统计分析技术、图文表管一体技术，大大提高了工作效率和质量	建筑施工、勘察设计、工程监理、质量安全监督机构等单位
34	建筑工程量计算、钢筋统计及概预算报表软件应用技术	利用设计软件建立的数据资源，快速统计工程量，并能自动套用全国各地定额，灵活方便地生成并输出各种报表，能较好地编制工程概预算报表，具有自动化程度高、编制周期短、精度高、查询方便、报表输出灵活等特点	设计、施工及工程项目管理单位
35	建筑施工现场设备信息管理系统	可确保进入施工现场的机械设备处于完好的技术状态	建筑施工企业

3. 科技创新

一标段目前已申请专利52项，其中发明专利12项、实用新型专利39项、外观设计专利1项。现已领证13项，已受理39项，详见表5-6-3。

一标段专利申请情况　　　　　　　　　　　表5-6-3

序号	专利名称	专利类型	状态
1	一种钢结构装配式节点	发明专利	已领证
2	一种装配式钢结构建筑用厚板十字焊缝焊接结构	发明专利	已受理
3	一种适用钢结构与混凝土结构滑动连接的装置	发明专利	已受理
4	一种用于倾斜十字钢柱鼓形连接方式	发明专利	已受理
5	造雪系统的施工方法	发明专利	已受理
6	造雪系统内钢管焊接工艺	发明专利	已受理
7	造雪工程回填方法	发明专利	已受理
8	一种薄壁不锈钢管密封安装设备	发明专利	已受理

序号	专 利 名 称	专 利 类 型	状 态
9	一种污水管道施工方法	发明专利	已受理
10	一种薄壁不锈钢管道挤压式连接装置及方法	发明专利	已受理
11	一种暗配管的施工方法及安装设备	发明专利	已受理
12	一种不锈钢风管施工工艺	发明专利	已受理
13	一种钢结构梁柱	实用新型专利	已领证
14	一种钢结构焊接装置	实用新型专利	已领证
15	一种高层钢结构测量仪器固定架设装置	实用新型专利	已领证
16	测量六角头螺栓连接副紧固轴力的装置	实用新型专利	已领证
17	一种钢结构抗风柱及其施工方法	实用新型专利	已领证
18	一种新型抗震钢结构及其施工方法	实用新型专利	已领证
19	一种钢结构专用施工平台	实用新型专利	已领证
20	高山滑雪波纹管隧道结构	实用新型专利	已领证
21	一种保温通风空调管道抗震支架技术	实用新型专利	已领证
22	一种用于高程测量的棱镜框	实用新型专利	已领证
23	棱镜框	外观设计专利	已领证
24	一种高山滑雪场地溜槽无动力碎石土运输装置	实用新型专利	已领证
25	一种高山地区混凝土运输装置	实用新型专利	已受理
26	一种高山地区格构梁钢筋固定装置	实用新型专利	已受理
27	一种钢波纹管安装固定装置	实用新型专利	已受理
28	一种防风墙立柱转孔固定装置	实用新型专利	已受理
29	一种钢丝网护栏	实用新型专利	已受理
30	一种幕墙结构	实用新型专利	已受理
31	一种建筑幕墙防水结构	实用新型专利	已受理
32	明框幕墙阴角连接结构	实用新型专利	已受理
33	一种超长电缆用自动化敷设设备	实用新型专利	已受理
34	套管拧母器	实用新型专利	已受理
35	一种预埋线管出地面保护装置	实用新型专利	已受理
36	空心砖专用卡	实用新型专利	已受理
37	线管固定器	实用新型专利	已受理
38	承重变形缝	实用新型专利	已受理
39	钢结构底部排水槽	实用新型专利	已受理
40	金属拉伸网悬挂结构	实用新型专利	已受理
41	无障碍卫生间锁	实用新型专利	已受理
42	一种房间内转换层	实用新型专利	已受理
43	一种给水箱整体结构	实用新型专利	已受理
44	一种防火效果好的桥架	实用新型专利	已受理
45	一种便于安装的明配管	实用新型专利	已受理
46	一种便于安装的电缆桥架	实用新型专利	已受理
47	一种风机用的吊装	实用新型专利	已受理
48	一种具有保温功能的风管用防晃动支架	实用新型专利	已受理
49	一种造雪系统用的不锈钢配电箱	实用新型专利	已受理
50	一种钢管桁架拼接结构	实用新型专利	已受理
51	一种具有支撑功能的矩形风管	实用新型专利	已受理
52	一种便于侧向支撑的水管	实用新型专利	已受理

一标段科技创新成果及奖项见表 5-6-4。

一标段科技创新成果及奖项　　　　　　　　　表 5-6-4

序号	成果类型	成果名称或所获奖项	奖项级别（授予单位）
1	科技创新成果	一项科技成果在北京市建委组织的科技成果鉴定中被评为"国际领先"	省部级
2		"十三五"国家重点研发计划"科技冬奥"重点专项"复杂山地条件下冬奥雪上场馆设计建造运维关键技术"通过课题绩效评价，创新成果达到国际领先水平，一标段承担其中的一个子课题	省部级
3		北京测绘学会测绘科学技术奖特等奖	省部级
4		中国测绘学会测绘科技进步奖二等奖	国家级
5	BIM 类奖项	第四届建设工程 BIM 大赛活动中获得 BIM 技术在货架高山滑雪中心第一标段项目的综合应用三类成果	北京市建筑业联合会
6		2019 年北京市工程建设 BIM 应用成果评定一等奖	北京市建筑业联合会
7		2020 年北京市建筑信息模型（BIM）应用示范工程	北京市建筑业联合会
8	质量奖	北京市结构长城杯金奖工程	省部级
9		中国建筑工程钢结构金奖	国家级
10		《提高可拆卸桁架板安装一次验收合格率》获 2020 年北京市工程建设质量管理小组 I 类成果	省部级
11		《提高可拆卸桁架板安装一次验收合格率》获 2020 年全国工程建设质量管理小组 I 类成果	国家级
12	设计奖	北京市三星级绿色建筑设计标识	省部级

（二）国家高山滑雪中心第二标段新技术汇总

国家高山滑雪中心第二标段项目部参与了"十三五"国家重点研发计划"科技冬奥"重点专项"复杂山地条件下冬奥雪上场馆设计建造运维关键技术"的课题《复杂山地条件下冬奥雪上项目竞赛场馆设计施工关键技术研究》的子课题《高山滑雪赛道施工关键技术研究》的全部研究，取得了丰硕的创新成果。

1. 住建部新技术应用

该工程按照住建部颁布的《建筑业 10 项新技术（2017 版）》要求，共推广应用了 3 个大项、9 个子项，见表 5-6-5。

二标段住建部新技术应用情况

表 5-6-5

序号	大 项	新技术子项名称	应 用 部 位
1	钢筋与混凝土技术	混凝土裂缝控制技术	基础、楼板
2		高强钢筋应用技术	基础、主体结构
3		高强钢筋直螺纹连接技术	基础、梁、柱
4	模板脚手架技术	销键型脚手架及支撑架	竞技结束区缓冲区外扩平台
5		清水混凝土模板技术	竞技结束区缓冲区外扩平台
6	绿色施工技术	建筑垃圾减量化与资源化利用技术	施工现场
7		施工现场太阳能、空气能利用技术	施工现场
8		施工扬尘控制技术	施工现场
9		封闭降水水收集综合利用技术	施工现场

2. 创建北京市绿色安全工地情况

该工地获评 2020 年度北京市绿色安全工地。

3. 科技创新

二标段专利申请情况见表 5-6-6，科技创新成果及奖项见表 5-6-7。

二标段专利申请情况

表 5-6-6

序号	专利类型	专 利 名 称	备 注
1	实用新型专利	高山滑雪场地溜槽无动力碎石土运输装置及系统	专利号 ZL 2018 2 1109700.4
2	实用新型专利	一种高山造雪管线摩擦系数测试装置	专利号 ZL 2019 2 0656389.3
3	实用新型专利	一种高陡山区集水装置	专利号 ZL 2019 2 1671056.4
4	实用新型专利	一种带有锚固系统的高陡边坡储土装置	专利号 ZL 2019 2 1671056.4
5	实用新型专利	一种原场储存草甸的装置	专利号 ZL 2020 2 0428192.7
6	实用新型专利	一种碎石土地段钢丝绳锚杆拉拔力测试工具	专利号 ZL 2020 2 0400167.8
7	实用新型专利	一种滑雪场排洪设施用雪水储存装置	专利号 ZL 2020 2 0450658.3
8	实用新型专利	一种防止上边坡锚杆框架梁内后覆土脱落的防护装置	专利号 ZL 2020 2 0450700.1
9	实用新型专利	一种山地运输车	专利号 ZL 2020 2 0871124.8
10	实用新型专利	一种被动土压力高回填赛道俯斜式异型格宾石笼挡墙结构	
11	实用新型专利	一种带绿化效果的石笼挡墙	专利号 ZL 2020 2 0450730.2
12	实用新型专利	河道防护挡墙砌筑大尺寸料石的重力自锁夹具	专利号 ZL 2021 2 3029706.5
13	实用新型专利	适用于钢结构表面的仿清水混凝土涂装结构	专利号 ZL 2021 2 2893132.X

二标段科技创新成果及奖项　　　　　　　　　　表 5-6-7

序号	成果类型	成果名称或所获奖项	奖 项 级 别
1	科技创新成果	高山滑雪赛道施工工法	省部级
2		高山滑雪赛道复绿型石笼挡墙施工工法	省部级
3		施工影响区亚高山草甸移植施工工法	省部级
4		高山滑雪场地无动力溜槽碎石土运输施工工法	省部级
5		《高山滑雪雪道工程技术规程》（中国工程建设标准化协会）	团体标准
6		《高山滑雪雪道施工规程》	企业级
7	质量奖	中国建设工程鲁班奖	国家级
8		《提高亚高山草甸剥离回铺存活率》获全国市政工程建设 QC 小组活动优秀成果三等奖	国家级
9		北京市建筑（竣工）长城杯金奖工程	省部级
10		《提高碎石土地区钢丝绳锚杆一次验收合格率》获北京市市政工程建设 QC 小组活动优秀成果一等奖	省部级
11		《提高雪道雪基填筑一次合格率》获北京市市政工程建设 QC 小组活动优秀成果二等奖	省部级
12		《提高造雪管线焊接一次合格率》获北京市市政工程建设 QC 小组活动优秀成果三等奖	省部级
13		《高山滑雪赛道新型石笼挡墙的研发》获北京市市政工程建设 QC 小组活动优秀成果二等奖	省部级
14		《提高亚高山草甸剥离回铺存活率》获北京市市政工程建设 QC 小组活动优秀成果一等奖	省部级
15	科学技术奖	《高山滑雪赛道施工关键技术研究》为国家重点研发项目	已结题
16		《国家高山滑雪赛道绿色施工关键技术研究与应用》获中国施工企业管理协会科技进步奖二等奖	省部级
17		《北京 2022 年冬奥会国家高山滑雪中心赛道三维精准塑形关键技术研究》获中国商业联合会科学技术奖一等奖	省部级
18		《北京地区温带气候亚高山草甸群落重建与绿色施工关键技术研究》获中国商业联合会科学技术奖二等奖	省部级
19		《复杂山地条件下冬奥会高山滑雪中心赛道建设关键技术》获中国职业安全健康协会科学技术奖二等奖	省部级

二、国家雪车雪橇中心新技术汇总

（一）住建部新技术应用

国家雪车雪橇中心应用了住建部推广的《建筑业 10 项新技术（2017版）》全部 10 个大项的 60 个子项，见表 5-6-8。

国家雪车雪橇中心对住建部新技术应用情况　　　　表 5-6-8

序号	大　项	新技术子项名称	应用部位
1	地基基础和地下空间工程技术	灌注桩后注浆技术	桩板墙
2		混凝土桩复合地基技术	赛道
3		装配式支护结构施工技术	挡土墙
4		逆作法施工技术	桩板墙
5	钢筋与混凝土技术	高耐久性混凝土技术	赛道主体
6		高强高性能混凝土技术	赛道主体
7		自密实混凝土技术	赛道回旋弯斜柱
8		混凝土裂缝控制技术	U 形槽
9		高强钢筋应用技术	各附属用房、桩板墙
10		高强钢筋直螺纹连接技术	各附属用房、桩板墙
11		钢筋焊接网应用技术	石笼墙
12		预应力技术	训练道冰屋悬挑梁
13		建筑用成型钢筋制品加工与配送技术	赛道主体
14	模板脚手架技术	销键型脚手架及支撑架	各附属用房支撑体系、赛道操作架
15	装配式混凝土结构技术	预制混凝土外墙挂板技术	桩板墙
16		预制构件工厂化生产加工技术	桩板墙、赛道防撞板
17	钢结构技术	高性能钢材应用技术	主体结构
18		钢结构深化设计与物联网应用技术	主体结构、钢构件
19		钢结构智能测量技术	主体结构
20		钢结构虚拟预拼装技术	主体结构
21		钢结构高效焊接技术	主体结构
22		钢结构防腐防火技术	主体结构
23		钢与混凝土组合结构应用技术	主体结构
24		索结构应用技术	主体结构
25	机电安装工程技术	基于 BIM 的管线综合技术	各附属用房机电管线
26		导线连接器应用技术	各附属用房
27		可弯曲金属导管安装技术	各附属用房
28		工业化成品支吊架技术	附属用房成品支调架

序号	大　项	新技术子项名称	应用部位
29	机电安装工程技术	机电管线及设备工厂化预制技术	各附属用房
30		薄壁金属管道新型连接安装施工技术	各附属用房卡套式连接
31		内保温金属风管施工技术	各附属用房风管
32		金属风管预制安装施工技术	各附属用房风管
33		机电消声减振综合施工技术	各附属用房
34		建筑机电系统全过程调试技术	各附属用房机电调试
35	绿色施工技术	封闭降水及水收集综合利用技术	现场水收集
36		建筑垃圾减量化与资源化利用技术	施工现场
37		施工现场太阳能、空气能利用技术	太阳能路灯、空气能热水器
38		施工扬尘控制技术	施工现场
39		施工噪声控制技术	施工现场
40		绿色施工在线监测评价技术	施工现场
41		工具式定型化临时设施技术	大临、施工现场定制化护栏等
42	防水技术与围护结构节能	防水卷材机械固定施工技术	防水工程
43		地下工程预铺反粘防水技术	隧道
44		种植屋面防水施工技术	运营区L2屋面
45		高效外墙自保温技术	各附属用房填充墙
46		高性能门窗技术	各附属用房门窗
47		一体化遮阳窗	大临
48	抗震、加固与监测技术	消能减震技术	2号桥
49		建筑隔震技术	赛道
50		深基坑施工监测技术	现场深基坑区域
51		大型复杂结构施工安全性监测技术	遮阳棚
52		受周边施工影响的建（构）筑物检测、监测技术	深基坑、边坡防护
53		隧道安全监测技术	隧道
54	信息化技术	基于BIM的现场施工管理信息技术	整个项目
55		基于大数据的项目成本分析与控制信息技术	赛道
56		基于云计算的电子商务采购技术	整个项目
57		基于互联网的项目多方协同管理技术	
58		基于移动互联网的项目动态管理信息技术	整个项目
59		基于物联网的劳务管理信息技术	劳务人员管理
60		基于智能化的装配式建筑产品生产与施工管理信息技术	整个项目

（二）北京市建设领域百项重点推广项目的应用

国家雪车雪橇中心应用了"北京市建设领域百项重点推广项目"中的
3个大项、38个小项的新技术，见表5-6-9。

国家雪车雪橇中心对北京市推广技术应用情况　　　　　表5-6-9

序号	类别	技术名称	主要性能及特点
1	节能环保	公共建筑节能评估体系	根据评估体系中对建筑能源规划与设计的具体要求，指导公共建筑能源系统的方案、设计，可从规划、设计、运行等主要环节，帮助公共建筑实现节能的目的，并达到较高的节能标准
2		绿色建筑评估体系	根据评估体系的措施、指南、具体条款要求，可在规划、设计、施工、运行几个阶段帮助提高建筑的可持续发展水平，实现在较低的能耗、资源使用、对环境破坏的水平上，达到较高的建筑使用环境与建筑品质
3		可调节的活动式外遮阳技术	采用活动的外遮阳设备，夏季满足屏蔽日照的要求，避免日晒，降低空调负荷，冬季可最大限度获得日照
4		中水回用系统	收集生活淋浴、盥洗等优质杂排水，经中水处理系统处理，可达到相应的中水水质标准，可用于冲厕、洗车、绿化、地面冲洗、水景观等
5		太阳能生活热水技术	利用太阳能集热板收集太阳能将水加热，可节约电能或燃气等能源。用户可单独设置，也可以小区规模集中配置
6		智能控制楼宇照明	集中控制，丰富了控制功能，比单独专业控制节约投资50%以上
7		照明节电器及节能型灯具	照明节电器具有高效节能、延长灯具使用寿命、运行安全可靠等显著特征。节电率在35%~50%之间，延长灯具使用寿命3倍以上，电压稳定误差精度不超过1%。节能型灯具体积小，质量轻，便于安装更换。电子镇流器是普通电感镇流器重量的1/10，功率因数高达0.96，使电能利用率提高3倍以上
8		无溶剂聚氨酯硬质泡沫喷涂外墙外保温体系	采用现场聚氨酯泡沫喷涂进行主体保温，胶粉聚苯颗粒保温浆料找平和补充保温，抗裂性能好。各层材料之间采取柔性连接，柔性逐层渐变，无空胶，抗风压、抗震性能好
9		石膏板、石膏砌块	自重轻、外形规整、表面光洁、可防水、隔热、隔声、防火、强度高、抗老化、易加工、装饰方便，对环境湿度有良好的调节作用
10		户室新风系统	可以方便、合理地控制新风换气，改善室内空气品质
11		屋顶绿化技术	在屋顶进行适当绿化，可以改善微区域的物理环境。在一定程度上解决了屋顶绿化对附土、植被种类等有一定的技术要求，不易成活，维护成本高
12		太阳能路灯及草坪灯系统	利用太阳能光电采集装置，将太阳能收集作为路灯、草坪灯的电能。一般经过一天的能量储备可满足几日的照明需求，是一项环保、节能的照明技术
13	新型建材	保温铝型材及断热门窗系列产品	保温性能好，密封性好，独特的欧式槽设计。制造成本低，用料少，大大降低了采购成本
14		玻璃钢型材及门窗	轻质高强，密封性、节能性、装饰性、尺寸稳定性、耐候性好，隔声降噪，维修量小
15		嵌条式系列型材	产品通用性强，型材系列齐全，产品设计采用多腔结构设计，强度高，保温性能优异，工艺制作简单，模具开模量小
16		建筑塑料管道系统	卫生、节能、环保、安装方便、工效高、耐腐蚀、使用寿命长 生活热水塑料管道系统有交联聚乙烯（PE-X）管、无规共聚聚丙烯（PP-R）管、耐热聚乙烯（PE-RT）管等 给水塑料管道系统有铝塑复合（PAP）管、聚乙烯（PE）管、交联聚乙烯（PEX）管、无规共聚聚丙烯（PP-R）管、硬聚氯乙烯（PVC-U）管（非铅盐稳定剂生产）等 排水塑料管道系统有硬聚氯乙烯（PVC-U）建筑排水管、硬聚氯乙烯（PVC-U）芯层发泡建筑排水管、硬聚氯乙烯（PVC-U）建筑雨落水管
17		高密度聚乙烯（HDPE）螺旋缠绕管	环刚度：SN0.5~SN0.8；冲击强度 $TIR \leq 10\%$，纵向回缩率 $\leq 3\%$，蠕变比率 $\geq 4\%$，落锤冲击试验，不破裂（G=3.2kg，H=2000mm）

续上表

序号	类别	技术名称	主要性能及特点
18	新型建材	干拌砂浆、预拌砂浆技术	节约资源，保护环境，提高建筑工程质量和施工现代化水平
19		混凝土高效减水剂	聚羧酸高效减水剂、改性聚氰胺系高效减水剂、R-3脂肪族系羟基高效减水剂等。减水率达10%~30%，增强效果好，环保性能好，与各种水泥适应性好
20		无醛建筑黏结剂	性能参照《水溶性聚乙烯醇缩甲醛胶粘剂》（JC 438—91）要求，游离甲醛≤0.1g/kg，其他有害物质限量符合《室内装饰装修材料胶粘剂中有害物质限量》（GB 18583—2001）要求
21		建筑结构胶	粘钢、粘贴碳纤维片材，黏结锚固加固
22		混凝土脱模养护剂	由成膜乳液、保水剂、活性组分、润滑填料等组成，具备脱模和养护两大功能，突破了以往混凝土需要使用脱模剂和养护剂两种产品的做法，简化了施工操作程序，提高了施工效率，降低了施工成本。脱模吸附力＜600Pa，保水性好，混凝土强度优于洒水养护
23		聚合物水泥防水涂料	由高分子乳胶和无机粉料（含水泥成分）构成的双组分复合型防水涂料。与结构黏接牢固，便于施工
24		渗透结晶型防水材料及应用技术	具有裂缝自我修复能力，透气性好，耐化学腐蚀性和抗外界老化性强，可以阻止水分在混凝土内部转移，使用、操作简便
25		自粘防水卷材	Ⅰ型：拉力N/5cm≥180，延长率（%）≥500，不透水性0.3MPa/120min；Ⅱ型：拉力N/5cm，横向＞350，纵向＞350；延伸率30%，不透水性0.3MPa/120min
26		紫铜管件、黄铜管件应用技术	紫铜管件柔韧性好，易弯曲、易加工、易焊接和易改变形状，能满足工程安装中管口布线和互相连接的要求；黄铜刚性较强，可满足工程中与各种丝加工器的连接
27		球墨铸铁管材与管件	采用消失模和树脂砂等工艺生产，具有较强的韧性和抗高压、抗氧化、抗腐蚀等优良性能，最大口径可达2600mm
28	施工技术	直螺纹钢筋连接技术	直螺纹钢筋接头，钢筋机械连接强度高，质量稳定、施工方便、速度快、省钢材、无污染、无明火等优点
29		钢筋焊接网应用技术	工厂生产，尺寸精确，整体性好，确保混凝土保护层厚度和钢筋位置的正确，可显著提高钢筋工程质量，生产效率高。材料可用冷轧带肋钢筋或热轧带肋钢筋，设计强度值360MPa
30		HRB400级钢筋应用技术	采用微合金技术生产的HRB400级钢筋，抗拉强度570MPa，屈服强度400MPa，强度设计值360MPa，伸长率（$\delta5$）≥14%，强度高，延性好
31		冷轧带肋钢筋	冷轧带肋钢筋是由热轧盘条经冷轧后，周边具有三面斜肋的钢筋，提高了强度又保持足够的塑性，它与混凝土的黏结力约为光圆盘条的3倍，提高工程质量，施工方便，用于现浇板可节约钢材30%左右
32		清水混凝土施工技术	清水混凝土是一次成型以混凝土本身的自然质感为主，不做任何外装饰的混凝土材料。混凝土表面平整光滑，色泽均匀，无油迹、锈斑、粉化物，无流淌和冲刷痕迹。其混凝土的质量达到不需持灰不需刮腻子，可直接刷涂料
33		灌注桩后压浆成套技术	经过后压浆处理，在优化工艺参数的条件下，对于细粒土持力层，单桩的承载力可以提高40%~60%，对于粗粒土持力层可提高70%~120%，可降低灌注桩桩基造价
34		建筑用钢筋加工、配送体系	替代传统的人工或半机械设备在施工现场加工的方式，具有降低加工成本、提高生产效率、提高质量、保证供货进度、减少钢筋浪费、降低能耗等特点
35		自动洗车台	由冲洗池、沉淀池、蓄水池、泵房、挡水墙及给水、供电系统组成，循环利用施工中抽取的地下水对现场车辆进行冲洗，节水、环保
36		施工项目管理软件集成系统	实现了设计、概预算与施工管理各系统间的数据共享。软件有标书制作、施工平面图设计及会址、项目管理等模块
37		企业和项目管理信息化技术	基于MIS、项目管理、数据库和网络技术基础，采用了工作流技术、协同工作技术、表单自动生成技术、信息动态发布技术、内容管理支撑技术、动态统计分析技术、图文表管一体技术，大大提高了工作效率和质量
38		建筑工程量计算、钢筋统计及概预算报表软件应用技术	利用设计软件建立的数据资源，快速统计工程量，并能自动套用全国各地定额，灵活方便地生成并输出各种报表，能较好地编制工程概预算报表，具有自动化程度高、编制周期短、精度高、查询方便、报表输出灵活等特点

（三）技术类、BIM 类奖项（表 5-6-10）

国家雪车雪橇中心项目所获技术类、BIM 类奖项

表 5-6-10

序号	奖 项 名 称	获奖等级	获奖年度
1	中冶集团科学技术奖特等奖	特等奖	2022
2	2021 年工程施工装备技术与管理创新优秀论文二等奖（2 项）	二等奖	2021
3	第三十三届上海市优秀发明选拔赛优秀发明金奖（2 项）	金奖	2021
4	第三十三届上海市优秀发明选拔赛优秀发明铜奖	铜奖	2021
5	第三十三届上海市优秀发明选拔赛优秀创新铜奖	铜奖	2021
6	中国质量协会质量技术奖（质量创新优秀项目）	优秀项目	2020
7	2020 年度中国测绘学会测绘科学技术奖二等奖	二等奖	2020
8	第三十二届上海市优秀发明选拔赛优秀发明铜奖	铜奖	2020
9	2019 年度上海市安装行业科技创新二等奖	二等奖	2019
10	"十三五"国家重点研发计划"绿色建筑及建筑工业化"重点专项示范工程	示范工程	2019
11	北京市建筑信息模型 (BIM) 应用示范工程	示范工程	2020
12	中建协建筑信息模型（BIM）服务认证评级等级达到"白金级"	白金级	2020
13	中国安装协会 2019 年全国安装行业 BIM "国内领先（Ⅰ类）"水平	Ⅰ类	2019
14	中国建筑业协会第四届建设工程 BIM 大赛活动二类成果	二类成果	2019
15	上海建筑施工行业第六届 BIM 技术应用大赛一等奖	一等奖	2019
16	中冶集团 2019 年度 BIM 技术应用大赛一等奖	一等奖	2019
17	第八届"龙图杯"全国 BIM 大赛一等奖	一等奖	2019
18	全国冶金建设行业 BIM 应用技能大赛一等奖	一等奖	2019
19	第十届"创新杯"建筑信息模型 (BIM) 应用大赛第二名	第二名	2019
20	2019 年度北京市工程建设 BIM 成果证书综合应用成果Ⅰ类	Ⅰ类	2019

（四）技术研发项目（表 5-6-11）

国家雪车雪橇中心所涉技术研发项目

表 5-6-11

序号	单 位	基金/计划名称	项目/课题编号	项目/课题名称	执行期限	目前状态
1	上海宝冶集团有限公司	科技部	2018YFF0300202-02	竞速型人工赛道混凝土材料设计及制备技术	2018.8—2021.6	已结题
2	上海宝冶集团有限公司	科技部	2018YFF0300202-03	竞速型人工赛道复杂曲面成型关键技术研究	2018.8—2021.6	已结题
3	上海宝冶集团有限公司	中冶重点	RD2017-89	雪车雪橇赛道喷射混凝土材料制备及施工技术的研究与应用	2017.4—2018.10	已结题

续上表

序号	单　位	基金/ 计划名称	项目/课题编号	项目/课题名称	执行期限	目前状态
4	上海宝冶集团有限公司	宝冶重点	RD2018-69	基于赛区气候及植被改良的岩石边坡植生基质生态防护技术	2018.2—2018.11	已结题
5	上海宝冶集团有限公司	宝冶重点	RD2019-45	竞速型赛道表面制冰修冰研发及应用技术	2019.1—2019.11	已结题
6	上海宝冶集团有限公司	宝冶重点	RD2019-43	复杂山区山体生态修复研发及应用技术	2019.2—2019.12	已结题
7	上海宝冶建筑装饰有限公司	宝冶重点	BYZS2019-01	雪车雪橇赛道遮阳棚施工技术研究与应用	2019.4—2020.10	已结题
8	上海宝冶集团有限公司	宝冶重点	RD2019-87	人工剖面赛道制冷系统在线修复施工关键技术研究及应用	2019.5—2020.12	已结题
9	上海宝冶集团有限公司	宝冶重点	RD2020-23	绿色冬奥光伏建筑一体化系统研发及应用技术	2020.1—2020.11	已结题
10	上海宝冶集团有限公司	宝冶一般	RD2018-74	化学类自融雪沥青路面材料研发及应用技术	2018.4—2019.12	已结题
11	上海宝冶集团有限公司	宝冶一般	RD2021-51	冬季奥运会雪车雪橇场馆运行相关技术及服务保障	2021.9—2022.3	研发中

（五）技术研发项目成果鉴定（表 5-6-12）

国家雪车雪橇中心所涉技术研发项目成果鉴定　　　　　　　　表 5-6-12

序号	成果名称	完成单位	鉴定单位	鉴定结论	鉴定时间
1	雪车雪橇赛道喷射混凝土施工技术研究与应用	上海宝冶集团有限公司	中国冶金科工集团有限公司	国际先进 （其中"早强抗冻融喷射材料及其制备技术"达到国际领先水平）	2019.10
2	雪车雪橇赛道悬臂双曲钢木组合结构建造技术	上海宝冶集团有限公司	中国冶金科工集团有限公司	国际先进 （其中"大跨度悬臂钢木组合结构梁建造技术"达到国际领先水平）	2020.11
3	新型精密工程测控技术及其在国家雪车雪橇场馆建设中的应用	上海宝冶集团有限公司	中国测绘学会	国际先进	2020.6
4	异型双曲面非线性雪车雪橇赛道氨制冷管道系统建造关键技术	上海宝冶集团有限公司	中国安装协会	国际先进	2020.12
5	基于赛区气候及植被改良的岩石边坡植生基质生态防护技术	上海宝冶集团有限公司	河北省科技成果转化服务中心	国内领先	2019.11

（六）获奖情况

国家雪车雪橇中心项共获得国家级 QC 小组活动成果 3 项、省部级成果 17 项，具体内容见表 5-6-13。

国家雪车雪橇中心项目获奖情况 表 5-6-13

序号	QC 成果名称	成果级别／获奖等级	年份	获 奖 单 位	协会／组织
1	提高雪车雪橇滑道夹具安装精度	Ⅰ类	2018	上海宝冶集团有限公司	北京市建筑业联合会
2	提高毫米级空间双曲面赛道成型质量及精度	Ⅰ类	2019	上海宝冶集团有限公司	北京市建筑业联合会
		优秀质量管理小组			河北省质量协会
3	提高竞速型双曲面赛道冰面成型质量及精度	国家级Ⅱ类	2020	上海宝冶集团有限公司	中国建筑业协会
		Ⅰ类			北京市建筑业联合会
		Ⅰ类			河北省质量协会
4	提高雪车雪橇赛道遮阳棚钢木组合梁安装施工精度	一等奖	2020	中冶（上海）钢结构科技有限公司	中国冶金建设协会
5	提高赛道防翻滚装置安装合格率	Ⅰ类	2020	上海宝冶集团有限公司	北京市建筑业联合会
		Ⅱ类			河北省质量协会
6	提高大跨度单边悬挑钢木组合梁验收合格率	Ⅱ类	2020	上海宝冶集团有限公司	北京市建筑业联合会
		Ⅱ类			河北省质量协会
7	提高氨制冷管道焊接质量合格率	一等奖		上海宝冶集团有限公司	中国冶金建设协会
		Ⅰ类	2021		北京市建筑业联合会
		Ⅱ类			河北省质量协会
		Ⅰ类	2020		上海市工程建设质量管理协会
8	提高装饰石笼墙安装合格率	Ⅱ类	2021	上海宝冶集团有限公司	北京市建筑业联合会
		Ⅱ类			河北省质量协会
		三等奖			上海宝冶北京分公司

（七）专利授权及申请受理情况

国家雪车雪橇中心项目已获授权、已受理专利 127 件，其中发明专利已获授权 19 件，进入实质审查阶段 36 件；实用新型专利已获授权 67 件。具体情况见表 5-6-14。

国家雪车雪橇中心项目专利汇总 　　　　　表 5-6-14

序号	专 利 名 称	类型	授权年度	专 利 权 人	专利编号／申请号	目前状态
1	赛道空间曲面混凝土平整度控制方法	发明专利	2019	上海宝冶冶金工程有限公司，上海宝冶集团有限公司	ZL 2018 1 0986597.X	已授权
2	赛道喷射结构及赛道喷射成型方法	发明专利	2018	上海宝冶建设工业炉工程技术有限公司	ZL 2018 1 0750559.4	已授权
3	赛道下檐口模板支设装置、支设及拆除方法	发明专利	2020	上海宝冶冶金工程有限公司	ZL 2018 1 0810908.7	已授权
4	雪车雪橇赛道的管道支架的安装及定位测量方法	发明专利	2020	上海宝冶集团有限公司	ZL 2018 1 0272698.0	已授权
5	雪车雪橇赛道模块化组装及吊装方法	发明专利	2019	上海宝冶集团有限公司	ZL 2018 1 0885202.7	已授权
6	雪车雪橇赛道防翻滚装置及方法	发明专利	2020	上海宝冶建筑装饰有限公司，上海宝冶集团有限公司	ZL 2019 1 0513937.1	已授权
7	一种赛道檐口模板及支设方法	发明专利	2020	上海宝冶集团有限公司	ZL 2018 1 1294843.1	已授权
8	摇摆柱、摇摆柱组件及雪车雪橇赛道施工方法	发明专利	2020	上海宝冶集团有限公司	ZL 2018 1 1449214.1	已授权
9	一种早强抗冻融喷射材料及其制备方法	发明专利	2018	上海宝冶工程技术有限公司	ZL 2018 1 0290799.0	已授权
10	雪车雪橇赛道用喷射材料及其制备方法	发明专利	2018	上海宝冶工程技术有限公司，上海宝冶集团有限公司	ZL 2018 1 0863177.3	已授权
11	赛道上檐口模板支设装置、支设及拆除方法	发明专利	2021	上海宝冶冶金工程有限公司	ZL 2018 1 0810958.5	已授权
12	赛道喷射机料管清洗球的保护装置	发明专利	2022	上海宝冶冶金工程有限公司，上海宝冶集团有限公司	ZL 2018 1 1056435.2	已授权
13	用于雪车雪橇赛道模块化施工的吊具	发明专利	2019	上海宝冶集团有限公司	ZL 2018 1 0885202.7	已授权
14	带有安全挡板和排水装置的竞速赛道	发明专利	2021	上海宝冶集团有限公司	ZL 2020 1 0464422.X	已授权
15	一种赛道框架系统监测方法	发明专利	2021	上海宝冶建筑工程有限公司，上海宝冶集团有限公司	ZL 2019 1 0257652.6	已授权
16	一种复杂空间双曲面赛道线型控制网建立方法	发明专利	2021	上海宝冶建筑工程有限公司，上海宝冶集团有限公司	ZL 2019 1 0405927.6	已授权
17	用于雪橇竞赛项目的制冷管道的安装方法	发明专利	2021	上海宝冶工业工程公司	CN201810134889.0	已授权
18	雪车雪橇赛道360°回旋弯的施工方法	发明专利	2021	上海宝冶集团有限公司	CN202010894517.5	已授权
19	一种双曲面赛道混凝土面的平整度检测及控制方法	发明专利	2021	上海宝冶建筑工程有限公司，上海宝冶集团有限公司	CN201911118734.9	已授权
20	曲面弧度找弧及收光工具	发明专利	2019	上海宝冶冶金工程有限公司	CN201810979200.4	实质审查
21	支撑架及防护棚	发明专利	2019	上海宝冶冶金工程有限公司	CN201811498872.X	实质审查

序号	专 利 名 称	类型	授权年度	专 利 权 人	专利编号／申请号	目前状态
22	赛道专用免拆网片的安装方法	发明专利	2018	上海宝冶冶金工程有限公司	CN201810833510.5	实质审查
23	赛道混凝土的施工方法	发明专利	2019	上海宝冶冶金工程有限公司	CN201910671716.7	实质审查
24	赛道混凝土表面粗糙度的处理方法	发明专利	2019	上海宝冶冶金工程有限公司	CN201910671263.8	实质审查
25	赛道檐口顶部埋件平整度控制装置及方法	发明专利	2019	上海宝冶冶金工程有限公司	CN201910784107.2	实质审查
26	赛道喷射工艺	发明专利	2019	上海宝冶冶金工程有限公司	CN201911127442.1	实质审查
27	雪车雪橇赛道拉毛工艺	发明专利	2019	上海宝冶冶金工程有限公司	CN201911126830.8	实质审查
28	雪车雪橇赛道的 BIM 参数化建模方法	发明专利	2018	上海宝冶工业工程公司	CN201811154908.2	实质审查
29	雪车雪橇赛道氨制冷管道的长距离吹扫方法	发明专利	2019	上海宝冶工业工程公司	CN201910819766.5	实质审查
30	一种空间曲面制冷管道内部洁净方法	发明专利	2019	上海宝冶工业工程公司	CN201911151333.3	实质审查
31	制冷管道参数化建模图纸快捷生成方法	发明专利	2019	上海宝冶工业工程公司	CN201911052284.8	实质审查
32	低温工况制冷管道发泡保温方法	发明专利	2019	上海宝冶工业工程公司	CN201911151335.2	实质审查
33	一种制冷管道系统充氨试验方法	发明专利	2019	上海宝冶工业工程公司	CN201911156980.3	实质审查
34	基于 BIM 的山地建筑机电管线施工方法	发明专利	2019	上海宝冶工业工程公司	CN201911159384.0	实质审查
35	BIM 建模在异形曲面结构形体设计建造中的使用方法	发明专利	2019	上海宝冶工业工程公司	CN201911055206.3	实质审查
36	参数化建模在异形结构构件安装中的应用方法	发明专利	2019	上海宝冶工业工程公司	CN201911053756.1	实质审查
37	参数化建模在异形结构构件设计中的应用方法	发明专利	2019	上海宝冶工业工程公司	CN201911053716.7	实质审查
38	雪车雪橇赛道制冷集管的在线焊接方法	发明专利	2020	上海宝冶工业工程公司	CN202010613445.2	实质审查
39	雪车雪橇赛道氨制冷管道的滑移运输方法	发明专利	2020	上海宝冶工业工程公司	CN202010615724.2	实质审查
40	雪车雪橇赛道用的制冷系统长距离管道的整体试压方法	发明专利	2020	上海宝冶工业工程公司	CN202011407005.8	实质审查
41	胶合木及遮阳棚的施工方法	发明专利	2019	上海宝冶建筑装饰有限公司，上海宝冶集团有限公司	CN201910476393.6	实质审查
42	石笼装饰墙的施工方法	发明专利	2019	上海宝冶建筑装饰有限公司，上海宝冶集团有限公司	CN201910698263.7	实质审查

序号	专 利 名 称	类型	授权年度	专 利 权 人	专利编号／申请号	目前状态
43	雪车雪橇赛道双曲屋面体系及施工方法	发明专利	2019	上海宝冶建筑装饰有限公司，上海宝冶集团有限公司	CN201911006556.0	实质审查
44	型钢龙骨保温外墙的施工方法	发明专利	2020	上海宝冶建筑装饰有限公司，上海宝冶集团有限公司	CN202010419132.3	实质审查
45	一种半透明石笼幕墙	发明专利	2020	上海宝冶建筑装饰有限公司，上海宝冶集团有限公司	CN202010572064.4	实质审查
46	赛道遮阳装置及系统	发明专利	2020	上海宝冶建筑装饰有限公司，上海宝冶集团有限公司	CN202011362560.3	实质审查
47	一种钢木组合结构及施工方法	发明专利	2021	上海宝冶建筑装饰有限公司，上海宝冶集团有限公司	CN202111172158.3	实质审查
48	一种施工场地土方量计算方法及装置	发明专利	2019	上海宝冶集团有限公司	CN201910832834.1	实质审查
49	赛道外墙三角支架操作平台装置	发明专利	2019	上海宝冶集团有限公司	CN201911173603.0	实质审查
50	用于竞速型冰面赛道曲面的修整工具	发明专利	2019	上海宝冶集团有限公司	CN201911197549.3	实质审查
51	一种雪车雪橇曲面赛道制冰修冰的建造方法	发明专利	2020	上海宝冶集团有限公司	CN202010464352.8	实质审查
52	用于竞速型冰面赛道低矮垂直侧墙的刮冰器及其使用方法	发明专利	2020	上海宝冶集团有限公司	CN202010463516.5	实质审查
53	一种雪车运输装置及冰刃运输保护座	发明专利	2021	上海宝冶集团有限公司	CN202110458819.2	实质审查
54	一种支架安装精度的检测方法及系统	发明专利	2018	上海宝冶建筑工程有限公司，上海宝冶集团有限公司	CN201810523563.7	实质审查
55	一种赛道断面精度在线检测方法	发明专利	2019	上海宝冶建筑工程有限公司，上海宝冶集团有限公司	CN201910257654.5	实质审查
56	一种用于竞速型冰面赛道保护装置	发明专利	—	上海宝冶集团有限公司	—	已提交
57	一种用于竞速型冰面赛道赛车刀刃存放保护的工具	发明专利	—	上海宝冶集团有限公司	—	已提交
58	一种竞速型赛道冰面助跑装置	发明专利	—	上海宝冶集团有限公司	—	已提交
59	钢筋扳手	实用新型	2020	上海宝冶冶金工程有限公司	CN201921203108.5	已授权
60	调直钢筋收集装置	实用新型	2020	上海宝冶冶金工程有限公司	CN201921267900.7	已授权
61	钢筋折弯扳手	实用新型	2020	上海宝冶冶金工程有限公司	CN201921203684.X	已授权
62	一种可调节弧度测量工具	实用新型	2020	上海宝冶冶金工程有限公司	CN201921368085.3	已授权
63	一种钢筋弯弧装置	实用新型	2020	上海宝冶冶金工程有限公司	CN201921368157.4	已授权

续上表

序号	专 利 名 称	类型	授权年度	专 利 权 人	专利编号 / 申请号	目前状态
64	预埋哈芬槽表面清理装置	实用新型	2020	上海宝冶冶金工程有限公司	CN201921352651.1	已授权
65	便携式电热切割器	实用新型	2020	上海宝冶冶金工程有限公司	CN201921953659.3	已授权
66	空间曲面内混凝土喷射及加工操作平台及操作架	实用新型	2020	上海宝冶冶金工程有限公司	CN201921705766.4	已授权
67	雪车雪橇赛道粗找平专用工具	实用新型	2020	上海宝冶冶金工程有限公司	CN201921380119.0	已授权
68	雪车雪橇赛道混凝土面找平工具	实用新型	2020	上海宝冶冶金工程有限公司	CN201921971041.X	已授权
69	雪车雪橇赛道修冰刀	实用新型	2020	上海宝冶冶金工程有限公司	CN201921705750.3	已授权
70	雪车雪橇赛道专用倒角工具	实用新型	2020	上海宝冶冶金工程有限公司	CN201921350054.5	已授权
71	一种空间曲面内施工简易操作平台	实用新型	2020	上海宝冶冶金工程有限公司	CN201921963039.8	已授权
72	雪车雪橇赛道檐口用哈芬槽定位结构	实用新型	2020	上海宝冶冶金工程有限公司	CN201921380127.5	已授权
73	栏杆模具	实用新型	2020	上海宝冶冶金工程有限公司	CN201921361687.6	已授权
74	双曲面赛道	实用新型	2021	上海宝冶冶金工程有限公司	CN202022222368.6	已授权
75	雪车雪橇赛道檐口用哈芬槽固定结构	实用新型	2020	上海宝冶冶金工程有限公司	CN201921380145.3	已授权
76	一种用于异形预制混凝土模块倒运、安装的吊装支架	实用新型	2021	中冶（上海）钢结构科技有限公司	CN201922109064.6	已授权
77	用于钢结构V形柱双销轴滑动节点的滑板支座连接节点	实用新型	2021	中冶（上海）钢结构科技有限公司	CN201922109063.1	已授权
78	制冷管道支架用的临时支撑调节装置	实用新型	2018	上海宝冶工业工程公司	CN201820231901.5	已授权
79	一体式雪车雪橇赛道制冷管道专用支架	实用新型	2018	上海宝冶工业工程公司	CN201820438909.9	已授权
80	分体式雪车雪橇赛道制冷管道专用支架	实用新型	2018	上海宝冶工业工程公司	CN201820438908.4	已授权
81	长度可调节的临时刚性连接件	实用新型	2018	上海宝冶工业工程公司	CN201820458831.7	已授权
82	雪车雪橇制冷管道用支架	实用新型	2019	上海宝冶工业工程公司	CN201821206583.3	已授权
83	可调节连接件	实用新型	2019	上海宝冶工业工程公司	CN201821206582.9	已授权
84	氨制冷管道长距离吹扫工装	实用新型	2020	上海宝冶工业工程公司	CN201921859476.5	已授权

序号	专 利 名 称	类型	授权年度	专 利 权 人	专利编号／申请号	目前状态
85	管道焊接保护性气体充填的临时封闭装置	实用新型	2020	上海宝冶工业工程公司	CN201922025094.9	已授权
86	钢木结合结构的可转换连接装置	实用新型	2020	上海宝冶工业工程公司	CN201922036082.6	已授权
87	建筑垃圾垂直运输装置	实用新型	2020	上海宝冶建筑装饰有限公司，上海宝冶集团有限公司	CN201920823997.9	已授权
88	雪车雪橇赛道封闭装置	实用新型	2020	上海宝冶建筑装饰有限公司，上海宝冶集团有限公司	CN201920938519.2	已授权
89	坡屋面安全拉环固定装置及系统	实用新型	2020	上海宝冶建筑装饰有限公司，上海宝冶集团有限公司	CN201921191220.1	已授权
90	一种型钢龙骨外墙	实用新型	2020	上海宝冶建筑装饰有限公司，上海宝冶集团有限公司	CN201921270371.6	已授权
91	遮阳帘卷轴与钢梁连接结构	实用新型	2020	上海宝冶建筑装饰有限公司，上海宝冶集团有限公司	CN201921453282.5	已授权
92	雪车雪橇赛道Ｖ形柱遮阳背板	实用新型	2021	上海宝冶建筑装饰有限公司，上海宝冶集团有限公司	CN201921781206.7	已授权
93	雪车雪橇赛道启动手柄装置	实用新型	2020	上海宝冶建筑装饰有限公司，上海宝冶集团有限公司	CN201921776231.6	已授权
94	雪车雪橇赛道防撞板系统	实用新型	2020	上海宝冶建筑装饰有限公司，上海宝冶集团有限公司	CN201921786652.7	已授权
95	一种悬挑钢木梁连接结构	实用新型	2020	上海宝冶建筑装饰有限公司，上海宝冶集团有限公司	CN201921787253.2	已授权
96	木瓦饰面天窗	实用新型	2021	上海宝冶建筑装饰有限公司，上海宝冶集团有限公司	CN202020826774.0	已授权
97	雪车雪橇赛道木瓦坡屋面屋脊结构	实用新型	2021	上海宝冶建筑装饰有限公司，上海宝冶集团有限公司	CN202020946878.5	已授权
98	雪车雪橇赛道遮阳棚屋面伸缩缝结构	实用新型	2021	上海宝冶建筑装饰有限公司，上海宝冶集团有限公司	CN202020959621.3	已授权
99	雪车雪橇赛道遮阳背板伸缩缝结构	实用新型	2021	上海宝冶建筑装饰有限公司，上海宝冶集团有限公司	CN202021213934.0	已授权
100	钉钉工具	实用新型	2019	上海宝冶集团有限公司	CN201920344103.8	已授权
101	一种混凝土吹扫设备	实用新型	2019	上海宝冶集团有限公司	CN201821345718.4	已授权
102	一种山区施工材料运输系统	实用新型	2019	上海宝冶集团有限公司	CN201821521935.4	已授权
103	一种用于山区的施工材料运输装置	实用新型	2019	上海宝冶集团有限公司	CN201821522473.8	已授权
104	一种喷射混凝土试块制作模具	实用新型	2019	上海宝冶集团有限公司	CN201821675035.5	已授权
105	一种赛道背部免拆模板	实用新型	2019	上海宝冶集团有限公司	CN201821736581.5	已授权

序号	专 利 名 称	类型	授权年度	专 利 权 人	专利编号／申请号	目前状态
106	一种赛道用摇摆柱锚固装置	实用新型	2019	上海宝冶集团有限公司	CN201920340612.3	已授权
107	一种电线挂钩	实用新型	2020	上海宝冶集团有限公司	CN201921022035.X	已授权
108	一种孔桩施工的防护装置	实用新型	2020	上海宝冶集团有限公司	CN201921196992.4	已授权
109	一种运送工具	实用新型	2020	上海宝冶集团有限公司	CN201921372636.3	已授权
110	一种垂直度测量装置	实用新型	2020	上海宝冶集团有限公司	CN201921453817.9	已授权
111	一种箍筋弯钩工具	实用新型	2020	上海宝冶集团有限公司	CN201921595555.X	已授权
112	一种混凝土地泵管路支撑装置	实用新型	2020	上海宝冶集团有限公司	CN201921900821.5	已授权
113	盘螺钢筋调直切断后的简易收集传送装置	实用新型	2020	上海宝冶集团有限公司	CN201922099091.X	已授权
114	钢筋笼运输车	实用新型	2019	上海宝冶集团有限公司	CN201920409647.8	已授权
115	一种勾提钢筋网的工具	实用新型	2020	上海宝冶集团有限公司	CN201922003939.4	已授权
116	用于模板固定的可调节卡具	实用新型	2020	上海宝冶集团有限公司	CN201922099502.5	已授权
117	一种用于钢木组合梁吊装的临时夹具	实用新型	2021	上海宝冶集团有限公司	CN202020447727.5	已授权
118	用于钢筋的快捷运输工具	实用新型	2021	上海宝冶集团有限公司	CN202020689707.9	已授权
119	雪车雪橇赛道起点冰面的开槽器	实用新型	2021	上海宝冶集团有限公司	CN202020445755.3	已授权
120	用于雪车雪橇赛道起点冰槽的单人修槽及维护工具	实用新型	2021	上海宝冶集团有限公司	CN202020691520.2	已授权
121	一种用于雪车雪橇赛道冰面的刮冰器	实用新型	2021	上海宝冶集团有限公司	CN202021243870.9	已授权
122	用于竞速型冰面直线段赛道清雪、清冰工具	实用新型	2021	上海宝冶集团有限公司	CN202020689706.4	已授权
123	一种用于竞速型冰面赛道赛车的存放工具	实用新型	2021	上海宝冶集团有限公司	CN202021240926.5	已授权
124	强制归心装置及强制归心组件	实用新型	2020	上海宝冶建筑工程有限公司，上海宝冶集团有限公司	CN201921135378.7	已授权
125	一种新型绿色环保吨装袋	实用新型	2019	上海宝冶工程技术有限公司、上海宝冶集团有限公司	CN201821221291.7	已授权
126	一种用于竞速型冰面赛道遮阳帘开关工具	实用新型		上海宝冶集团有限公司		已提交
127	一种辅助钢筋加工传送的简易装置	实用新型		上海宝冶集团有限公司		已提交

（八）形成标准

国家雪车雪橇中心项目已形成行业标准 1 部、企业标准 8 部，见表 5-6-15。

国家雪车雪橇中心项目形成标准　　　　　　　　　　表 5-6-15

序号	标准名称	类别	组织单位	主编／参编	编号	颁布日期
1	喷射结构混凝土应用技术规范	行业标准	上海宝冶集团有限公司	主编	—	暂未颁布
2	雪车雪橇赛道工程测量技术规程	企业标准	上海宝冶集团有限公司	主编	QBSBC 114—2018	2018.10.31
3	雪车雪橇赛道制冷管道系统施工技术标准	企业标准	上海宝冶集团有限公司	主编	QBSBC 115—2018	2018.10.31
4	雪车雪橇赛道结构喷射混凝土施工技术标准	企业标准	上海宝冶集团有限公司	主编	QBSBC 116—2018	2018.10.31
5	雪车雪橇赛道工程施工质量验收标准	企业标准	上海宝冶集团有限公司	主编	QBSBC 117—2018	2018.10.31
6	雪车雪橇赛道喷射混凝土	企业标准	上海宝冶集团有限公司	主编	QBSBC 121—2018	2018.10.31
7	国家雪车雪橇中心赛道施工验收标准	企业标准	北京北控京奥建设有限公司	主编	QB-BEJOC-004—2019	2019.6
8	国家雪车雪橇中心氨制冷系统施工及验收标准	企业标准	北京北控京奥建设有限公司	主编	QB-BEJOC-006—2019	2019.6
9	建筑装饰用石笼墙工程技术规程	企业标准	上海宝冶集团有限公司	主编	QBSBC 159—2021	2021.5.31

（九）形成工法

国家雪车雪橇中心项目已形成省部级工法 1 部、企业级工法 10 部，见表 5-6-16。

国家雪车雪橇中心项目形成工法　　　　　　　　　　表 5-6-16

序号	工法名称	工法等级	获颁年度	完成单位	颁布单位
1	雪车雪橇赛道喷射混凝土施工工法	行业部级	2020	上海宝冶集团有限公司，上海宝冶冶金工程有限公司	中国冶金建设协会
2	雪车雪橇赛道喷射混凝土施工工法	企业工法	2019	上海宝冶集团有限公司，上海宝冶冶金工程有限公司	上海宝冶集团有限公司
3	钢制氨制冷管道夹具成型及安装技术施工工法	企业工法	2020	上海宝冶集团有限公司	上海宝冶集团有限公司
4	雪车雪橇氨制冷管道加工、安装技术施工工法	企业工法	2020	上海宝冶集团有限公司	上海宝冶集团有限公司
5	雪车雪橇赛道钢木组合结构体系施工工法	企业工法	2020	上海宝冶建筑装饰有限公司	上海宝冶集团有限公司

序号	工法名称	工法等级	获颁年度	完成单位	颁布单位
6	雪车雪橇赛道防翻滚装置工法	企业工法	2020	上海宝冶建筑装饰有限公司	上海宝冶集团有限公司
7	装饰石笼墙施工工法	企业工法	2020	上海宝冶集团有限公司	上海宝冶集团有限公司
8	曲面赛道制冰修冰技术施工工法	企业工法	2020	上海宝冶集团有限公司	上海宝冶集团有限公司
9	浆砌片石拱形骨架护坡混凝土肋施工工法	企业工法	2020	上海宝冶集团有限公司	上海宝冶集团有限公司
10	国家雪车雪橇中心赛道360°回旋弯施工工法	企业工法	2020	上海宝冶集团有限公司	上海宝冶集团有限公司
11	冬奥山地复杂环境大悬挑钢木组合梁安装施工工法	企业规范	2021	中冶（上海）钢结构科技有限公司	中冶（上海）钢结构科技有限公司

（十）技术总结

国家雪车雪橇中心项目已形成技术总结 43 篇，其中 17 篇公开发表，2 篇获评中国施工企业管理协会"2021 年工程施工装备技术与管理创新优秀论文"，4 篇发表至核心期刊。详情见表 5-6-17。

国家雪车雪橇中心项目已形成技术总结　　　　　　　　　　表 5-6-17

序号	技术论文、总结名称	刊物
1	结合三维激光与建筑信息模型的精密测量应用	测绘科学
2	某特异构型体育设施首级 GPS 控制网的建立与复测研究	测绘科学
3	三维激光扫描技术在特异性建筑施工检测中的应用	大地测量与地球动力学
4	多面函数参数自适应选取方法在 GPS 高程拟合中的应用	测绘科学
5	雪车雪橇赛道支撑摇摆柱施工技术	工程技术
6	雪车雪橇赛道主体喷射混凝土施工技术	城镇建设
7	曲轨矿车在高边坡防护工程材料运输中的应用	建筑工程技术与设计
8	雪车雪橇赛道喷射混凝土冬季施工相关技术要点措施	科学与技术
9	赛道异型结构聚氨酯保温系统的施工	新材料、新装饰
10	雪车雪橇赛道制冰修冰技术	中华建设
11	论建筑施工中的混凝土浇筑技术	建筑实践
12	复杂地形下赛道喷射用气候防护棚的设计及应用研究	工程技术
13	长线型空间扭曲赛道结构喷射混凝土施工特点研究	工程建设与设计

序号	技术论文、总结名称	刊 物
14	论利用参数化三维技术精确控制双曲面异型结构	看世界
15	BIM 技术在异形钢筋工程中的应用	建筑工程技术与设计
16	长线型空间扭曲赛道结构异型模板设计及应用研究	工程技术
17	国家雪车雪橇中心项目中的 BIM 技术应用	2019 第八届"龙图杯"全国 BIM 大赛论文集
18	复杂山区表土剥离冬季施工技术	上海宝冶集团有限公司内部技术总结
19	高精度自然弧度测量放线技术	上海宝冶集团有限公司内部技术总结
20	浆砌片石拱形骨架护坡植生基质生态防护技术	上海宝冶集团有限公司内部技术总结
21	浅谈柔性防护网在高边坡防护中的应用	上海宝冶集团有限公司内部技术总结
22	山区复杂地质人工挖孔桩施工技术	上海宝冶集团有限公司内部技术总结
23	浅谈石笼墙施工相关技术及质量控制	上海宝冶集团有限公司内部技术总结
24	房屋建筑基础工程施工技术要点分析	上海宝冶集团有限公司内部技术总结
25	国家雪车雪橇中心赛道施工测量技术	上海宝冶集团有限公司内部技术总结
26	国家雪车雪橇中心项目 360°回旋弯施工技术	上海宝冶集团有限公司内部技术总结
27	雪车雪橇赛道防翻滚施工技术	上海宝冶集团有限公司内部技术总结
28	基于 BIM 技术的空间双曲面赛道毫米级精度控制方法研究	上海宝冶集团有限公司内部技术总结
29	赛道结构混凝土喷射技术研究	上海宝冶集团有限公司内部技术总结
30	雪车雪橇赛道空间曲面成型技术研究及应用	上海宝冶集团有限公司内部技术总结
31	赛道喷射混凝土质量控制措施	上海宝冶集团有限公司内部技术总结
32	雪车雪橇赛道喷射混凝土设计及制备技术	上海宝冶集团有限公司内部技术总结
33	BIM 技术在雪车雪橇赛道遮阳棚施工上的应用	上海宝冶集团有限公司内部技术总结
34	国家雪车雪橇赛道遮阳棚防水保温施工技术的应用	上海宝冶集团有限公司内部技术总结
35	卷轴式活动遮阳帘在遮阳棚上的运用	上海宝冶集团有限公司内部技术总结
36	浅谈单边大悬挑钢木组合结构梁安装施工工艺	上海宝冶集团有限公司内部技术总结
37	浅谈石笼墙施工工艺	上海宝冶集团有限公司内部技术总结
38	浅析建筑工程项目安全文明标准化管理	上海宝冶集团有限公司内部技术总结
39	浅析建筑工程项目成本管理	上海宝冶集团有限公司内部技术总结
40	赛道双曲铝板吊顶及铝板遮阳背板施工技术应用	上海宝冶集团有限公司内部技术总结
41	雪车雪橇赛道防翻滚装置施工技术应用与研究	上海宝冶集团有限公司内部技术总结
42	雪车雪橇赛道遮阳棚双曲木瓦坡屋面施工技术	上海宝冶集团有限公司内部技术总结
43	国家雪车雪橇中心赛道遮阳棚钢木组合梁安装施工技术	上海宝冶集团有限公司内部技术总结

三、延庆冬奥村及山地新闻中心项目新技术汇总

延庆冬奥村及山地新闻中心项目一标段在施工过程中应用多项新技术与绿色施工技术，最大程度地减少资源浪费，降低对周边自然环境的破坏，采用多种技术措施保障生态环境，效果显著，赢得各方单位一致好评，产生较好的环境效益。

各级工程管理人员积极落实示范工程工作，创新管理方式，在科技创新和质量管理方面取得了丰硕的成果。

（一）住建部新技术应用

该工程按照住建部颁布的《建筑业 10 项新技术（2017 版）》要求，共推广应用了 10 个大项、41 个子项，见表 5-6-18。

延庆冬奥村及山地新闻中心项目一标段住建部新技术应用情况　　　　表 5-6-18

序号	大　　项	新技术子项名称	应用部位
1	地基基础和地下空间工程技术	混凝土桩复合地基技术	冬奥村桩基础
2	钢筋与混凝土技术	预应力技术	新闻中心预应力梁、板
3		混凝土裂缝控制技术	基础、楼板
4		高强钢筋应用技术	基础、主体结构
5		高强钢筋直螺纹连接技术	基础、梁、柱
6		建筑用成型钢筋制品加工与配送技术	钢筋桁架楼承板
7	模板脚手架技术	销键型脚手架及支撑架	山地新闻中心顶板支撑
8		组合式带肋塑料模板技术	山地新闻中心柱模板
9		清水混凝土模板技术	山地新闻中心
10	装配式混凝土结构技术	预制混凝土外墙挂板技术	现场清水混凝土挂板幕墙
11	机电安装工程技术	基于 BIM 的管线综合技术	机电工程
12		金属风管预制安装施工技术	机电工程
13		机电消声减振综合施工技术	机电工程
14		工业化成品支吊架技术	机电工程
15	绿色施工技术	建筑垃圾减量化与资源化利用技术	施工现场
16		施工现场太阳能、空气能利用技术	施工现场
17		施工扬尘控制技术	施工现场
18		封闭降水及水收集综合利用技术	施工现场
19		施工噪声控制技术	施工现场
20		绿色施工在线监测评价技术	施工现场
21		建筑物墙体免抹灰技术	施工现场
22		混凝土楼地面一次成型技术	施工现场
23		工具式定型化临时设施技术	施工现场
24	防水技术与围护结构节能	高效外墙自保温技术	外墙
25		种植屋面防水施工技术	种植屋面

序号	大　项	新技术子项名称	应用部位
26	防水技术与围护结构节能	高性能门窗技术	门窗
27		一体化遮阳窗	外窗
28	抗震、加固与监测技术	深基坑施工监测技术	深基坑
29		大型复杂结构施工安全性监测技术	抗滑桩、钢结构
30	信息化技术	基于 BIM 的现场施工管理信息技术	施工管理
31		基于互联网的项目多方协同管理技术	施工管理
32		基于移动互联网的项目动态管理信息技术	施工管理
33		基于物联网的劳务管理信息技术	施工管理
34	钢结构技术	高性能钢材应用技术	钢结构
35		钢结构深化设计与物联网应用技术	钢结构框架、桁架
36		钢结构智能测量技术	钢结构桁架
37		钢结构虚拟预拼装技术	钢结构桁架
38		钢结构高效焊接技术	钢结构
39		钢结构防腐防火技术	钢结构框架、桁架
40		钢结构滑移、顶（提）升施工技术	新闻中心钢桁架
41		钢与混凝土组合结构应用技术	钢结构框架

（二）北京市建设领域百项重点推广项目

"北京市建设领域百项重点推广项目"中应用新施工技术 24 项，具体使用技术见表 5-6-19。

北京市相关推广技术应用情况　　　　　　　　　　　表 5-6-19

序号	技术名称	主要性能及特点
1	流量平衡技术	具有改善热水管网的水力工况、节约能源和降低运行成本的优点
2	变频户式中央空调系统	利用变频调速技术、计算机多变量控制技术，连续调节小型中央空调系统的制冷量精确控制温度，消除对电网冲击的目的。制冷变化范围为 1000~16000W，温度控制精度为 ±0.5℃
3	温控阀	该产品无挥发、无泄漏，频繁使用无磨损，可自动除垢、自动清洗，调节灵敏，控制准确
4	低温热水地板辐射供暖系统应用技术	节能，房间热舒适性好，可预设采暖温度，可分户调节室温，便于计量收费
5	中水回用系统	收集生活淋浴、盥洗等优质杂排水，经中水处理系统处理，可达到相应的中水水质标准，可用于冲厕、洗车、绿化、地面冲洗、水景观等
6	太阳能生活热水技术	利用太阳能集热板收集太阳能将水加热，可节约电能或燃气等能源。用户可单独设置，也可以小区规模集中配置
7	智能控制楼宇照明	集中控制，丰富了控制功能，比单独专业控制节约投资 50% 以上
8	变频给水技术	采用无水箱的供水方式给高层供水，解决细菌污染的问题和高层补压问题
9	照明节电器及节能型灯具	照明节电器具有高效节能、延长灯具使用寿命、运行安全可靠等显著特征。节电率在 35%~50% 之间，延长灯具使用寿命 3 倍以上，电压稳定误差精度不超过 1%。节能型灯具体积小，质量轻，便于安装更换。电子镇流器是普通电感镇流器重量的 1/10，功率因数高达 0.96，使电能利用率提高 3 倍以上

序号	技 术 名 称	主要性能及特点
10	石膏板、石膏砌块	自重轻、外形规整、表面光洁、可防水、隔热、隔声、防火、强度高、抗老化、易加工、装饰方便，对环境湿度有良好的调节作用
11	楼板隔震技术	在楼板中增加一层隔震、保温材料，降低震动及层间传热
12	户室新风系统	可以方便、合理地控制新风换气，改善室内空气品质
13	建筑塑料管道系统	卫生、节能、环保，安装方便，工效高，耐腐蚀，使用寿命长
14	干拌砂浆、预拌砂浆技术	节约资源，保护环境，提高建筑工程质量和施工现代化水平
15	混凝土高效减水剂	聚羧酸高效减水剂、改性聚氰胺系高效减水剂、R-3脂肪族系羟基高效减水剂等。减水率达10%~30%，增强效果好，环保效果好，与各种水泥适应性好
16	聚合物水泥基防水涂料	由高分子乳胶和无机粉料（含水泥成分）构成的双组分复合型防水涂料。与结构黏接牢固，便于施工
17	渗透结晶型防水材料及应用技术	具有裂缝自我修复能力，透气性好，耐化学腐蚀性和抗外界老化性强，可以阻止水分在混凝土内部转移，使用、操作简便
18	自粘防水卷材	I型：拉力 N/5cm ≥ 180，延长率（%）≥ 500，不透水性 0.3MPa/120min II型：拉力 N/5cm，横向 > 350，纵向 > 350；延伸率 30%，不透水性 0.3MPa/120min
19	球墨铸铁管材与管件	采用消失模和树脂砂等工艺生产，具有较强的韧性和抗高压、抗氧化、抗腐蚀等优良性能，最大口径可达 2600mm
20	直螺纹钢筋连接技术	直螺纹钢筋接头，钢筋机械连接强度高，质量稳定、施工方便、速度快、省钢材、无污染、无明火等优点
21	HRB400级钢筋应用技术	采用微合金技术生产的 HRB400 级钢筋，抗拉强度 570MPa，屈服强度 400MPa，强度设计值 360MPa，伸长率（δ5）≥ 14%强度高，延性好
22	清水混凝土施工技术	清水混凝土是一次成型以混凝土本身的自然质感为主，不做任何外装饰的混凝土材料。混凝土表面平整光滑，色泽均匀，无油迹、锈斑、粉化物，无流淌和冲刷痕迹。其混凝土的质量达到不需持灰不需刮腻子，可直接刷涂料
23	金属风管薄钢板法兰连接技术	生产效率高，降低消耗，成型美观，实现风管加工的全自动化
24	企业和项目管理信息化技术	基于 MIS、项目管理、数据库和网络技术基础，采用了工作流技术、协同工作技术、表单自动生成技术、信息动态发布技术、内容管理支撑技术、动态统计分析技术、图文表管一体技术，大大提高了工作效率和质量

（三）科技创新

科技专利和创新成果及获奖情况见表 5-6-20。

科技创新成果及奖项 　　　　　　　　　表 5-6-20

序号	成果类型	名　　　称	备　　注
1	专利	实用新型专利《一种固定式 GPS 基站》	专利号 ZL 2019 2 2470977.0
2		实用新型专利《一种抗滑桩护壁的模板结构》	专利号 ZL 2019 2 2480810.2
3		实用新型专利《一种测量多功能控制器》	专利号 ZL 2019 2 2471022.7
4		发明专利《一种散拼式清水混凝土圆弧墙体模板及其安装方法》	受理号 202011449587.6
5	科技创新	山地工程外露型桩墙支护体系施工工法	省部级
6		外露型桩墙支护体系在山地工程中的应用	省部级
7		《建筑工程石笼幕墙施工与验收标准》为企业标准	企业级

序号	成果类型	名　　称	备　注
8		2019 年度北京市工程建设 BIM 综合应用二类成果	北京市建筑业联合会
9		2020 年度北京市工程建设 BIM 综合应用一类成果	北京市建筑业联合会
10	BIM 类奖项	第九届"龙图杯"全国 BIM 大赛三等奖	中国图学学会
11		首届"共创杯"智能建造技术创新大赛一等奖	中国技术创业协会
12		第五届中国建设工程 BIM 大赛二类成果	中国建筑业协会
13		首届工程建设行业 BIM 大赛三等成果	中国施工企业管理协会
14		北京市结构长城杯金奖工程	省部级
15	质量奖	中国建筑工程钢结构金奖	国家级
16		《提高钢结构地脚锚栓的安装合格率》获北京市建筑业联合会二类成果	省部级
17		《提高清水混凝土弧形墙对拉螺栓一次安装合格率》获 2021 年北京市工程建设质量管理小组一类成果	省部级

02 | 第二节　技术创新、应用获奖证书及成果

一、科技创新方面成果及奖项

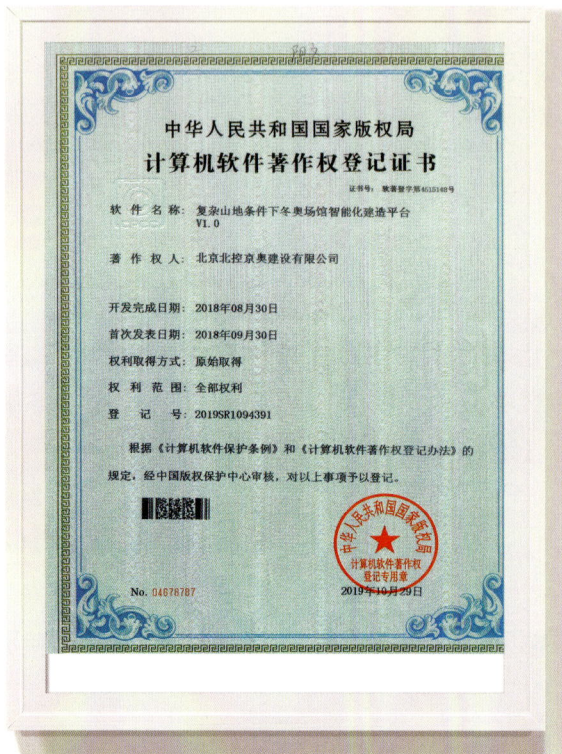

部分专利及计算机软件著作权证书（一）

发 明 专 利 证 书

实用新型专利证书

证 书 号 第3617908号

证 书 号 第7799060号

发 明 名 称：雪车雪橇赛道模块化组装及吊装方法

实用新型名称：一体式雪车雪橇赛道制冷管道专用支架

发 明 人：冯涛;刘冬青;李俊;段孟;任重远

发 明 人：李宇;宋茂祥;俞华

专 利 号：ZL 2018 1 0885202.7

专 利 号：ZL 2018 2 0438909.9

专利申请日：2018 年 08 月 06 日

专利申请日：2018 年 03 月 29 日

专 利 权 人：上海宝冶集团有限公司

专 利 权 人：上海宝冶集团有限公司

地　　址：200941 上海市宝山区托远路 2457 号

地　　址：201908 上海市宝山区抚远路 2457 号

授权公告日：2019 年 12 月 03 日　　授权公告号：CN 108894177 B

授权公告日：2018 年 09 月 04 日　　授权公告号：CN 207812229 U

局长
申长雨

局长
申长雨

2019 年 12 月 03 日

2018 年 09 月 04 日

第 1 页（共 2 页）

第 1 页（共 1 页）

其他事项参见背面

实用新型专利证书

实用新型专利证书

证 书 号 第11078327号

证 书 号 第11794509号

实用新型名称：钢木结合结构的可转换连接装置

实用新型名称：一种固定式 GPS 基站

发 明 人：黄浩;付红伟;杨琨;曾悦;陈志刚

发 明 人：南兴茂;贾启敬;范航;武文超;戚博晨

专 利 号：ZL 2019 2 2036082.6

专 利 号：ZL 2019 2 2470977.0

专利申请日：2019 年 11 月 22 日

专利申请日：2019 年 12 月 31 日

专 利 权 人：上海宝冶集团有限公司

专 利 权 人：北京住总集团有限责任公司

地　　址：200941 上海市宝山区托远路 2457 号

地　　址：100101 北京市朝阳区慧忠里 320 号

授权公告日：2020 年 07 月 28 日　　授权公告号：CN 211110609 U

授权公告日：2020 年 10 月 30 日　　授权公告号：CN 211818306 U

局长
申长雨

局长
申长雨

2020 年 07 月 28 日

2020 年 10 月 30 日

第 1 页（共 2 页）

第 1 页（共 2 页）

其他事项参见背面

其他事项参见续页

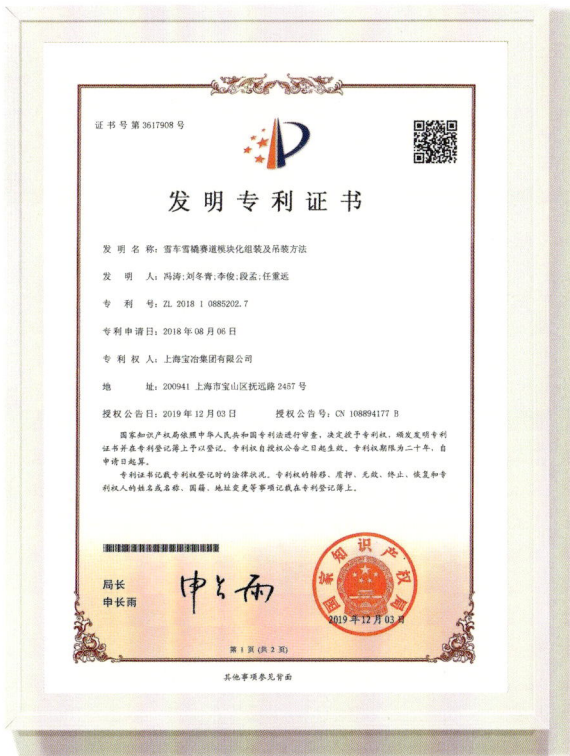

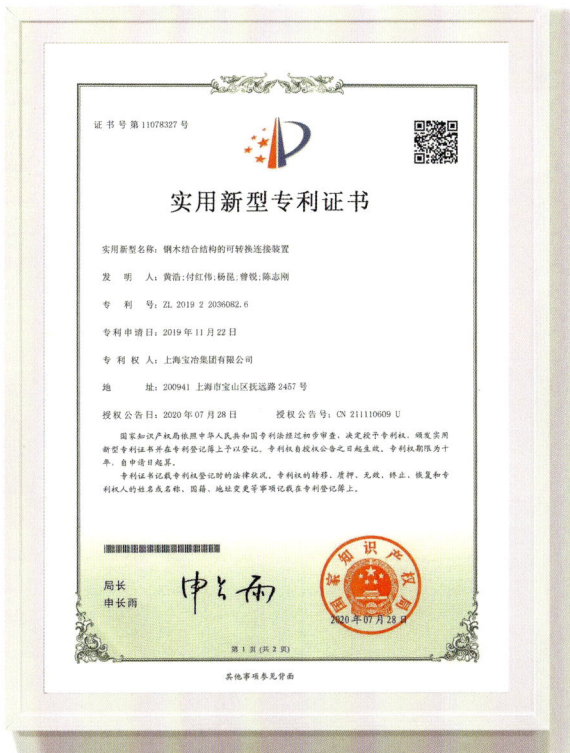

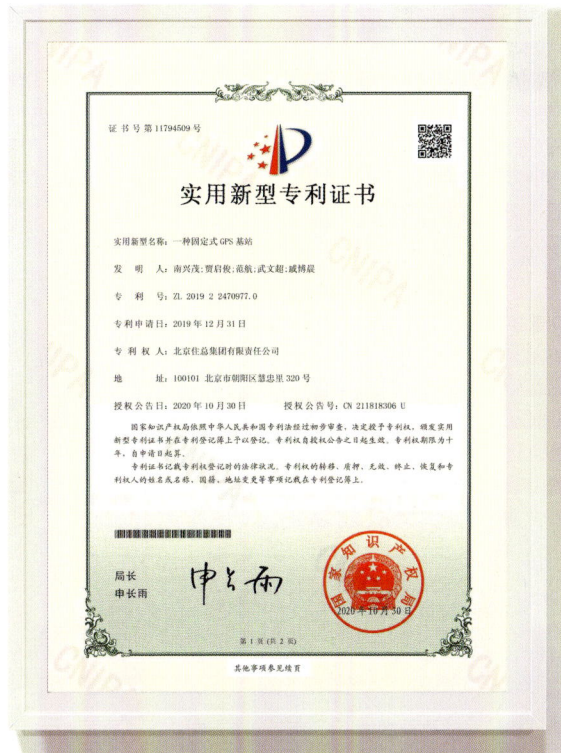

部分专利及计算机软件著作权证书（二）

部分工法

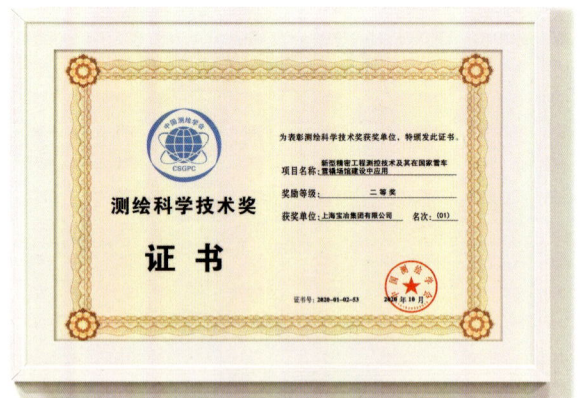

部分科技奖项及荣誉

部分 QC 成果

二、BIM 方面获得奖项

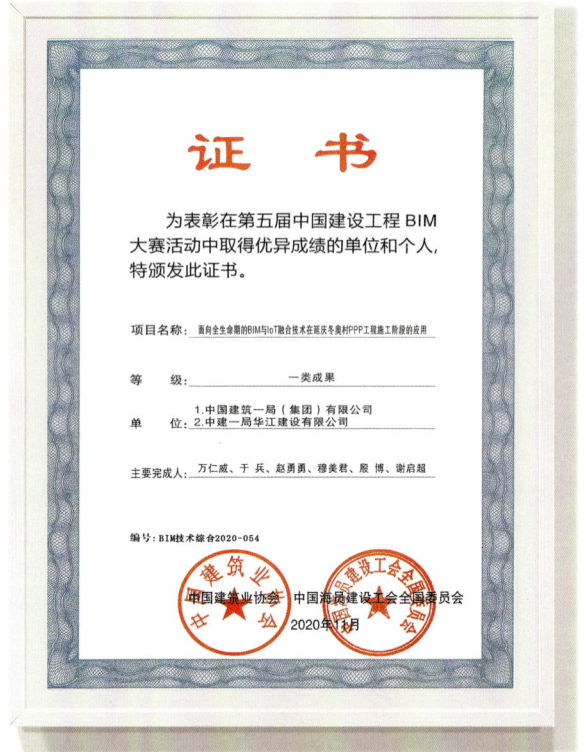

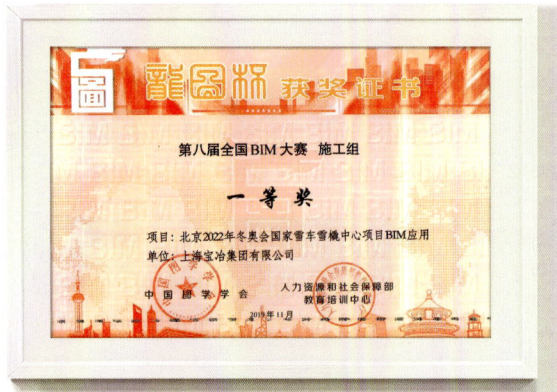

部分 BIM 领域成果及奖项（一）

部分 BIM 领域成果及奖项（二）

Ecological Restoration
生态修复篇

> 冬奥会延庆赛区生态修复总体规划设计

> 冬奥会延庆赛区生态修复工程实施

冬奥会延庆赛区

生态修复篇

Ecological Restoration

北京 2022 年冬奥会延庆赛区的建设，围绕"山林场馆、生态冬奥"理念展开。国家高山滑雪中心和国家雪车雪橇中心的建设，对我国而言尚属首次，此前并未有任何可依据的施工规范和可借鉴的施工经验；加之这两大竞赛场馆，延庆冬奥村、山地新闻中心两大非竞赛场馆，以及配套基础设施，均建设在小海陀南麓山谷地带，给生态环境的保护带来了诸多困难。为此，各建设、设计、施工单位迎难而上，围绕生态修复，进行全方位、多层面的探索。

工程建设之初，建设者们对现场所有施工面表层土壤进行剥离，用于后续生态修复工程；对原有树木进行原地或迁地保护，提高树木移植成活率；运用 BIM 技术进行三维设计，降低了土方开挖对山体的破坏；使赛区珍贵的表土和种子库资源得到保护，确保了土壤不因建设而流失，生态不因施工而改变。

建设过程中，建设者们充分考虑水资源的回收利用，实现了对场馆和基础设施污水的全收集、全处理，并利用中水处理系统进行污水二次利用；通过配套水利设施的建设，对佛峪口沟进行了深度治理，不仅完成了延庆赛区生态修复，还优化了环境；对施工中开挖出的石材进行简单加工后二次利用，制成各类建筑物的"石笼墙"，实现了与自然相融合的建筑设计效果。

本篇记述国家高山滑雪中心、国家雪车雪橇中心两大竞赛场馆，延庆冬奥村、山地新闻中心两大非竞赛场馆，以及大量配套基础设施的建设过程中，在生态修复、环境保护、水利建设等方面的技术应用、过程与成果总结。

冬奥会延庆赛区生态修复总体规划设计

01

01 | 第一节　相地

一、设计范围

北京 2022 年冬奥会延庆赛区位于北京西北部的延庆区内，西、北分别与河北省张家口市赤城县境内的大海陀国家级自然保护区相接，西南与河北省张家口市怀来县接壤，东与北京市玉渡山自然保护区毗邻，南与延庆区张山营镇相邻。延庆赛区是北京 2022 年冬奥会三大赛区之一，赛区核心区距延庆城区 25km，距北京市区 90km。规划核心区生态修复面积 214 万 m^2，包括国家高山滑雪中心、国家雪车雪橇中心、延庆冬奥村、山地新闻中心、观众集散广场及市政配套设施区等，见表 6-1-1。

生态修复项目面积表　　　　　　　　表 6-1-1

项　　目	生态修复面积
国家高山滑雪中心	105 万 m^2
国家雪车雪橇中心	12 万 m^2
冬奥村赛事服务配套设施	54 万 m^2
其他基础配套设施	43 万 m^2
合计	214 万 m^2

草甸边界

北京界内草甸施工范围（草甸移植范围）

J5山顶出发区

H索道

草甸边界

范围线
（北京界内）

J16 4号生活泵房及
PS300造雪泵房

J36 E索上站
J36 E索下站
J30高山储油罐点
J32 G索上站

J34 D索上站

国家高山滑雪中心
（NASC）

J13 3号生活泵房及PS200造雪泵房

J33 D索下站
J3 竞技结束区
J4 中间平台
J31 G索下站
J25 G索下站连接平台

范围线
（北京界内）

J26 1290m水池及直升机临时起降点

洪水淹没线
2号路

J27 CT400冷却塔

J17 高山加油设施平台
J2 集散广场及竞速结束区

范围线
（北京界内）

J6 A1、A2索道中站
J28 1050m塘坝

J21 1050m泵站及管理用房
110kV玉渡站用地
J20 900m泵站及管理用房
J12 综合管理监控中心

J18 LNG站房
2号路

范围线
（北京界内）

西大庄科大众雪场

J1国家雪车雪橇中心

J24 雪场配套用房

延庆冬奥村

J15 维修及设备用房

气象站用地

检查站用地
西大庄科配套设施用地
西大庄科村及民防局用地
7号路松闫路旧线

延庆山地新闻中心

1号、2号停车场

J10 人车同检广场一

赛区连接线

J11 人车同检广场二
110kV海陀站用地

河道

J9 垃圾转运站

J7 污水处理站

范围线
（北京界内）

延崇高速公路A匝道用地

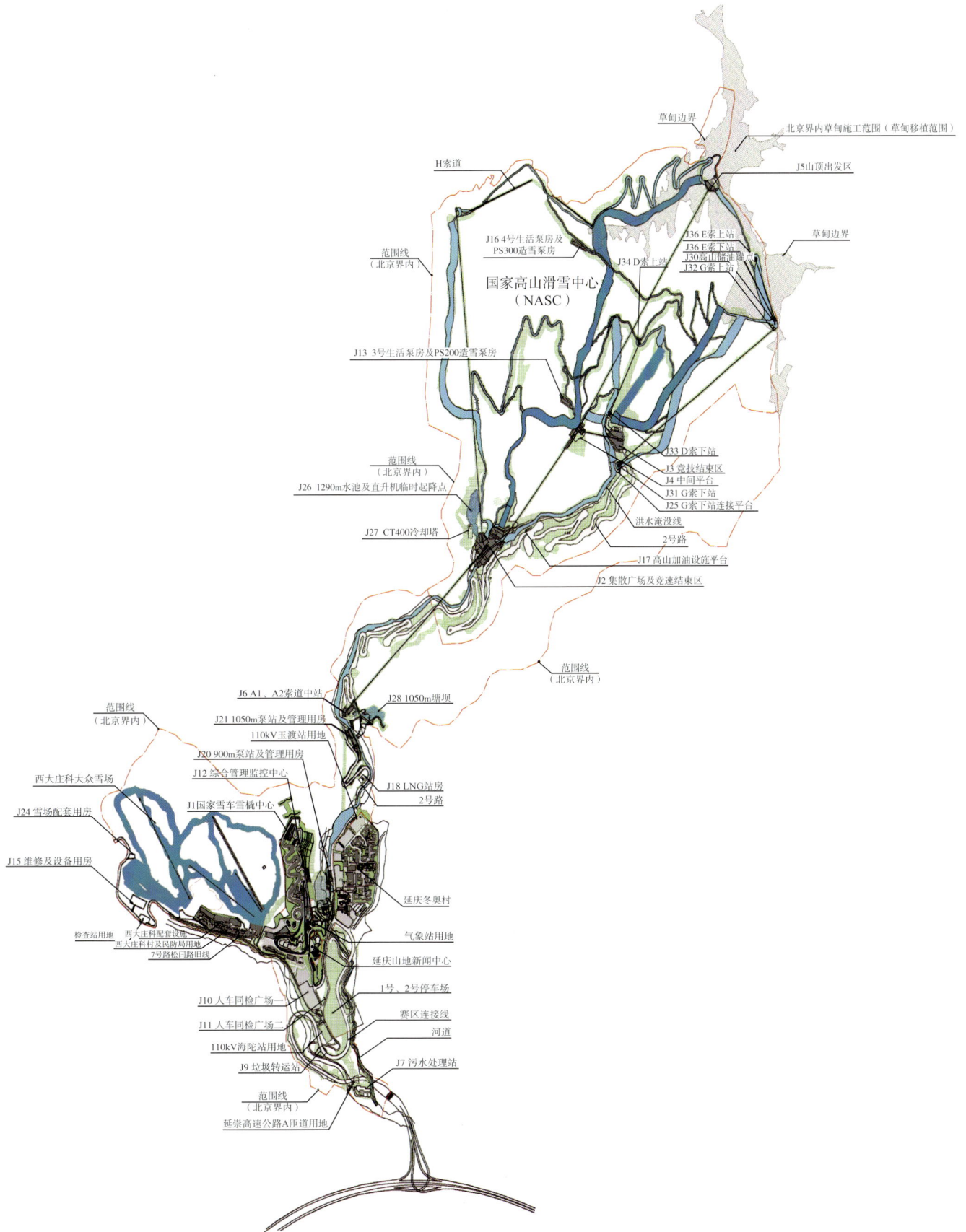

生态修复范围

二、本底研究

（一）地理位置

赛区地处燕山山脉军都山内，地理坐标范围为东经115°38′30″~115°39′30″，北纬40°32′30″~40°33′0.5″。最高海拔2233.2m，最低海拔627.6m，以中山峡谷地貌为主，属暖温带大陆性季风气候区，是华北地区保存较为完好的具有典型代表性的暖温带森林生态系统，也是北京市防风防沙的一道天然生态屏障和北京西北部山区重要水源地，生态保护作用极为重要。

（二）气候特点

该区属大陆性季风气候，是暖温带与中温带、半干旱与半湿润的过渡地带。春季升温快，少雨多风；夏季温暖多雨；秋季短促，气温下降较快，天气晴朗，多风；冬季严寒干燥，多风；秋季和冬季日照较短，全年气候较为干燥。年平均气温为8.86℃，平均越冬期为102天，无霜期平均为183天，霜冻初始日为10月18日，终日是次年4月18日。

赛区内气候的垂直分带性较为明显，从下到上可分为：海拔800~1000m的低山温暖气候带，海拔1000~1300m的中山下部温湿气候带；海拔1300~1800m的中山上部冷湿气候带；海拔1800m以上的山顶高寒半湿润气候带。地形的差异性形成了赛区小气候多样性和复杂性。由于山谷的走向、宽窄不同，气温、降水有明显的差别。

（三）土壤特点

通过调查分析可知，该区土壤类型主要为棕壤、褐土和草甸土。其中典型褐土主要为分布在西大庄科村周围的黄土性母质上，开垦后主要成为农田或果园，自然植被多为杂木林或灌丛，石灰性褐土发育在石灰岩的山地，生长有油松林。棕壤有典型棕壤、粗骨棕壤和潮棕壤3个亚类，粗骨棕壤分布的山地主要生长落叶阔叶林；潮棕壤主要发育在沟谷底部，水肥条件好，土层厚，其上多生长山杨林；典型棕壤发育在花岗岩山地上，水肥条件相对好，多生长油松林或针阔混交林。草甸土只有一个亚类，为山地草甸土，多分布在海拔1800m以上山地顶部，植被为山地草甸。

（四）水文特点及规划

赛区所在的海陀山区花岗岩裂隙发育，上游植被茂密，基岩裂隙水丰富，河水量较大，枯水期有泉水补给，终年常流。赛区内山沟几乎每条都有裂隙水流出，溪水四季不断。

奥运场馆所在的佛峪口沟为佛峪口河上游。佛峪口河发源于海陀山南麓，主河道长15km，佛峪口水库以上流域面积为52km²。赛区建设项目治理佛峪口沟总流域面积15.24km²。佛峪口河属于永定河水系妫水河支流，起自张山营镇西大庄科村，在场馆西南边界约20~100m处流过；流经张山营镇西大庄科村、松山自然保护区、佛峪口水库、佛峪口村、张山营村、西卓家营村，最后汇入官厅水库。

根据延庆赛区水资源论证报告的批复（京水行许字〔2018〕204号），佛峪口河及其支沟治理标准为20年一遇防洪标准。北京2022年冬奥会延庆赛区建设项目治理佛峪口沟起点为国家高山滑雪中心竞技结束区，终点为佛峪口河汇合口。治理段沟道沿原始沟道深泓布置，与回村雪道平行段河道向一侧偏移，避开雪道，并在雪道侧护砌；与回村雪道交叉处，河道设管涵下穿雪道；河道穿竞速结束区处，河道两岸均护砌。全段河道总长5580m。

（五）植被资源

赛区地形北高南低，最高海拔2233.2m，最低海拔627.6m，相对高差1605.6m，海拔高度变化大，呈现中山峡谷地貌，温度和水分条件的垂直变化较大，形成较为明显的植被垂直带和丰富的植物种类。赛区植被垂直分布海拔2000m以上亚高山草甸、1800~2000m中山落叶松林、1600~1800m中山黑桦林、1000~1700m中山蒙古栎林、700~1000m低山落叶灌丛。

1. 物种资源

赛区内共有野生维管束植物105科400属751种，是北京市植物多样性的重要组成部分，也是北京市山地植物多样性最高的地区之一，更是北京地区野生植物种类位列第二的分布中心。

2. 植被风景

森林结构层次明显，黑桦林、胡桃楸林、蒙古栎林等集中连片，植物多样性丰富，具有较高的自然属性，在北京西北部乃至燕山山脉具有典型性。赛区常绿植物缺少，植被方面缺乏常绿针叶树，冬季景观性差。

3. 群落资源

赛区内的植被分为针叶林、阔叶林、灌丛、草甸4个植被型组；有寒温性针叶林、温性针叶林、暖温带落叶阔叶林、温带灌丛、温带草甸等5个植被型，共29个群系。寒温性针叶林分布在海拔1000~1200m区域，华北落叶松平均树高10.14m，平均胸径12.25cm。伴生的乔木树种有蒙古栎、山丁子等，伴生的灌木树种有三桠绣线菊、胡枝子等，伴生的草本植物有等齿委陵菜、大油芒等。温性针叶林分布在海拔800~1400m、坡度0°~40°区域。分布坡向以东、东南为主，其他次之。油松林中伴生的乔木树种有山杏、大果榆等，伴生的灌木树种有大花溲疏、胡枝子等，伴生的草本植物有透骨草、莓叶委陵菜等。落叶阔叶林主要有白桦林、暴马丁香林、大果榆林、核桃楸林、黑桦林、蒙古栎林、山杏林、山杨林、脱皮榆林、元宝枫林等16个群系。赛区沟谷两侧分布海拔700~1100m的核桃楸林，海拔1000~1600m的黑桦林伴生五角枫和白蜡，海拔700~1800m西侧的蒙古栎林伴生大果榆和春榆，海拔1000~1100m西南部的山杏林伴生大花溲疏和丁香，海拔900~1300m全域散布的山杨林伴生大果榆和春榆、大叶白

赛区不同季节迥异的植被风景

蜡，海拔1200~1300m明显散布的脱皮榆林，海拔1200~1300m西南侧的元宝枫林伴生糠椴、黑桦。

全区域分布6类落叶阔叶灌丛，涉及海拔700~2200m垂直高度。海拔2100~2200m分布红丁香灌丛、金露梅灌丛，以及海拔较高的胡枝子灌丛伴生三裂绣线菊。在海拔1000m以上的岩石崖坎，迎红杜鹃灌丛形成单优群落成片分布，林缘和林间石坡上的六道木灌丛伴生毛丁香广泛分布。海拔700~800m分布荆条灌丛伴生金雀儿、木香薷。

海拔2100~2200m典型草甸群落主要有叉分蓼草甸、大头风毛菊草甸、柳兰草甸、苔草草甸4种草甸类型，伴生草本植物包括地榆、穗花马先蒿、瓣蕊唐松草、小米草、白莲蒿、大头风毛菊、羊胡子草。

植被区系六大优势科分别为菊科、禾本科、豆科、蔷薇科、百合科和毛茛科；分化程度较高，单种属和寡种属非常丰富，促成该地区植物区系多样化。北温带成分占绝对优势，广泛分布的乔木树种青杨、山杨、白桦、黑桦、蒙古栎、糠椴、蒙椴、大果榆是赛区森林群落的主要建群种。

4. 珍稀植物资源

赛区内保护植物众多，列入新版《国家重点保护野生植物名录》的有紫椴、野大豆、黄檗、软枣猕猴桃和北京水毛茛 5 种，列入待公布的《国家重点保护野生植物名录》（第二批）的有草麻黄、木贼麻黄、五味子、刺五加、狗枣猕猴桃、小丛红景天等 16 种，北京市二级保护野生植物有华北落叶松、杜松、胡桃楸、脱皮榆等 53 种。此外，赛区内还分布有地蔷薇、柳穿鱼、狼毒、泡囊草等北京地区较为珍稀的野生植物；同时，赛区还有列入我国极小种群野生植物拯救保护工程的河北梨。

（六）动物资源

赛区的动物区系具有华北区的特点，是古北界、东洋界动物种类相互渗透的地区，共记录到哺乳类物种 26 种、鸟类 120 种、两栖爬行类 20 种；包括国家一级保护鸟类 1 种（金雕）；国家二级保护哺乳类 1 种（斑羚）、鸟类 17 种；包括北京市一级保护哺乳类 4 种、鸟类 8 种、爬行类 2 种；二级保护哺乳类 11 种、鸟类 32 种、两栖爬行类 10 种。

02 | 第二节　生态修复策略

一、规划背景

2015 年 7 月 31 日，国际奥委会宣布北京成为 2022 年冬季奥林匹克运动会主办城市。随后，北京正式开启了冬奥会的筹办工作。2015 年 8 月 20 日，习近平总书记提出了坚持"绿色办奥、共享办奥、开放办奥、廉洁办奥"的要求。[①] "绿色办奥"理念体现为以"天人合一""道法自然""取用有节"等传统文化的生态智慧，呈现绿色体育精神与生态文明有机融合。"绿色办奥"旨在落实节能减排工作、提升全社会环保意识，坚持生态优先、

---

① 参见：《习近平：绿色办奥共享办奥开放办奥廉洁办奥　办成一届精彩非凡卓越的奥运盛会》，《人民日报》，2016 年 3 月 19 日 01 版。

资源节约、环境友好，为冬奥会打下美丽中国底色，将冬奥会办成全球生态文明的示范工程，成为可复制、可推广的样板。

二、总体规划策略

延庆赛区生态建设践行习近平生态文明思想，以优先保护生态资源为"绿色办奥"的根本，遵循自然生态规律，按照"保护优先、修复并举、恢复生息"的原则，以中国古典人文精神中对待自然的生态智慧——"近自然，巧因借"作为规划理念，实现维护生物多样性、生态栖息地、生态系统的整体保护；通过划定生态红线、修补生态廊道、维护安全格局，做好赛时、赛后保障工作，传承中国传统山水文化意境的人文之魂，使赛区生态修复规划建设成为北京高海拔地区生态修复建设的典范。

"近自然"的规划设计贯穿于全域全周期建设。自然是最好的样板，与自然融合的修复效果成为最佳生态修复目标。

"巧因借"的规划设计在不同环节、不同时期都秉承着尊重场地、尊重自然的原则，随山就势，借助山形地势之美，借助自然施工之巧，最终让建设扰动最小化、自然消隐，实现自然回归，让候鸟归林，使得建设场馆最大程度消隐融合于四季风景。

生态修复规划及景观设计犹如一座桥梁，在生态修复与雨洪规划、地灾防护、场馆建设、市政交通、临时设施建设等专项工作之间搭建起桥梁纽带，使得赛区建设与自然的修复协同一体化地生长。"近自然，巧因借"是多专业的协同规划，是对场地集约化的统筹和思考，也是兼顾建设需求与生态修复协调统一的思考。

赛区总体生态修复内容包括"一线、三片、多点"。"一线"为赛区市政道路建设干扰的生态修复区域及沿途风景提升区域。"三片"包括国家高山滑雪中心、国家雪车雪橇中心，以及冬奥村的奥运村、安检广场片区。其中，国家高山滑雪中心的生态修复策略以生态修复为原则，高山雪道、技术雪道、运动场馆周边的修复以植被修复和护坡修复为主；国家雪车雪橇中心的生态修复策略专注场馆周边、场地边坡、3号路下边坡地质灾害处理，以及满足赛时功能需求的景观生态修复；冬奥村的奥运村、安检广场片区，生态修复策略以满足基本功能为前提，融合生态和山水人文思想，最大限度保留原生树，营建山林掩映的山居聚落，打造中国山地园林意境。市政公共区多点分布，核心选点包括交通必经之路、活动场地、媒体转播区域、视线所及范围，生态修复策略重点为满足赛时功能需求，全面实施生态修复，串联各个片区场地，实现环境提升，留白增绿，为赛后运营预留条件。

PS300 泵站到山顶的便道两侧保留的原生松树林

国家高山滑雪中心受到复杂山地条件、雪上运动和奥运赛事等因素的复合性影响，是涉及多业务领域综合立体布局的雪上项目竞赛场馆。依托小海陀山的天然地形优势，其场地、场馆、赛道、设施建设均对山体的山脊、山坡、山沟造成了不同程度的创伤，因而出现了多种差异并存的赛道，也产生了多种修复创面随机性分布的问题。雪道生态修复以坡度、用途为考虑对象，结合赛道修复需求，以及坡面阴阳、基层基质的特征进行雪道及坡面的植被修复规划。雪道与山体地形有高拟合度，设计精准；山林植被修复也通过精准立地勘察，最大限度遵循近自然的原则进行山林融合。"雪飞燕"高居小海陀山海拔2198m 的山顶出发区，建筑中不可避免地破损了亚高山草甸。为了修复华北区域罕见的亚高山草甸区

域，设计单位规划了完整的分类剥离、分地利用的生态修复设计，让"故土难离"的稀有高山草甸资源最大限度地回到自己生长的地方。中间平台、竞技结束区、竞速结束区、集散广场等高山场馆建筑项目择地而建，最大限度减少削坡堆土，带来的问题是形成了更为复杂的圬工坡面修复，难度大大增加。创新的杆栏式建筑结构形式是对山体扰动较小的结构形式，但会形成颇大的建筑内部阴暗的下垫面区，作为通行或是融雪通道，都需要解决水流侵蚀表面的防冲刷问题。最终借助地形、防止水土流失覆盖物等技术解决了这一难题。

国家雪车雪橇中心建筑择地而生，因地制宜，顺势而就，天人合一。决定于赛道的复杂性和对场地的技术要求，在赛区中的多个意向选址区域均采用了场地 BIM 设计，

进行数据分析对比，为场址选择提供了精确技术数据支撑。由此，实现了扰动场地的最小化，让建筑与场地的贴合度达到完美。因包括场馆的功能需求，设施的形态，建设后的地形地貌，原场地林外空间的格局、林班分布等在内的修复条件多样、复杂、综合，对应的生态修复策略则从功能着手，以场地、草坡、地被灌木丛、树林、疏林等作为修复元素，满足视线、防风的需要，形成了随形就势的段落性修复。契合集约空间利用的建设场地所需的景观空间的艺术塑造，彰显了"雪游龙"的张力之美。

延庆冬奥村景观设计是"近自然，巧因借"策略的重要实践之一，以生态自然为出发点，充分结合现状植被保护与场地高差利用，融入中国传统山水文化元素，提出"山林行居、六盛构景"的概念，打造集自然、建筑、园林于一体的山林聚落；同时提出山林环境中冬奥村既有林木保护与利用方法研究，为同类项目的规划设计提供理论与实践参考。

赛区设施是支撑赛事顺利举行的关键环节，其巧妙契合山体、多样变化的大小与外形，其功能限定，对修复提出很多的限制条件。索道站及索道沿线下方的修复采取了修伐不剥离的方式，对这一地区的灌丛及树木表现设计了针对性建设方案，以便降低后续的修复难度。泵站所在位置排水区域修复巧妙解决急流问题，创造缓冲消能坡面，以便在防止水土流失的同时，实现可承载大流量水冲击。最终，结合建筑下方的框架梁体结构，以配比卵石择期覆土栽植的形式进行了坡面修复。

在水利河道建设以及雨洪防灾避险方面的工程建设中，借助水利设施、水量水速、水质来源、消落期变化形成的不同生境条件，规划营建栖息地，在保护水生态的基础上进行景观化提升。

在与地质灾害专业合作的过程中，利用不同材质自然安息角的特殊性，以及坡体、坡度造成的栽植条件的差异化，规划了修复的最大容量。在修复后残留斑驳岩石，以及自然选择留下斑驳植被的修复效果，使得石草自然之美融入山体的风景之中。

三、动态设计

冬奥会延庆赛区生态修复历经生态协同、科学规划、科研伴随、现场设计四大历程，多专业、多管理部门联合作业，持续时间久，工作任务监督角度多样，国际形象样板化，时序响应迅速，在设计及实施过程中不可预见情况频出，设计条件随时变化更改；做到点、线、面全域关注，依据赛区场馆功能、修复场地立地条件以及建设设施的过程需求，实现不同时空的差异化策略，成为伴随式设计的工程典范。

四、框架落实

以生态可持续为出发点，在建

设全程中对赛区核心区"总体规划环境影响评价环境保护措施矩阵表"和"八大生态报告"相关内容逐一落实，形成了生态修复系统研究框架落实的"六大生态修复措施"路径。六大措施包括：建设区内表土剥离，亚高山草甸保护与恢复利用，建设开挖后裸露边坡生态修复，森林生态系统经营植被修复，植物保护小区、近地保护小区建设，动植物资源保护。坚守生态优先，借景成趣，在满足生态保护、生态修复及赛时功能需要的前提下，挖掘现状风景资源。

03 | 第三节　生态修复困境与和解

一、与自然共谋——表土剥离、复垦回用

表土中蕴含着大自然千百年来延续的生命能量，场馆的建设不得不剥离这层生命力的外衣。生态修复规划的第一策略，就是与自然对话、共谋生命续写的对策，与自然为友，修复自然。规划中根据不同表土资源情况，策划留下土壤及全程利用土壤的实施流程，从留存每一立方米土壤到利用规划设计再利用的地方，严控实施步骤，尽可能实现随时间进行的"建设与剥离－剥离与利用"的同期规划方案。

（一）赛区表土剥离范围

延庆赛区生态修复面积设计为 214 万 m²，在实施中依据立地条件及建设标准将表土剥离强度分为清除剥离和表层物砍伐清除两类。赛区整体剥离表土 81848m³。

表土剥离工程依据赛区施工时序按照"随建设随剥离"的原则进行，先后分时序、分区域进行在地调查，形成《表土剥离方案》作为后续表土施工图及实施的依据。

（二）剥离生态修复依据

表土剥离依据相关规范、规程及资料，包括《土壤环境质量标准（修订）》（GB 15618—2008）、《开发建设项目水土保持技术规范》（GB 50433—2008）、《土壤检测　第 1 部分：土壤样品的采集、处理和贮存》（NY/T 1121.1—2006）、《土地整治重大项目实施方案编制规程》（TD/T 1047—2016）、《耕作层土壤剥离利用技术规范》（TD/T 1048—2016）、《矿山土地复垦基础信息调查规程》（TD/T 1049—2016）、《土地整治项目验收规程》（TD/

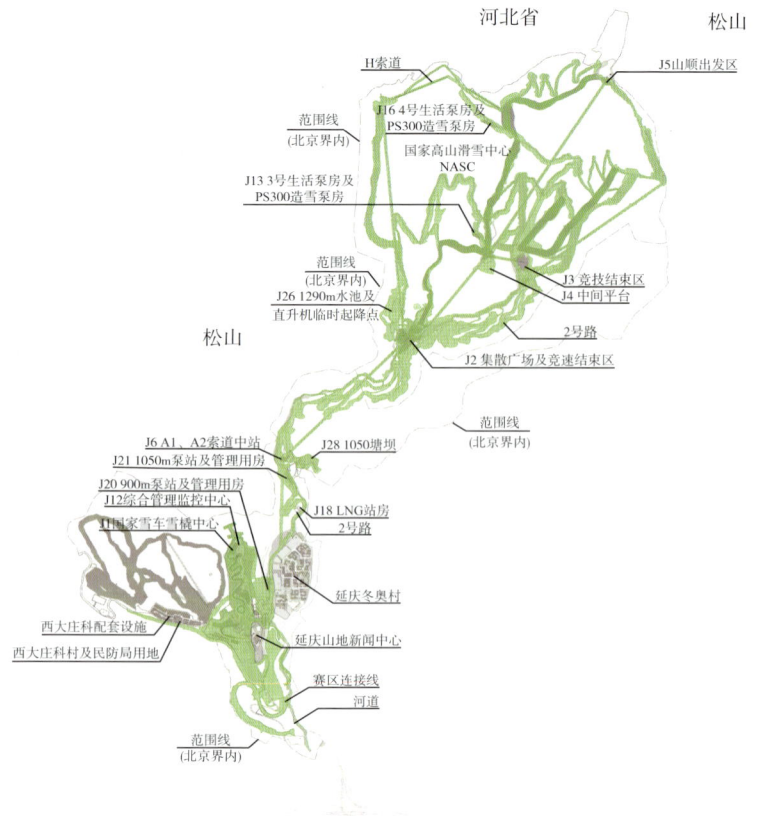

赛区表土剥离范围

1013—2013)、《2022 年北京冬奥会及冬残奥会延庆赛区国家高山滑雪中心项目环境影响报告》和《2022 年北京冬奥会核心区场馆及配套设施水文地质勘察阶段资料》等。

尊重《北京冬奥会延庆赛区生态本底调查》《表土剥离与利用方案》提供的表土资源调查结果，基于规划图地理坐标系划 50m×50m 网格体系，划分剥离区块，获得相关数据结论。

（三）表土剥离工作重点技术

表土剥离的框架实施流程包括表土资源调查、表土剥离施工图纸绘制、表土实施工程方案编制、现场表土剥离伴随实施四大步骤。

1. 表土资源调查

提出估算表土量，细化剥离的分区，明确土壤种子库分布，确定合理剥离厚度界域。

2. 表土剥离施工图纸绘制

结合高程图精准绘制剥离分区范围坐标、剥离量及获得剥离种子库内容。例如面对调查范围小于伐树范围的《表土剥离与利用方案》，在施工图中需要进行加集处理，按照 50m×50m 为单位绘制的地势分区坡率图，划分表土剥离区及非表土剥离区，保证表土的确切剥离要求与实施地貌高度吻合。不同区段按照剥离区占地投影面积 N 核算剥离区表面积 n，表土投影面单位高程距离 L 与平面距离 W 之比为 α，结合调查的 50m×50m 为单位的表土剥离分区厚度 T 核算分区表土剥离体积 V。

表 土 剥 离 区 占 地 投 影 面 积

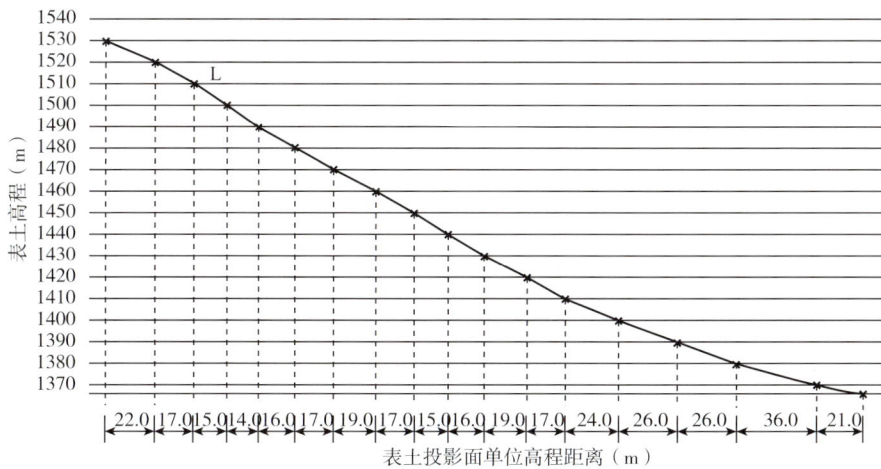

表土剥离分区坡率图

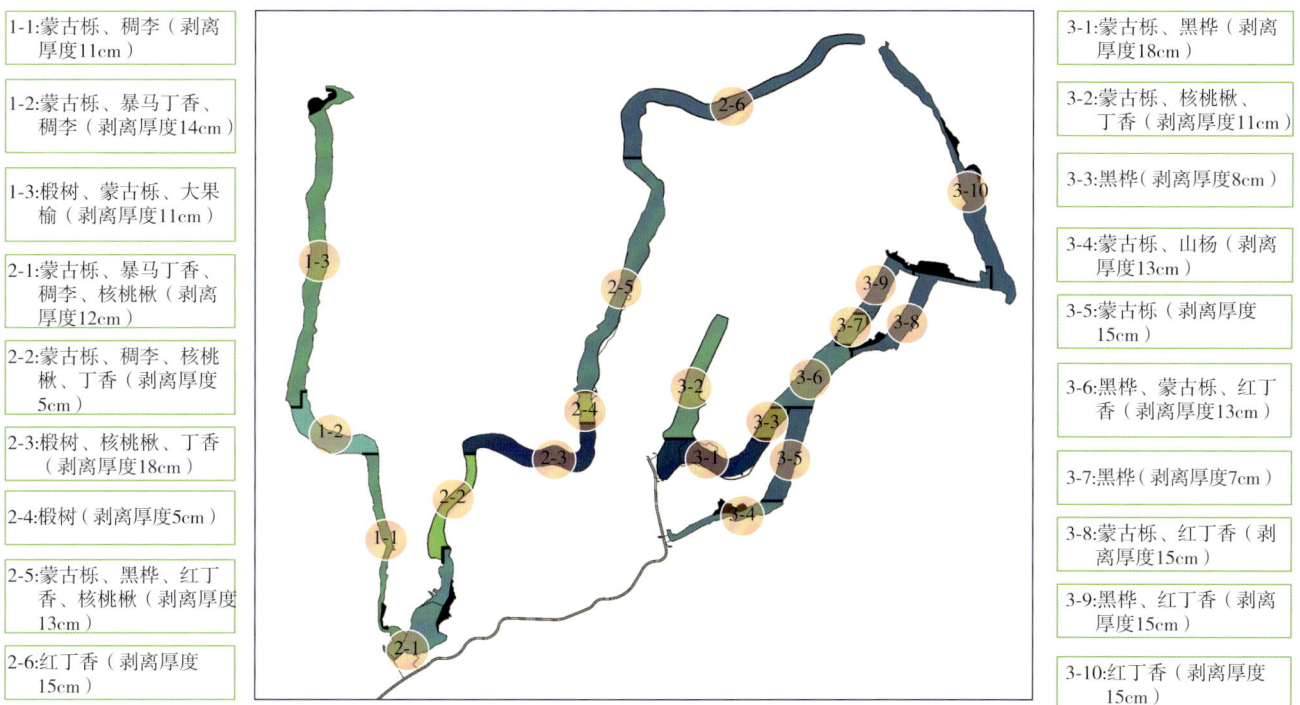

1-1:蒙古栎、稠李（剥离厚度11cm）

1-2:蒙古栎、暴马丁香、稠李（剥离厚度14cm）

1-3:椴树、蒙古栎、大果榆（剥离厚度11cm）

2-1:蒙古栎、暴马丁香、稠李、核桃楸（剥离厚度12cm）

2-2:蒙古栎、稠李、核桃楸、丁香（剥离厚度5cm）

2-3:椴树、核桃楸、丁香（剥离厚度18cm）

2-4:椴树（剥离厚度5cm）

2-5:蒙古栎、黑桦、红丁香、核桃楸（剥离厚度13cm）

2-6:红丁香（剥离厚度15cm）

3-1:蒙古栎、黑桦（剥离厚度18cm）

3-2:蒙古栎、核桃楸、丁香（剥离厚度11cm）

3-3:黑桦（剥离厚度8cm）

3-4:蒙古栎、山杨（剥离厚度13cm）

3-5:蒙古栎（剥离厚度15cm）

3-6:黑桦、蒙古栎、红丁香（剥离厚度13cm）

3-7:黑桦（剥离厚度7cm）

3-8:蒙古栎、红丁香（剥离厚度15cm）

3-9:黑桦、红丁香（剥离厚度15cm）

3-10:红丁香（剥离厚度15cm）

高山表土剥离分区吨袋编制图

$n=N×\alpha$，复杂区域可分急坡区、缓坡区、平缓区获取不同的 α。表土剥离体积 V（地块）$=n×T$ 或 V（地块）$=V$（急坡区）$+V$（缓坡区）$+V$（平缓区）。通过植被分布关系归纳表土剥离可获得种子库植被物种，编制表土剥离分区袋装编制图。

3. 表土实施工程方案编制

表土实施工程方案按照符合《表土剥离与利用方案》的标准进行编制。

4. 现场表土剥离伴随实施

表土剥离工序为：测量放样—清理场地—采集土壤—装袋—运输—存放—验收—施工。

（1）测量放样

依照表土剥离施工图纸现场测量放样，核准表土剥离施工面积，确定施工范围，合理化明确边界范围，避免其他区域或实施过程中造成不必要的扰动。

（2）清理场地

依据现场调研情况，树木清理后，现场遗留的大量落叶、表层腐叶和残枝以及表面的大石头，采用机械辅以人工清理，地表难以清除的大型石砾，采用风镐或爆破进行破碎，碎石在施工区域两侧集中堆放，以便在邻近的边坡修复或填方工程中使用。注意避免对施工范围外的区域造成破坏。

妥善处理清理出的残枝、落叶和杂物等，严禁长时间将残枝落叶集中堆放在山区，以避免失火；按照无机物垃圾的标准处理塑料等无法降解的杂物。

（3）采集土壤并装袋

依据现场核实施工图的结论，结合现场地形和场地清理后的情况，进行各区域表土的采集和收集工作。

采用人工辅以机械的方式进行采集和收集。对于部分坡度较缓且石砾含量较低的区域，采用机械进场作业。

采集厚度要达到区域建议剥离厚度的最大值，在石砾含量过大的局部区域稍做削减。对于纯裸露岩石区域不做表土剥离，记录其面积，在剥离表面积中扣除。

机械进场施工需提前对施工便道区域进行剥离，优化直通山顶的施工便道，多个区域同时进行施工。

依据剥离分区号码进行编号和记录，统计表土采集量。施工时应现场监督指挥，避免产生不必要的扰动，确保施工质量和效率。

（4）套袋

采用人工装袋的方式。土袋由环保材料制造。在装袋过程中将较大的土块打散，同时挑拣出大型石砾，保证存放的土壤中没有直径大于10cm的土壤团块。单袋土壤重量不超过50kg，以便运输和堆放。在利用机械运输可行区域使用吨袋；装袋过程中不压实土壤，仅抖动填充饱满土袋，以保持土壤孔隙度。在收集完毕的土袋的扎口处放置标签，在土袋上记录采集区域编号，并对其汇总统计形成表格，记录备案。

（5）运输

土袋装袋后应及时运输到堆土点存放，防止突发降水导致土壤流

采集土壤装袋

失。坡度较大、运输困难的区域，施工过程中逐步在完成区修建临时道路，与后续施工顺序相结合，由车辆将土袋运输至堆放点；条件无法满足时则考虑建设简易索道配合人工运输，减小难度，提高效率。

（6）存放

土壤以吨袋或土堆形式直接存放在地势相对较高的存放点，防止地表径流的冲刷和肥力流失；苫盖环保土工布，防扬尘和雨水冲刷。

选择堆放点位置时需要考虑各区域施工顺序，避免长期堆放、多次运输造成土壤与资源的浪费。

（7）验收

表土运至堆放点后，从表土剥离厚度、表土剥离范围、表土剥离质量和表土剥离总体积四个方面进行表土质量验收。

（8）施工

在表土剥离过程中，土石方工程和边坡工程同时开展，利用碎石进行边坡工程建设和填方。表土采集完毕后直接进行挖方工作等。

（四）剥离表土的利用

建设施工过程中极力避免造成不必要的破坏，恢复近自然的景观生态仍需要大量的后续工作，利用本地表土资源恢复植被，剥离的表土首先用于赛区范围内生态修复。

利用表土资源，减少浪费，提高效率。在利用过程中遵循同区优先、需求优先、适时利用、客土利用原则。

1. 同区优先

由于赛区跨越海拔区段较大，不同海拔土壤的理化性质与土壤种子库情况均有不同，各区域的表土资源优先在区域内进行利用，避免交叉使用。这样有利于相应环境植被的生长恢复，也更有助于表土中所含有的种子萌发，对珍稀植物的保护有着重要意义。

2. 需求优先

项目区内剥离表土的利用主要集中在生境保护、边坡工程和景观营造三个方面。在本区域需求已满足而其他区域仍然需要表土时，进行异区域的表土资源利用，满足"需求优先"原则。

在满足同区优先原则的情况下，尽量减少对动植物生境的影响，尽快恢复项目区内原有的生态环境，优先利用剥离表土完成生境保护的工作，进行保护区、生态廊道建设。

表土供给用于人工边坡，利用本地表土辅以相应措施提高工程效率，缩短恢复周期。

在景观营造中利用表土，避免时间跨越，保证存活率。

3. 适时利用

表土资源的珍贵性不仅在于其与本地环境相匹配的理化性质，更在于其中的种子库。据先期调查与试验所得数据显示，阔叶混交林区域土壤中含有23科40属49种灌木、草本植物种子，地表20cm层所含种子平均密度达到1500粒/m²，其中临时种子库会在超过一年的堆放期后失活。

施工完毕后适时开展表土利用，在春夏两季完成表土剥离回铺利用工作，对种子的萌发十分有利。

4. 客土利用

在项目区内剥离表土无法满足各方面需求的情况下，从延庆区以及周边区县调集客土。但应避免从立地条件差异显著的区域调集，以避免发生物种入侵和病虫害爆发。

二、故土难离——亚高山草甸重建，恢复原生态之美

面对生长环境恶劣、资源缺乏、生态安全格局脆弱的不利局面，亚高山草甸重建的规划以从本底出发为原则，通过适时剥离、适度剥离、有效剥离，在时机、范围、深度、效果层面多方规划设计，建立完整的操作步骤和验收要求；充分利用剥离的草甸资源，按时间可行性，借助生长条件的对应性，规划了雪道、边坡、场地对草甸土、草甸草皮资源的最大化利用，最大范围地对土壤中的种质资源进行合理分配。

（一）亚高山草甸重建修复范围

根据《北京冬奥会延庆赛区核心区场馆设计方案》等规划及设计文件，赛区亚高山草甸范围内规划建设滑降赛道 C1、训练赛道 C2、测试赛道 C3、技术道路和场馆设施区（比赛出发区、山顶平台），以及施工机械运行、人员活动等频繁的临时设施区。

草甸范围内进行分区保护与恢复。亚高山草甸区包括保护区、草甸非剥离区、草甸剥离区、草甸移植区、草甸回铺区。

保护区的范围是草甸范围内未受施工影响的区域。

施工影响区与立地情况对应的建设用地需求分为：非剥离区、适宜剥离区、表土剥离区。非剥离区是原地形符合设计要求且施工对草甸无损坏的区域，包括 C1 雪道上部区域等。草甸适宜剥离区为坡面平缓、石砾覆盖度低、草甸集中连片的区域。表土剥离区是草甸适宜剥离区和非剥离区之外的区域。

（二）亚高山草甸生态修复依据

1. 技术规范

相关技术规范包括《开发建设项目水土保持技术规范》（GB 50433—2008）、《风景名胜区规划规范》（GB 50298—1999）、《土地利用现状分类》（GB/T 21010—2017）。

2. 技术文件及技术资料

（1）北京市延庆区人民政府《关于印发〈北京 2022 年冬奥会和冬残奥会带动延庆冰雪产业发展战略规划〉的通知》（延政发〔2016〕55 号，2016 年 11 月）。

（2）《延庆区"十三五"时期环境保护和生态建设规划》（2016 年 11 月）。

（3）《延庆县生态文明建设规划（2013—2020 年）》（2014 年 4 月）。

（4）《延庆县土地利用总体规划文本（2006—2020 年）》（2010 年 11 月）。

（5）《延庆县张山营镇土地利用总体规划（2006—2020 年）》（2012 年 12 月）。

保护区

草甸移植、回铺区

草甸非剥离区
草甸剥离区

保护区

保护区
草甸剥离区
草甸移植、回铺区
草甸非剥离区
雪道
技术道路

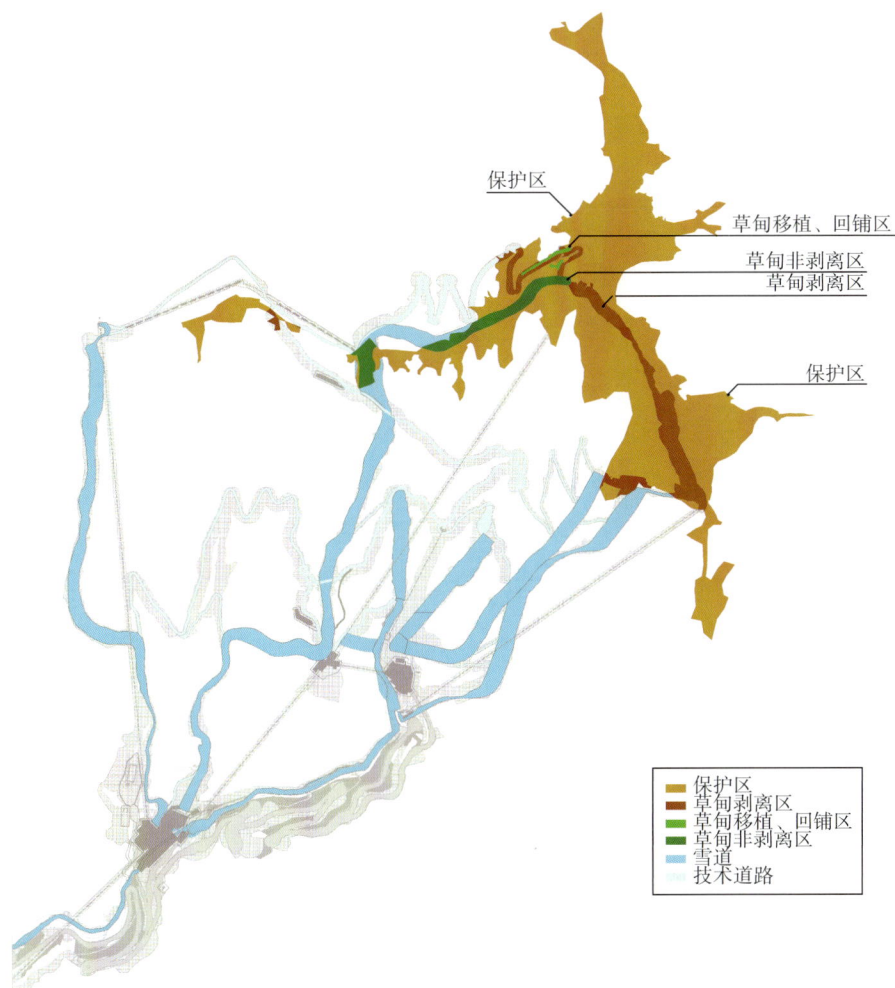

亚高山草甸修复位置

（6）《北京 2022 年冬奥会延庆赛区规划设计方案》（2017 年 8 月）。

（7）《北京 2022 年冬奥会延庆赛区总体规划环境影响报告书》（2017 年 10 月）。

（8）《2022 年冬奥会及冬残奥会延庆赛区国家高山滑雪中心项目水影响评价报告书》（2017 年 10 月）。

（9）《北京 2022 年冬奥会及冬残奥会延庆赛区高山滑雪中心、雪车雪橇中心、配套基础设施、冬奥村及媒体中心项目动植物资源保护技术方案》（2017 年 12 月）。

（10）《北京 2022 年冬奥会及冬残奥会延庆赛区高山滑雪中心滑雪道及技术道路表土剥离与利用方案》（2018 年 1 月）。

（11）《北京 2022 年冬奥会及冬残奥会延庆赛区高山滑雪中心、雪车雪橇中心、配套基础设施、冬奥村及媒体中心项目环境影响评价及环境保护咨询服务》项目合同。

（12）《北京冬奥会延庆赛区核心区总体规划环境影响评价环境保护措施责任矩阵表》。

（13）现场查勘及收集所得的有关气象、土壤、植被等资料。

（三）亚高山草甸生态修复种质资源设计

赛区以花岗岩山地地貌为主，其中76%为侵蚀中山，24%为侵蚀低山。除部分河谷地区因断裂抬升和河流侵蚀出现悬崖峭壁外，由于岩石风化现象较多，亚高山草甸分布的山顶和山岭一般发育为比较浑圆的形态。延庆赛区历年平均气温8.86℃，最早初霜时间为9月19日，最晚终霜时间为次年5月2日，平均时间在4月初。

亚高山草甸生态系统植被类型单一，没有乔木生长，偶有少量小灌木。主要包括苔草草甸、紫苞风毛菊草甸、银背风毛菊草甸以及叉分蓼草甸4种类型群系，4类群系草甸分布特征如下。

1. 苔草草甸

苔草分布于海拔2000~2300m，苔草草甸群落物种组成为11科15属18种。优势种为苔草、紫苞风毛菊、小红菊。苔草草甸中伴生的草本植物有瓣蕊唐松草、大头风毛菊、蓬子菜、白莲蒿、糙叶败酱、北柴胡、大叶龙胆、火绒草、翠雀、穗花马先蒿、小丛红景天、委陵菜、岩青兰。

2. 紫苞风毛菊草甸

紫苞风毛菊分布于海拔2100~2200m，紫苞风毛菊草甸群落物种组成为9科12属14种。优势种为紫苞风毛菊、地榆、银背风毛菊。紫苞风毛菊草甸中伴生的草本植物

有瓣蕊唐松草、小米草、小红菊、花葱、胭脂花、苔草、拳参、地榆、穗花马先蒿、白莲蒿、北柴胡、银莲花。

3. 银背风毛菊草甸

银背风毛菊分布于海拔2100~2200m，草甸群落物种组成为9科14属16种。优势种为银背风毛菊、高山苔草、歪头菜，分布较少的植物种为小红菊、金露梅。银背风毛菊草甸中伴生的草本植物有羊胡子苔草、穗花马先蒿、披针叶苔草、垂穗鹅观草、瓣蕊唐松草、大瓣铁线莲、大头风毛菊、花锚、拳参、蓬子菜、白莲蒿。

4. 叉分蓼草甸

叉分蓼分布于海拔2100~2200m，草甸物种组成为9科11属13种。优势种为叉分蓼、银背风毛菊、高山苔草。叉分蓼草甸中伴生的草本植物有地榆、穗花马先蒿、瓣蕊唐松草、柳兰、白莲蒿。

赛区亚高山草甸范围内土壤类型为山地草甸土，不同海拔梯度土壤物理性质，海拔2000m以下灌木分布较多，土壤含水率较低，土质为山地灌丛草甸土，海拔2100m以上，土壤含水率较高，土质为山地草甸土。

（四）亚高山草甸生态修复工作重点技术设计

1. 保护区技术方案

为防止赛区亚高山草甸生态系统遭受人为破坏和干扰，通过拉警戒线禁止人员、机械进入，采用临时拦挡技术，结合保护区边缘设置

防止滚石、落石沟进行保护区边界等技术措施。并进行定期保护管理，加强人工管护。

2. 草甸适宜剥离区技术方案

遵循坡面平缓、石砾覆盖度低、草甸集中连片的原则且经过现场踏勘确定区域范围。本着最大程度保护草甸生态系统的原则，选择合理控制非剥离区的占地面积，约束占地位置，尽量避开或减少占用草甸区域。

就近移植，利用亚高山草甸土层厚度、砾石含量不同，优先在附近区域移植使用。剥离草皮，优先利用在边坡中下部回铺草皮，有利于植被恢复，水土保持效果更好。

需求优先，草甸区域剥离的腐殖土无法满足植被恢复的需求时，优先利用高海拔区域土壤。在景观营造方面，急需恢复原有的生态环境，优先利用剥离的草皮完成植被恢复。

尽早利用，移植草皮堆放的时间不宜过长，尽量缩短草皮铲取与回铺之间的时间间隔。当天铲取当天移植，利于草皮成活。

3. 草甸草皮剥离技术方案

坡度较陡的地区，采用自制工具人工挖掘草皮。切割时可使用规格为 5cm（宽）×20cm（长）的平底尖刀，取草皮时使用 20cm/30cm（宽）×30cm/50cm（长）的砍刀，刀刃薄厚适中，方便铲取草皮。

（1）掘取草皮

多年生草地植物自身具有较强

的生物学再生能力。草皮挖出后，进入草地植物根部的有机物质被暂时中断，草地植物仅依靠其地下器官储藏的营养物质动态维持其再生，因此草地植物储藏的营养物质含量越高，其再生时形成的根茎数量越多，再生就越快，草皮成活率就越高。

根据根系深入地下的深度，剥离草皮的厚度设计为 20cm±5cm，保证所取草皮的厚度大于根系埋入地下的深度，从而避免切割根系，保证根系的完好性。

施工准备阶段，项目进行了 5 组对比试验，在控制其他因素不变的前提下，在攫取草皮阶段，研究草甸剥离厚度对后期草甸存活率的影响。在集中堆放阶段，主要研究草甸有无保温措施对草甸存活率的影响。在回铺草皮阶段，主要研究遮阳措施及喷洒生物菌剂对草甸存活率的影响。由于施工现场不存在地表径流，运水困难，因此试验选在草甸即将进入休眠期的 10 月初，而回铺选在第二年的 4 月初融雪时进行，以减少草甸存活对水的需求。

施工试验区域清理碎石块，在试验区外拉设明显的边界控制围栏，防止周围施工对试验区的干扰。试验采用人工掘取草皮方式，亚高山草甸大小控制在 20cm×30cm 左右。

（2）保存草皮

草皮铲取后，加强草皮养护。草皮不叠放，假植平铺，保证根系

试验区现场草皮剥离图示

试验区 1、3、4、5 现场草皮存储

朝下不裸露，优先存放在无草甸植被的阴坡平缓裸露地表，妥善保存以有效改善草皮附着土壤的通气条件，提高土壤的透水性和透气性。

草皮铲取后，进行假植平铺，草皮堆叠高度不超过 1m，防止顶部失稳坍塌。因在草皮即将进入休眠期时进行，故在草皮堆叠后无须进行浇水养护。除试验区 2 未进行保温处理外，其余试验区皆用两层保温土工布进行覆盖。

根据天气条件、环境条件，及时洒水养护。有水养护的条件下，草皮保存时间控制在 3 个月以内，无水养护的条件下，草皮保存时间少于有水养护的控制时间，结合工期就近实施草皮移植。施工阶段草皮保存时间超过 3 个月，对草甸剥离区域进行表土剥离。夏季光照强，需用草席或加厚遮阳网遮盖存放的草皮；冬季气候寒冷，需用草席或

加厚无纺布遮盖，预防冻害。草皮在存放过程中出现地上部分枯死的现象，若地下部分仍保持活力，草皮仍可回铺；若草根死亡，土壤中保存有种子库资源做表土客土掺半回复处理。

（3）回铺草皮

草皮回铺前，去除坡面的碎石及其他杂物，保证坡面平整；在草皮回铺区域基底面上铺一层采集到的约 0.2m 厚的腐殖土层，并充分洒水湿润，以便草皮和土层结合紧密。草皮回铺时，各草皮间留 0.5~1cm 缝隙，防止草皮重叠。草块铺设完成后用镇压机、木槌等机具对草皮块进行镇压、敲打，使草皮块与腐殖土基质充分接触，使根部保湿。

（4）养护草皮

草皮回铺后，除试验区 3 外，其余试验区覆盖黑色遮阳网。遮阳网采用双层 HDPE 网，标准遮光率

约 75%，重量 90g/m²。遮阳网平铺在草皮上，用 U 形钉固定。U 形钉采用梅花形固定，插入草皮深度约 10cm，每 1.5~2m 插入一枚，使草皮连接紧密。

遮阳网固定后，除试验区 4 外，其余试验区皆采用掺半生物菌剂的溶液进行浇灌，每周至少充分浇灌一次。

全部 5 组试验样本在 8 周后盖度都趋于稳定。在采取措施后，所有试验组亚高山草甸盖度都较初始盖度有较大程度的提升。影响亚高山草甸存活率的因素从大到小顺序排列为：保温，剥离厚度，遮阳，喷洒生物菌剂。

草皮搬运

覆盖遮阳网

铺设草皮

高海拔草甸区修复后生长效果

三、山林融合——近自然植被生态修复

"近自然，巧因借"体现了以自然为目标的规划理念。建设后的损伤区域修复对标周边的原始林貌，生态修复设计的第一策略为促成恢复原有的生境条件，以建坪、演替、成林的修复步骤逐步实现修复林地斑块与原有自然植被的融合。第二策略为利用自然选择的林班林木指引修复创伤区域，巧借物种的地理优势，选择了能够"靠天吃饭"的优势物种，为后期的林地修复提供最佳的修复材料。对标自然风貌，使得修复风貌浑然一体，第三策略便是在近人尺度的视线范围内以异龄化树龄搭配进行生长空间的预留。第四策略即为近人尺度的提升策略，迎合赛区的观赏需求，添彩增绿，在山林道路沿线场馆周边适度增加常绿植被，提高林木观赏质量，丰富冬季观赏效果。

延庆赛区生态修复面积是北京 2022 年冬奥会各赛区之最。设计团队通过对《延庆赛区生态系统本底资源调查报告》的研究，提出"近自然"修复理念，按原有生态系统的规律，尽量减少人工痕迹，以保证修复植被群落与周边原生植被群落的一致性，保证整体景观的完整性。保留原山体植被品种群落特征，将蒙古栎、五角枫、暴马丁香作为基调树，恢复大叶白蜡、白桦、青杨等原生典型群落，建立近自然恢复的人工群落。设施周边及沿路视线所及区域适当增加冬季常绿植物，提高建筑与周边景观的融合度。

（一）植被生态修复依据

《森林公园总体设计规范》（LY/T 5132—95）

《森林资源规划设计调查技术规程》（GB/T 26424—2010）

《近自然森林经营技术规程》（DB11/T 842—2011）

《山区生态公益林抚育技术规程》（DB11/T 290—2005）

《森林抚育规程》（GB/T 15781—2015）

《造林技术规程》（GB/T 15776—2016）

《造林作业设计规程》（LY/T 1607—2003）

《生态公益林建设技术规程》（GB/T 18337.3—2001）

《油松造林技术规程》（DB13/T 885—2007）

《低效生态公益林改造技术规程》（DB11/T 793—2011）

《北京山区困难地造林技术规定（试行）》

《北京市主要常规造林树种目录》

（二）分区域典型植被生态修复设计

1. 赛区植被分布

赛区植被分布参见分布图。

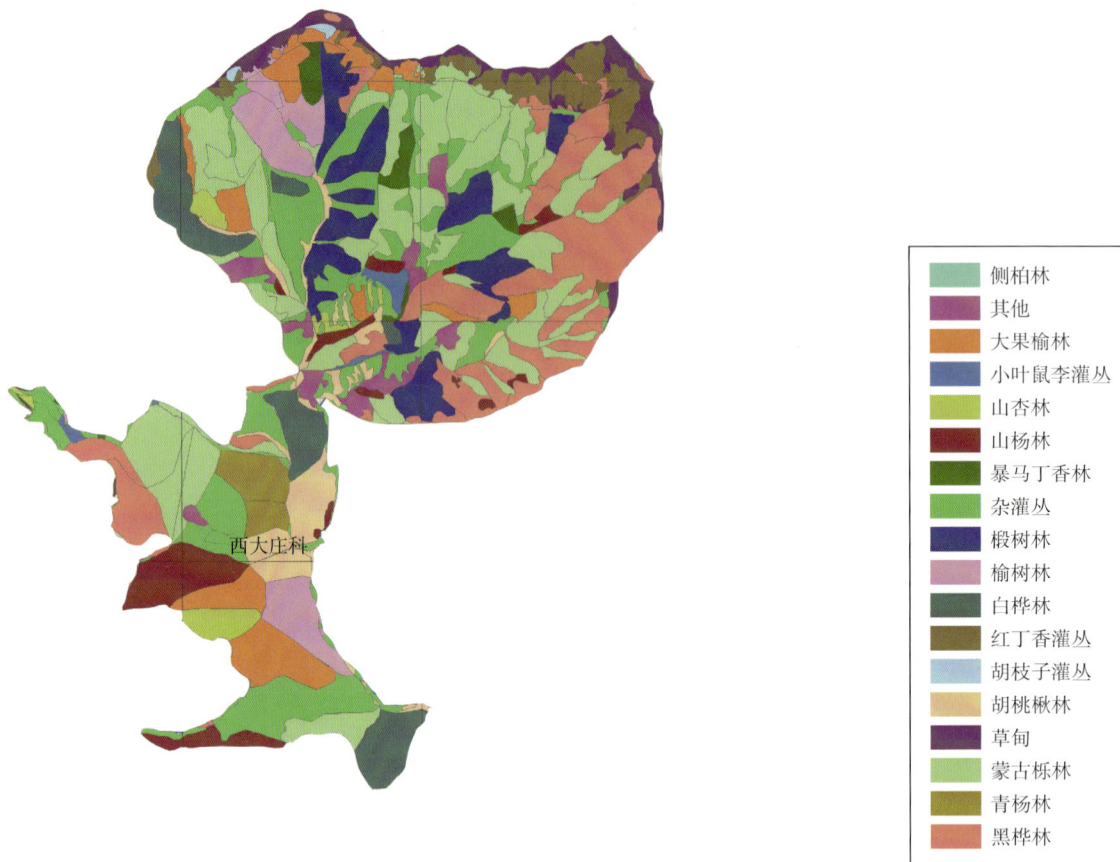

	侧柏林
	其他
	大果榆林
	小叶鼠李灌丛
	山杏林
	山杨林
	暴马丁香林
	杂灌丛
	椴树林
	榆树林
	白桦林
	红丁香灌丛
	胡枝子灌丛
	胡桃楸林
	草甸
	蒙古栎林
	青杨林
	黑桦林

赛区植被资源分布

2. 典型林班修复设计

蒙古栎林：赛区内蒙古栎林群落具有地域性明显的优势群落表现，乔木层胸径、树高具有很高的优势，长势良好，通常以大面积纯林存在，是这一地域的优势树种，更新状态良好。赛区修复临界区域，在采伐和集材过程中对林下幼树、灌木及森林土壤进行保护。加强管护，避免人为破坏造成对更新苗的影响，防治病虫害及森林火灾，保持林内良好卫生环境条件。

临近林班回复时，植被群落搭配采取原有伴生物种群落组合，以蒙古栎、五角枫、六道木为主进行搭配。

核桃楸林：在整个延庆赛区范围内，主要是低海拔沟谷区域，分布着大面积的核桃楸林，是受赛区建设影响最为严重的林型。核桃楸林的组成较为复杂，随海拔上升，临近林班群落以大果榆、大叶白蜡伴生，在海拔较高区域群落为白桦、蒙古栎。

青杨林：青杨林典型分布于国家雪车雪橇中心山脊区域，原为天然纯林。青杨原生主要为景观林，夏季隽秀挺拔，秋季叶子变为黄色。采伐和集材过程中应注意对林下幼树、灌木及森林土壤的保护。恢复林班依旧为纯林，加强管护，减少人为干扰；对部分原林分进行适当整枝，促进林分稀疏；防治病虫害。

山杨林：山杨林典型分布于市政道路附近林班 1100~1200m 海拔，赛区山体阳坡。山杨为优势树种的林分群落，其修复区域的临界处受到人为干扰影响较小，加之其自然繁殖能力很强，选择纯林修复，运用剥离表土（保留内部残根腐叶）方式进行坡面恢复，促成临近植被分蘖形成新苗。对山杨林过密树干与茂密的枝叶进行适当修整，增加林内光照，对下层幼树、灌草进行保护。

白桦林：赛区内白桦林群落生长海拔较低（1000~1100m 海拔），生境破碎化严重，主要是恢复伴生林群白桦及春榆，沿路增加部分常绿油松混交林。对原生保护林下的幼树、灌木及森林土壤加以保护，防治病虫害，预防森林火灾。

3. 近自然风景化树种修复

根据《森林生态系统经营方案》推荐，选择油松、侧柏、云杉、樟子松作为增绿树种，主要用于生态修复近身区域 50m 视线所及范围。

主要优化树种配置方式：统筹海拔及阴坡、阳坡等多因子进行综合考量，形成三大海拔分区六大类型树种配置。

（1）低海拔区域优化树种配植

①阳坡近自然修复树种利用暴马丁香、五角枫、春榆、核桃楸配植组合，新增常绿针叶树种油松，重点区域增加白皮松。多用于冬奥村附近。暴马丁香春季开白花，五角枫和核桃楸秋季叶色转为不同程度的黄色，沿路四季常绿高大油松和白皮松特色树皮具有较高观赏价值。

②阴坡近自然修复树种利用核桃楸、稠李、暴马丁香配植，新增常绿针叶树种油松。暴马丁香、稠李春季开花，核桃楸秋季叶色转黄，油松四季常绿。

（2）中海拔区域优化树种配植

①阳坡近自然修复树种利用白桦、紫椴、大果榆、蒙古栎配植，新增常绿针叶树种白皮松。枫桦树皮黄褐色，蒙古栎等秋季叶色转黄，白皮松四季常绿。

②阴坡近自然修复树种配植包括大果榆、蒙古栎、五角枫、山杨，新增常绿针叶树种油松、云杉。五角枫杆为深褐色，山杨树干为灰白色，蒙古栎等秋季叶色转黄，油松、云杉四季常绿。

（3）高海拔区域优化树种配植

①阳坡近自然修复树种有六道木、土庄绣线菊、红丁香等灌木，新增落叶针叶乔木华北落叶松，修复高海拔西北坡地松桦混交林，丰富常绿针叶乔木油松、樟子松。六道木夏季开花粉色，土庄绣线菊夏

季开花白色，红丁香夏季开花白至淡紫红色，油松、樟子松四季常绿。

②阴坡近自然修复树种群落包括金露梅、红丁香等灌木群落，新增常绿针叶乔木云杉及华北落叶松。金露梅夏季开花黄色，银露梅夏季开花白色，红丁香夏季开花白至淡紫红色，云杉四季常绿。

赛区高速公路出口山体修复前后对比

1050m塘坝近自然种植五角枫、油松、白桦

1450m 高度技术道路下边坡近自然种植五角枫、樟子松、蒙古栎

J7 技术道路边坡修复前后对比

海拔 1300m 处折叠弯道路边坡修复前后对比

道路下边坡修复前后对比

四、斑痕修复——生态边坡修复

赛区建设类型的多元性使得山体创面的形成条件具有不确定性，规划设计时为减少对自然的影响，使得修复创面充满挑战。生态边坡修复的规划设计目标即是借助立地条件特点，巧借时序进行试验修复，巧借场地优势筛选适合的材料，创新综合多元的方法进行分期修复。结合风貌的容忍度和自然的融合度，借助创面的山石之美，选择近自然的植被搭配形成与环境相融的风貌。

边坡修复基于"近自然修复"进行植被恢复技术。施工材料就地取材，回用了区域石材，物种选择本地种，禁止外来物种进入。一方面要预防水土流失，涵养水源；另一方面要保证修复后的裸露边坡尽量与周边景观协调一致，秉承了生态优先、分类修复、资源节约、风貌优美、简单实用的原则。

生态修复技术符合《北方地区裸露边坡植被恢复技术规范》（LY/T 2771—2016）、《延庆赛区总体规划资料或初步设计资料》和《延庆赛区本底调查报告》的要求。

（一）边坡生态修复试验

因赛区海拔落差大，在项目进行初期，团队便开始根据不同海拔植物的生长习性，制作了不同海拔边坡样板段，对植物生长状况进行动态监测试验，总结边坡修复成套修复技术，为后期伴随设计提供充足的类型设计依据，以达到最佳风貌效果和边坡精准化修复的目的。

赛前试验位置针对冬奥会赛区所在1200m以下（3.8km路）、1200~1800m高海拔区、1800m以上亚高山草甸三大海拔分布带。试验内容分为两类：其一，不同海拔、不同下垫面、不同类型介质、不同基质生长的多样化植被优选可行性试验、推广；其二，装饰美化快速装备式样板示范段效果展示。对不同海拔、不同下垫面、不同类型介质、不同基质生长的多样化植被优选进行了可行性试验。

边坡50°~70°　　适用于底土各种情况,喷播12~15cm　　　　　　　　　　适用于底土各种情况,生态袋均可叠置

挂网喷播,需水量大　　　　喷播+麦克垫固土 高造价　　　　复层生态袋 局部生长旺盛　　　　生态袋+喷播 生长分布不均匀

边坡25°~50°　　适用于底土颗粒高差10cm以内情况　　　　底土颗粒高差10cm　　　　底土颗粒高差30cm为宜

单层（秸秆）植被纤维毯防冲刷低造价　　　　一体化植被纤维毯防冲刷　　　　土工格室喷播防冲刷

边坡固土试验

边坡基层条件	边坡坡面生态修复材料			
坡度：上、下边坡坡度 1:1、1:1.5、1:0.5、垂直 基层地质条件：土多、石多、基岩 植被条件：亚高山草甸、乔木、灌木、地被	单层植物纤维毯	单层植物纤维毯 生态袋水平阶压实	土工格室平铺	生态袋

边坡试验成果

1200m 以下，即 3.8km 路内主要进行适宜该海拔气候环境生长的复合植物类型及植物基质优选，解决了植被复绿选种问题。不同坡度条件下混凝土格构护坡区域，蜂巢格构与混凝土格构下垫面结合时，更有利于水土保持的蜂巢约束系统构造可以获得水保性高、经济性好的效果，有利于大面积混凝土格构护坡的美化。此法在赛区得到了推广。在坡比 1:1 以下的自然土坡或土质坡表层，应用先铺表土，后铺秸秆（麦、稻）纤维毯、麻袋片的保水保温生态修复技术。由于表土资源不足，进行了以种植土为基质，掺拌混合表土，作为坡面植被恢复基质的试验，找到适宜的材料与用量，从而减少表土用量，扩大利用表土资源恢复植被区域的面积；充分利用生土和双层弧形生态袋进行植被恢复试验，解决本地表土不足的问题。1200~1800m 高海拔区，进行适宜在此海拔段气候环境下生长的复合植物类型及植物基质的优选，有效解决了高山区植被复绿选种的难题。

在高海拔区混凝土格构护坡的高陡坡体上进行优化蜂巢格构与植被、配方基质的植被成活试验，从而获得赛区高海拔混凝土格构护坡装饰复绿的推广性生态修复构造方式。在高海拔自然坡度区域，不同坡度的自然土石坡或土质坡表层利用秸秆纤维毯（麦、稻）、麻袋片网生态修复，解决高海拔坡体工程条件差、简单复绿见效快的施工进度需求。

最终经过一个生长季的筛选，试验出三种稳固表层土壤的材料，基于边坡的坡度、基层、需要植被，进行不同材料的叠加使用。

（二）边坡生态修复技术

赛区边坡应用于不同修复环境，包括市政道路边坡、高山雪道及技术雪道边坡和建筑建设干扰用地周边的边坡，利用边坡生态修复试验成果灵活应用于施工过程中的边坡生态修复。

针对雪道坡面，主要采用植物纤维毯和植草喷播方式进行生态修复。

坡度较小（小于 40%）的地段，坡面平铺混合表土、黄土、肥料、草籽的种植土后，可直接铺设植物纤维毯并加以固定。坡度较大（大于 40%）的地段，由于种植土可能会向下滑落，采用喷播植草技术进行播种；使用喷播机将混合有种植土、种子、有机质等的浆体高压喷射到坡面上，使之迅速黏结到坡面并固化，再铺设植物纤维毯。

雪道坡面覆盖植物纤维毯，可以起到抗风、保水、保温的作用，避免山风直吹，减少种植土中水分的蒸腾，同时降低昼夜及季节性温差对种子发芽的影响，提高种子的发芽率，保障发芽均匀度。植物纤维毯为新型环保材料，可部分降解，且具有一定的抗冲刷能力，在水土保持方面能起到较好的作用，避免坡面、边坡水土流失，在雪道及边坡生态修复方面应用广泛。

喷播植草是利用液体播种原理把催芽后的草籽装入混有一定比例的水、纤维覆盖物、黏合剂、肥料、染色剂（根据情况的不同，也可另加保水剂、松土剂、泥炭等材料）的容器内，利用离心泵把混合浆料通过软管输送喷播到待播的土壤上，形成均匀覆盖层（多余的水分渗入土表）。此时，纤维、胶体形成半渗透的保湿表层，这种保湿表层上面

又形成胶体薄膜，大大减少水分蒸发，给种子发芽提供水分、养分和遮阴条件；更关键的是纤维胶体和土表黏合，使种子在遇风、降雨、浇水等情况下不易流失，具有良好的固种保苗作用。另外，覆盖物染成绿色，喷播后很容易检查是否已播种和是否存在漏播情况。由于种子经过催芽，播种后 2~3 天即可生根和长出真叶，很快郁闭成坪，起到快速保持水土的作用。

（三）雪道边坡生态修复

雪道边坡生态修复根据坡度的不同，有两种做法。坡度 1∶1.5 以下的参考雪道面做法，整坡、覆盖种植土后直接铺设植物纤维毯。垂直挡墙下坡体 ≤ 45°时，沿雪道挡墙铺设三层生态袋，降低雪道挡墙顶部至墙底坡面的高差。生态袋灌装种植土后采用品字形错缝堆叠，并用铆钉固定。坡面剩余部分铺设植物纤维毯。

（四）生态修复效果

赛区整体生态修复贯彻绿色办奥理念，以协调共生为原则，以可持续发展为前提，不但极大程度上恢复了雪道及附属建筑周边土壤的生产力水平，防止水土流失，使边坡稳定，还具有景观效果，使赛区与周边自然环境相融合，提升了国家高山滑雪中心整体生态环境品质，为赛区构筑起绿色生态屏障。

雪道生态修复避免了赛区内扬尘现象的发生，同时在防止水土流失、保护雪道不被雨水冲刷方面取得了不错的生态效果。

上边坡和下边坡坡面条件包括基层地质条件、坡度、坡面固土介质，差异显著。上边坡坡度陡斜，原有山体挖掘后呈现杂石土或碎石基岩坡面，少量为土质坡面，下边坡坡度在50°以内，坡面多为剥离表土层或道路挖掘土石自然堆积成的土石松散坡面，土质松垮或含石量较多的稳定坡面。

雪道及雪道边坡分布范围

图例：雪道、雪道边坡、技术道路

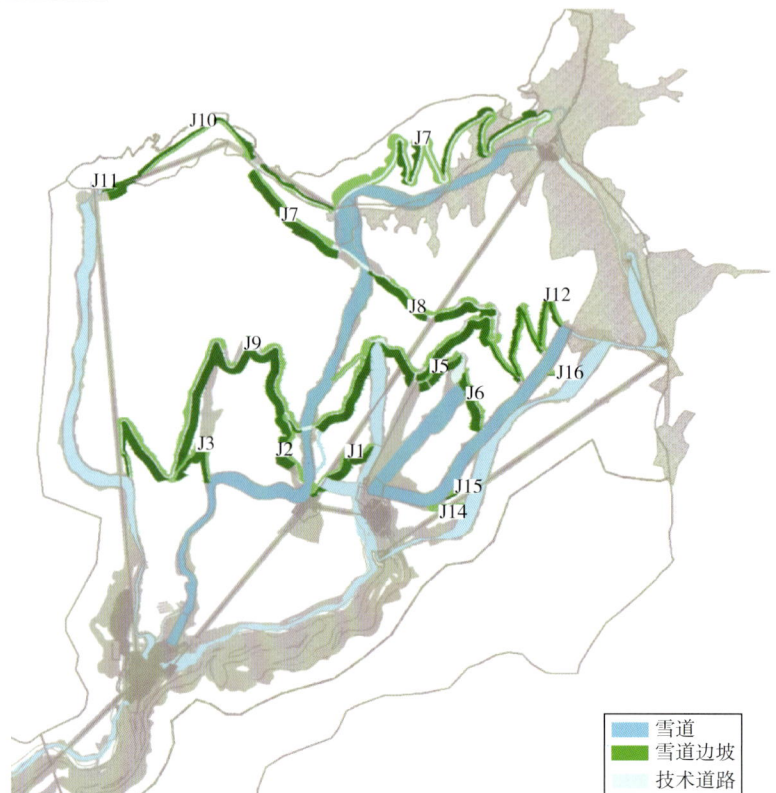

技术雪道边坡分布范围

图例：雪道、雪道边坡、技术道路

山顶出发区

中间平台
竞技结束区

竞速结束区、集散广场

建筑周边修复范围
建筑范围

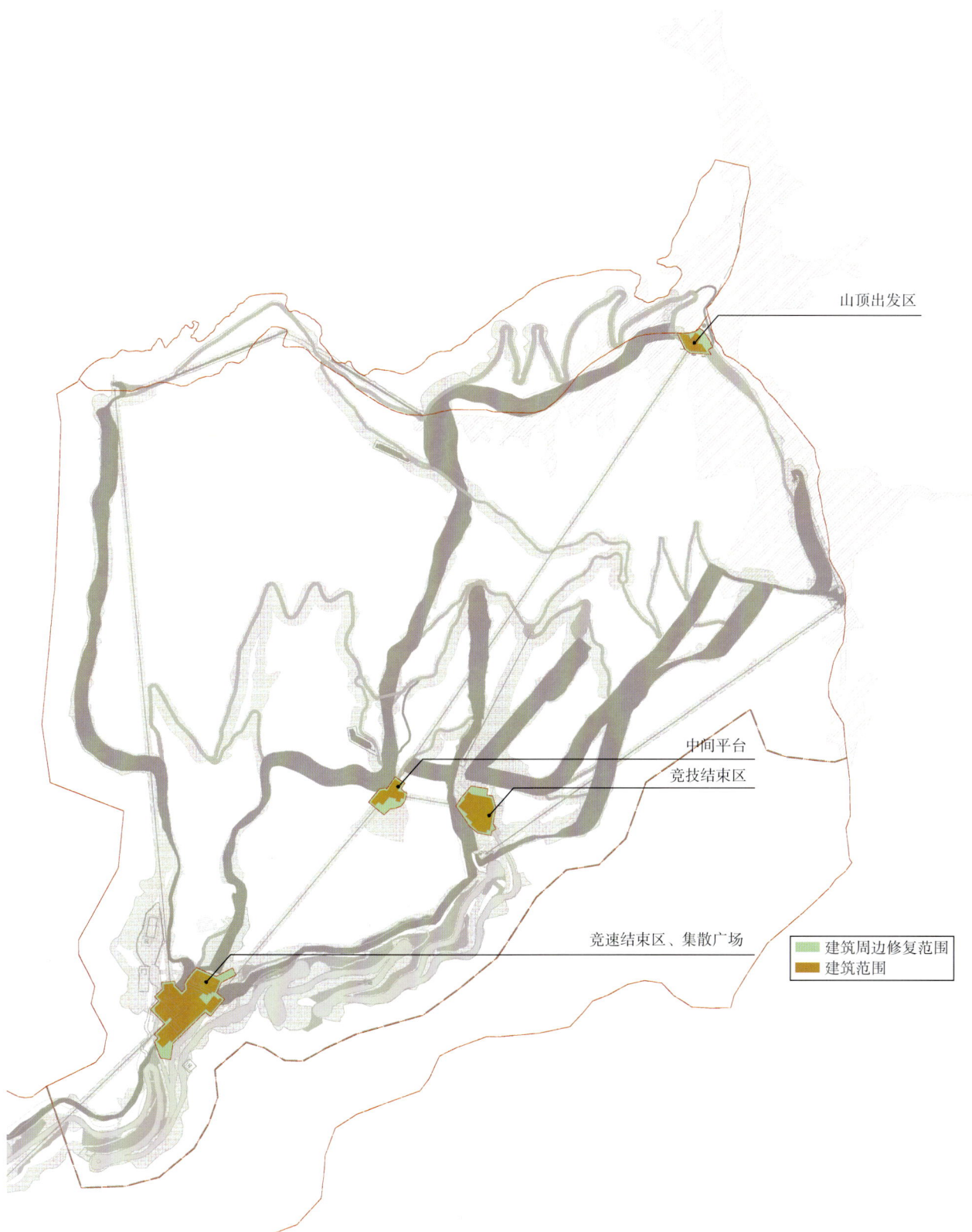

高山滑雪建筑周边边坡修复区域

坡体岩土工程实施后，实施边坡绿化生态修复工程。综合应用边坡修复试验材料，在坡度为 0°~63°的坡体上进行绿化生态修复。归纳赛区的立地条件进行坡面分类，对典型坡体进行表层土壤水土保持工程设计，运用植物纤维毯覆盖、PP（改性）土工格室放置、植生袋叠置、喷播土壤、自然放坡剥离表土复绿等绿化方法。坡面类型及用法详见表 6-1-2、表 6-1-3。

赛区边坡修复类型表　　　　　　　　　　　　　　　　表 6-1-2

边坡类型	基层地质条件	坡度	固土介质	护坡复绿措施
上边坡	土多石少	35°~45°	无支护处理	撒播草籽 覆盖植物纤维毯
	土少石多或风化性基岩	45°~63°	锚杆框架梁	植生袋叠置 放置土工格室 挂网喷播 覆盖植物纤维毯
		35°~45°		放置土工格室 挂网喷播草籽
	土多石少	35°~45°	植生袋叠置	插播或压播灌木苗、撒播草籽、盖植物纤维毯
	土少石多或风化性基岩	45°~63°	主动防护网	挂网喷播草籽、插播或压播灌木苗
下边坡	土多石少	≤35°	无支护处理	撒播草籽 覆盖植物纤维毯
	土少石多	<35°	无支护处理	撒播草籽 覆盖植物纤维毯
	土少石多或风化性基岩	35°~45°	无支护处理	植生袋叠置 鱼鳞穴栽植 覆盖植物纤维毯
	土少石多或风化性基岩	35°~45°	主动防护网或植生袋叠置	放置土工格室 挂网喷播 覆盖植物纤维毯

护坡复绿措施

表 6-1-3

边坡类型		护坡复绿措施
	上1	撒播草籽 覆盖植物纤维毯
上边坡	上2	植生袋叠置 放置土工格室 挂网喷播 覆盖植物纤维毯
	上3	放置土工格室 挂网喷播草籽

边坡类型	护坡复绿措施
上边坡	上4 插播或压播灌木苗、撒播草籽、覆盖植物纤维毯
	上5 挂网喷播草籽、插播或压播灌木苗

边坡类型		护坡复绿措施
下边坡	下1 撒播草籽 覆盖植物纤维毯	2°　技术雪道完成面 下边坡挡土墙 锚固沟　回填土压实 植被纤维毯 撒播灌草混合草籽 刷坡表面岩石颗粒过大且凹凸在100mm之内的覆基质土 清理坡面，刷坡 局部破洞栽植植苗 回填土压实 植物纤维毯 U形钉固定 锚固沟　回填土压实 剥离边界 ≤35°　1:1.5
	下2 植生袋叠置 鱼鳞穴栽植 覆盖植物纤维毯	2°　技术雪道完成面 下边坡挡土墙 植生袋叠置种植植物 锚固沟　回填土压实 植被纤维毯 撒播灌草混合草籽 刷坡表面岩石颗粒过大且凹凸在200mm之内的覆基质土 清理坡面，刷坡 鱼鳞穴 U形钉 灌木种植穴 锚固沟　回填土压实 剥离边界 35°~45°
	下3 放置土工格室 挂网喷播 覆盖植物纤维毯	自然坡面　植物纤维毯 镀锌圆钢固定 生态袋覆坡顶截水 植物纤维毯 喷播种植土 岩土土钉做主锚杆，与副锚杆成梅花形布置 勾花镀锌铅丝网 土工格室 主动防护网 基层生态袋填补坡面凹凸超过300mm的空缺 岩土护坡土钉 清理坡面，刷坡 护脚墙 自然坡面　植物纤维毯

低海拔紫穗槐扦插修复

低海拔修复区域（图为 5 号路边坡）种植牧草生长情况

生长期第一年　　生长期第一年冬季

生长期第二年夏季

低海拔拱形梁内修复第一年、第二年效果

低海拔地质灾害锚杆框架梁体修复前后对比

中高海拔（J5 技术道路边坡，海拔 1300m）喷播—点播修复前后对比

中高海拔（J9 技术道路侧，海拔 1500m）高陡边坡喷播修复前后对比

注：松散岩面复绿，采用生态袋填补空缺，配合"喷播＋覆盖植被纤维毯"方式，种植高山早熟禾、黑麦、旱金莲、胡枝子。

中高海拔岩质边坡植被修复效果

注：海拔 1300m 的岩质边坡，进行土工格室挂网喷播覆土，采用一体化种子营养基质土、防水木质纤维层；
　　所用种子包括刺槐、紫穗槐、云杉、白榆、胡枝子、北京丁香、荆条、黄芩、桔梗、知母、防风、苜蓿；
　　种子生长 1~2 个月后，进行人工喷撒。荆条、胡枝子等灌木生长旺盛，5 个月即可生长至全覆盖。

中高海拔下边坡初期建坪修复后

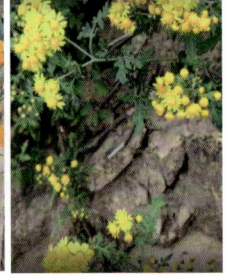

藜　　　　　　牛筋草　　　　　　马先蒿　　　　　　胡枝子　　　　　　糖芥　　　　　　野菊

蒲公英　　　　　　斜茎黄芪

地榆　　　　　　野罂粟

边坡生态修复适生植物
（人工先锋植被选择与乡土植被优势物种）

中高海拔雪道面（海拔1600m）植被修复（种植山地早熟禾＋马唐草＋委陵菜）前后对比

中高海拔雪道面（海拔1600m）修复次年植被（山地早熟禾、马唐草、委陵菜、地榆）自然生长状态

中高海拔原生种子库利用雪道修复效果

高海拔松散岩质边坡4月喷播后初期及次年修复效果对比

注：F1雪道起点处，海拔1800m，次年2月后为无水养护，植被利用融雪水及降雨天然生长。

五、山水共生——水域生态修复

赛区位于海陀山区花岗岩裂隙发育区，上游植被茂密，基岩裂隙水丰富，河水量较大，枯水期有泉水补给，终年常流。赛区内山沟几乎每条都有裂隙水流出，溪水四季不断。冰雪体育的融雪季节性变化，给赛区的水资源造成了季节性变化明显的情况。融雪水量的充盈使得春季植被的萌发有了较大的利用机会，然而造雪期的用水又带来了库区消落水位的反季节变化。库区建设的必然性，表现为水利设施功能的不同，进水与出水、水量及水质的不同，"因"场地条件不同，"借"水量分配的改变形成多季山地设施湿地建设规划。

行洪沟道生态修复依据《延庆赛区生态系统本底资源调查报告》《北京2022年冬奥会和冬残奥会延庆赛区水生态保护与建设方案》《北京2022年冬奥会和冬残奥会延庆赛区人工湿地建设方案》进行。

山地水域生态修复总体修复理念为固土先行，理水贯穿，植被恢复，综合统筹。对雪道融雪造雪、路政设施表水、建筑废水、人工蓄水库坝等，造成的山地排水主要依靠疏通、蓄水、消能、渗透为手段的生态修复措施选用对应的生态技术措施。首先依据海拔特征配置乔木、灌木草本。旱湿草本植被优先修复沟道土质区域，快速建植。根据设施水利条件，营建水环境栖息地，形成干湿塘、湿地、跌水湿地、生态塘等生态设施。

沟道修复全段总长5580m，沟道及表土裸露修复范围共计8万 m²。修复内容包括沟道断面、坡岸及裸露土植被生态修复。

在人工湿地的建设过程中，尽量保持湿地的自然形态，以构建近自然湿地为目的，维护湿地生态过程，最大限度地保护原生湿地生态特征和自然风貌，维护湿地生物多样性。

尽可能借助建设形成的蓄水池和现有河流水系建设人工湿地，充分利用现有的地形、地貌、水文条件，并充分考虑水生保护植物和两栖爬行保护动物对栖息地的需求，因地制宜地进行方案的规划布局，如利用佛峪口沟主沟的地形落差，设计跌水式人工湿地。

赛区岸坡较缓、干扰不严重的河流，是最接近自然状态下的护岸，生态效益最好。在这种类型的护岸设计中，植物选择是关键性的问题，原则是尽量选择乡土植物，包括河道两岸种植柳树、白杨、水杨等喜水特性的植物，利用它们发达的根系，坚固河堤，有效抵御径流冲刷。

海拔1500m

湿地1

海拔1200m

湿地2

湿地3

湿地4

湿地5

湿地6

海拔900m

海拔800m

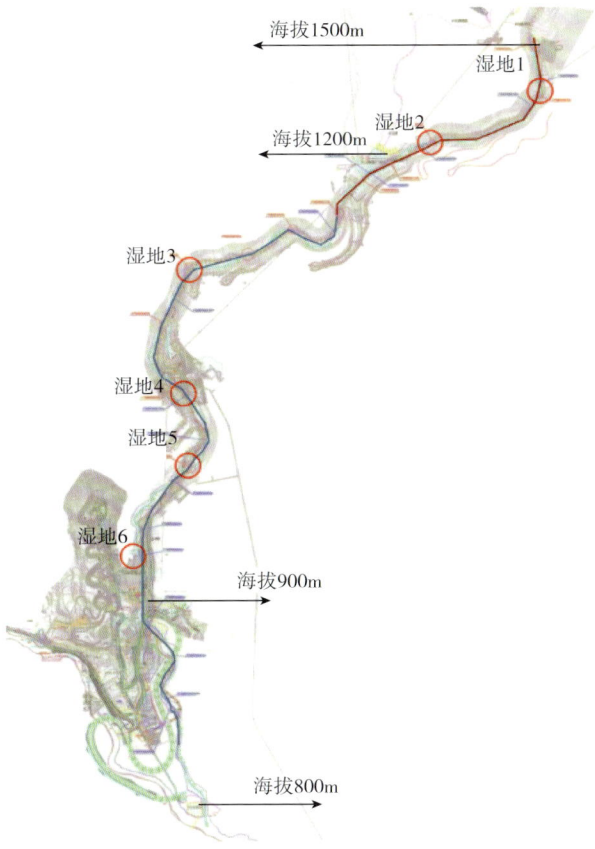

山地湿地分布位置

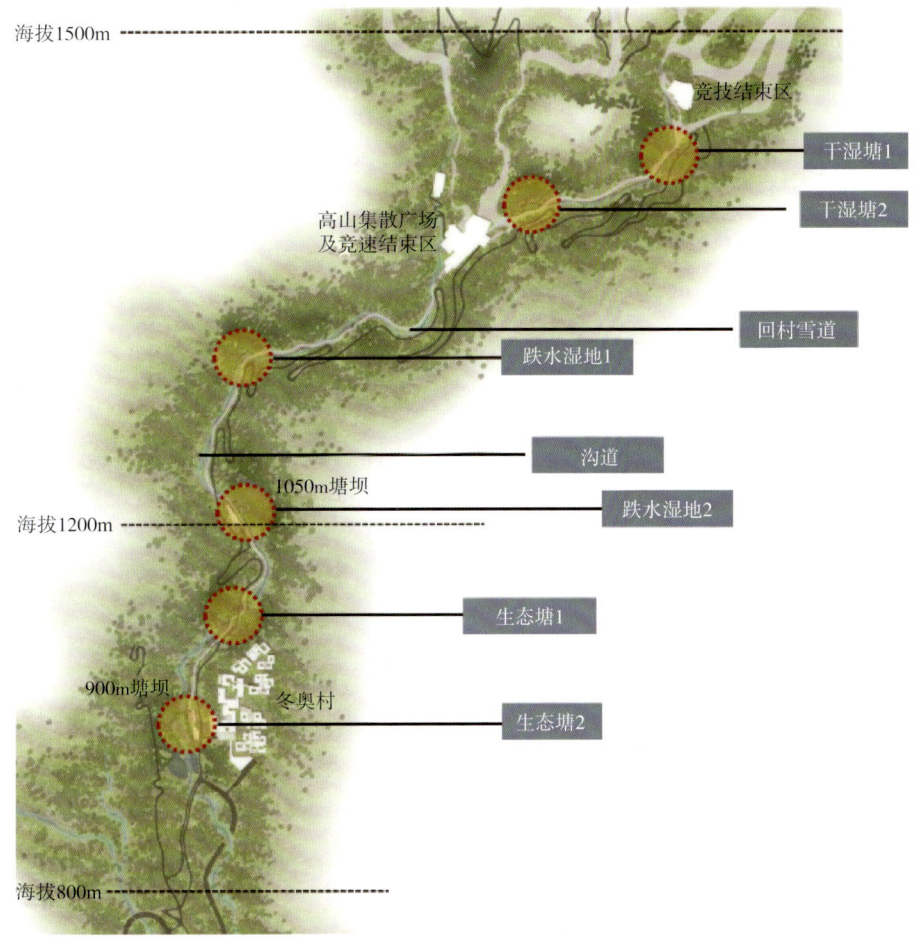

海拔1500m

竞技结束区

干湿塘1

干湿塘2

高山集散广场
及竞速结束区

回村雪道

跌水湿地1

沟道

1050m塘坝

跌水湿地2

海拔1200m

生态塘1

900m塘坝

冬奥村

生态塘2

海拔800m

功能性湿地布局

（一）水生保护植物分布情况

人工湿地的选址应充分考虑赛区水生保护植物栖息地保护的需求。赛区内的国家二级保护植物北京水毛茛属沉水植物，根植于溪流中小水潭入口的松软溪底泥土里，对水质要求严格。

赛区奥运村及媒体中心区域的工程建设将对北京水毛茛产生较大影响，因此，《延庆赛区动植物资源保护技术方案》中规划建设近地保护小区 3，对北京水毛茛进行移植，实施近地保护。

（二）人工湿地布局设计

充分利用现有河流水体、规划蓄水池，结合赛区地形条件和土地利用状况，充分考虑水生保护植物和两栖爬行保护动物栖息地，规划建设 6 处人工湿地。

人工湿地 1 位于涵洞口，可建面积约 $1050m^2$ 的干湿塘；抛石厚度为 1~1.5m，压覆 2/3。沟底做消能处理，栽植水生植被。宽大护坡区域抛石湖岸，栽植绿岛，减缓径流速度，栽植水生植被。

人工湿地 2 位于竞速结束区以北，涵洞之间，长约 70m，可建面积约 $800m^2$ 的缓流干湿塘；涵洞口抛石消能，护岸砌筑矮石，种植灌木草种。

人工湿地 3 位于山沟汇水与沟道汇流处，高差 5~15m，长流水，可建跌水缓冲湿地；面积约 $350m^2$；也可以作为两栖爬行动物的栖息地。高处堆石成潭，堆石梳理水流甬道，组织排放。沟道狭窄，砌石固土岸，道中压覆巨石。

人工湿地 4 位于 1050m 塘坝下，2 号路下汇水区，为面积约 $1700m^2$ 的跌水及潜流湿地。此处长宽比为 3：1，适宜做逐级水平潜流人工湿地及跌水湿地。人工湿地基质为山砾石、细沙和粗砂，可容纳水深不大于 0.6m，逐级平缓坡度为 0.5%~1%，湿地基质系统的孔隙率控制在 30%~45% 之间。植被选择耐水湿植被，依据本底植物选择野青茅、透茎冷水花、芦苇、狭叶荨麻、小黄紫堇、拐芹。扩大泛水区域，坡岸较开阔处栽植乔木青杨、五角枫，灌木栽植紫穗槐、杞柳，林下栽植紫菀、铁角蕨。

人工湿地 5 位于冬奥村西北侧，2 号路桥下，雪道穿越，长度约 80m，可建 1700m² 左右的跌水湿地。高差减缓，桥前湿地前端为顺山脚原生沟道，需要恢复生态基流，因此考虑为干湿两季生态塘。桥后湿地空间较大，可以设置 20~40cm 深的生态塘。预留爬行动物栖息地，营造不受人为干扰且水源丰富的地区。仿造爬行动物对石头堆的偏好，在水源地附近利用施工过程中挖掘出来的石块进行堆积及抛石，为爬行动物过冬提供保障，同时增加食源植物栽植。

人工湿地 6 位于 900m 塘坝库位及坝前坝下区域，为利用规划的塘坝，充分考虑北京水毛茛的栖息环境而建设；主要用于北京水毛茛的保护以及雨水的蓄积。900m 塘坝库位及坝前坝下区域水深不超

2m，面积约 1500m²。在混凝土防冲刷底板至沉泥池间设置生态塘。浅水区种植挺水植物（菖蒲、芦苇）及浮水植物（浮萍、野菱），深水区种植沉水植物（狐尾藻），同时种植千屈菜、红蓼、水蓼、拐芹、野鸢尾，适应枯水期浅水位。

（三）人工湿地建设技术

由于赛区的人工湿地基本是基于现有河流水系建设，且赛区污染物均由污水处理站处理后用于二次回用，不会排放到河流中，河流内的污染物浓度不高，因此，人工湿地的模式建议选择表面流人工湿地。

水生植物塘适用于人工湿地湿地收集融雪水，融雪水采用佛峪口水库和白河堡水库的水造雪，造雪过程不添加任何化学物质，融雪水质基本符合地表水 II 类水质标准，人工湿地是作为融雪水的蓄水池存在的，污染负荷不高，因此规划以水生植物塘的形式建设。

水生植物塘是在浅水区种植芦苇、菖蒲等挺水植物和睡莲等浮水植物，深水区种植黑藻、苦草等沉水植物，污水比较缓慢地流过水生植物塘，经过水生植物的吸收作用、根茎截留作用、微生物的生化作用、底部基质的吸附等，水质得到进一步净化。

植物的选择是水生植物塘的核心，选择植物时应优先选择本地种，挺水植物选择根系发达、根茎能力强，且具有一定观赏性的水生美人蕉、黄菖蒲、荷花等，浮水植物可选择睡莲、菱等，沉水植物可选择金鱼藻、苦草、菹草等。

常用水生植物见表 6-1-4。

常用水生植物一览   表 6-1-4

类 型	常 见 种 类
挺水植物	茭白、芦苇、香蒲、水葱、灯心草、菖蒲、石菖蒲、风信子、慈姑、荷花、伞草等
浮水植物	睡莲、满江红、菱、水鳖、浮萍、荇菜等
沉水植物	菹草、金鱼藻、苦草、伊乐藻、轮叶黑藻等

上述人工湿地也可以作为两栖爬行动物的栖息地，因此，可以在入水口附近或河岸堆积一些石块，使其满足两栖动物产卵和越冬需求，也可为爬行动物重建原生栖息地。人工湿地 6 是北京水毛茛的近地保护小区，由于水毛茛对水质的要求严格，因此，一定要保证水质。

部分赛场施工期间建造人工湿地作为临时沉淀池，以截留施工废水中的悬浮物。跌水式河流湿地适用于人工湿地 3。该人工湿地的主要作用是消减融雪径流，提升水质，且由于它流过冬奥村和山地新闻中心，也可作为冬奥会期间的景观水体。借助自然地形坡降，采用跌水式设计，设计多级跌水瀑布对水体进行自然充氧。这样既能在河道中形成深潭、浅滩等不同

形态的变化，消减径流，也有利于水生动植物的生长，同时还能利用跌水形成多级曝气，对净化水体大有好处。各级跌水的间隔和每级跌水的高度根据自然地形进行设计。山石在河流中间自然堆砌，营造自然踏脚石的形式，可以在洪水期间减缓流速，减小水流对河道两岸的冲刷，并为两栖动物及水鸟提供栖息地小岛。

在人工湿地建设影响因素的基础上，以近自然湿地的理念，构建了延庆赛区人工湿地的建设方案，对削减规划区融雪径流、防止水土流失、保障下游佛峪口水库的水生态安全起重要作用。

植物护岸常用植物见表 6-1-5。

植物护岸常用植物一览　　　　　　　　　　　　表 6-1-5

群落类型	主要植物种类
中生植物	白杨、河柳、旱柳、柽柳、杞柳、银芽柳、草芙蓉、马兰、稗草、灯芯草、香根草、狗牙根、假俭草、紫花地丁、燕子花、蒲公英、二月兰等
挺水植物	芦苇、荸荠、水芹、莲、茭白笋、香蒲、慈姑、芦竹、菖蒲、水葱、苔草、水生美人蕉、三白草、水生鸢尾类、伞草、千屈菜、红蓼、水蓼、泽泻、水芋、两栖蓼等
浮水植物	睡莲、萍蓬草、水鳖、杏菜、莼菜、荇菜、黄花水龙、浮萍、槐叶萍、满江红、眼子菜等
沉水植物	金鱼藻、金鱼草、黑藻、轮叶黑藻、狸藻、狐尾藻、小茨藻、苦草、芡实、泹草等

山石护岸利用就地取材的自然山石（中部厚度不小于 500mm，不经人工整形），自然堆砌在河道两岸。石块与石块之间的缝隙不要用水泥砂浆填塞饱满，尽量形成孔穴，为水生动物和两栖类动物提供栖息、繁衍和避难场所。护岸上可种植花草，在山石缝隙间栽植野生植物，点缀岸坡，展示自然美景。护岸尊重水的自然循环功能，促进地表水与地下水的交换，稳定河床，装点环境，避免混凝土工程带来的负面作用，同时为水生动物提供筑巢、产卵的场所。

山石护岸的垫层应铺设 100mm 厚砂砾料夯实，底层结构厚度为 400mm，宽度在叠石高度的 0.6~0.8 倍范围内。垫层上面用 M10 水泥砂浆砌石。确保河岸植物的生长环境，采用干砌石法进行水边护岸施工。砌石高度在常水位上 100~200mm 处。叠石按由大到小的顺序铺砌，每叠一块应及时打刹使之稳实。山石背面应从底部铺设无纺布反滤层，直至包住山石，并用泥土填实筑紧，使山石与岸土结为一体。

土丘铺设 0.2~0.3m 厚的砂砾层或土层，种植水蓼、箭叶蓼、拐芹、水金凤、透茎冷水花等赛区常见的兼具景观效果和净化功能的挺水植物。

水金凤　透茎冷水花　水蓼　拐芹

赛区常见的兼具景观效果和净化功能的挺水植物

生态修复（当年）湖岸风貌

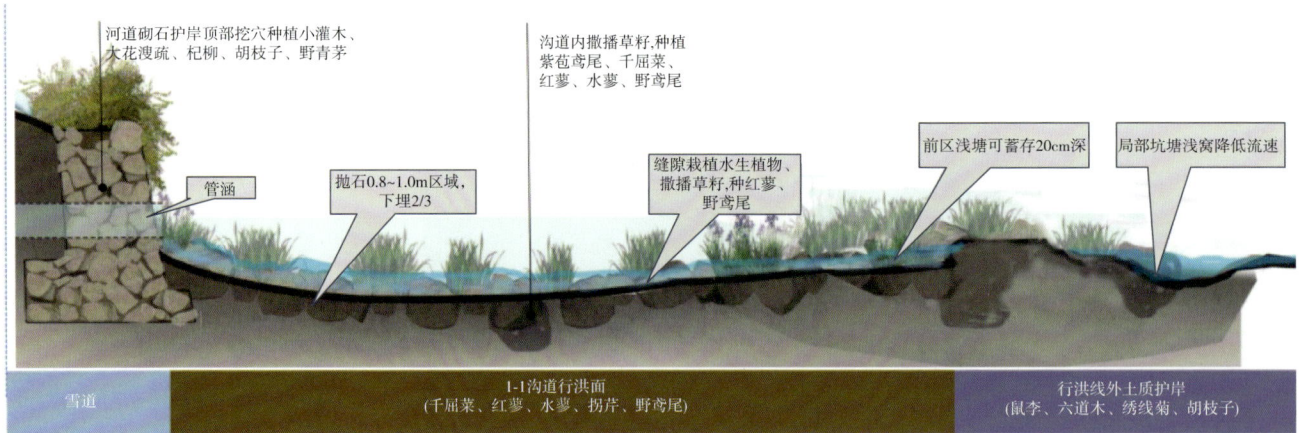

河道砌石护岸顶部挖穴种植小灌木、大花溲疏、杞柳、胡枝子、野青茅

沟道内撒播草籽，种植紫苞鸢尾、千屈菜、红蓼、水蓼、野鸢尾

缝隙栽植水生植物、撒播草籽，种红蓼、野鸢尾

前区浅塘可蓄存20cm深

局部坑塘浅窝降低流速

管涵

抛石0.8~1.0m区域，下埋2/3

雪道

1-1沟道行洪面（千屈菜、红蓼、水蓼、拐芹、野鸢尾）

行洪线外土质护岸（鼠李、六道木、绣线菊、胡枝子）

湿地1 干湿塘管涵口堆石消能

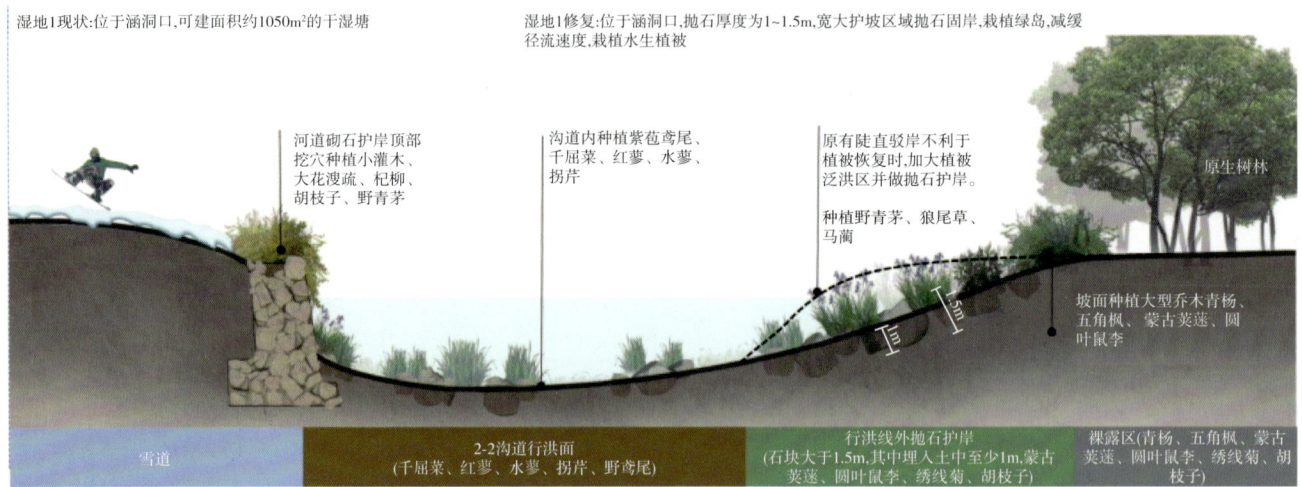

湿地1现状:位于涵洞口，可建面积约1050m²的干湿塘

湿地1修复:位于涵洞口，抛石厚度为1~1.5m，宽大护坡区域抛石固岸，栽植绿岛，减缓径流速度，栽植水生植被

河道砌石护岸顶部挖穴种植小灌木、大花溲疏、杞柳、胡枝子、野青茅

沟道内种植紫苞鸢尾、千屈菜、红蓼、水蓼、拐芹

原有陡直驳岸不利于植被恢复时，加大植被泛洪区并做抛石护岸。种植野青茅、狼尾草、马蔺

原生树林

坡面种植大型乔木青杨、五角枫、蒙古荚蒾、圆叶鼠李

雪道

2-2沟道行洪面（千屈菜、红蓼、水蓼、拐芹、野鸢尾）

行洪线外抛石护岸（石块大于1.5m,其中埋入土中至少1m,蒙古荚蒾、圆叶鼠李、绣线菊、胡枝子）

裸露区(青杨、五角枫、蒙古荚蒾、圆叶鼠李、绣线菊、胡枝子)

湿地1 干湿塘绿岛种植水生植被

湿地2现状:竞速结束区以北，海拔1280m，涵洞之间，长约70m,可建面积约800m²的缓流干湿塘

湿地2修复:同湿地1,涵洞口抛石消能，护岸砌筑矮石、种植灌木草种护坡

河道砌石护岸顶部挖穴种植小灌木、大花溲疏、杞柳、胡枝子、野青茅

沟道内种植紫苞鸢尾、千屈菜、红蓼、水蓼、拐芹

原生树林

雪道

沟道行洪面（千屈菜、红蓼、水蓼、拐芹、野鸢尾）

沟道土质护岸（鼠李、胡枝子）

原始林

湿地2 干湿塘护岸砌筑矮石、栽植灌木

湿地3:山沟汇水与沟道汇流处,高差5~15m,长流水,可建跌水缓冲湿地.
面积约350m²。

湿地3修复:高处堆石成潭,堆石梳理水流
甬道,组织排放

+15m

一级承潭蓄水

二级承潭蓄水

潭底黏土夯实,干硬性砂
浆窝牢,石径0.4~1m

结合周边植被现状,跌水
旁种植鼠李、暴马丁香丛

跌石缓流

堆石成渠

堆石缓流

0

跌水湿地
(千屈菜、红蓼、水蓼、拐芹、野鸢尾)

沟道行洪面
(千屈菜、红蓼、水蓼、拐芹、野鸢尾)

湿地 3 跌水湿地

湿地基质由山砾石、细沙
和粗砂组成,可容纳水深不
大于0.6m

石堰0.4~1.0m石砌,沟底
碎石沙土压实

跌水湿地
(千屈菜、红蓼、水蓼、拐芹、野鸢尾)

沟道行洪面
(千屈菜、红蓼、水蓼、拐芹、野鸢尾)

湿地 4 跌水湿地（逐级水平潜流人工湿地）

湿地5修复:
高差减缓,桥前湿地前端为顺山脚原生沟道,需要恢复
生态基流,考虑干湿两季生态塘。
桥后湿地空间较大,可以设置20~40cm深的生态塘

沟道行洪面
(千屈菜、红蓼、水蓼、拐芹、野鸢尾)

行洪线外土质护岸
(大花溲疏、华北珍珠梅、六道木、金银木、
东陵八仙花)

湿地 5 生态塘（山脚缓流干湿两季生态塘）

湿地5修复:预留爬行动物栖息地,营造不受人为干扰且水源丰富的地区。仿造爬行动物对石头堆的偏好,在水源地附近利用施工过程中挖掘出来的石块进行堆积与抛石,面积应不少于100m²,高度不小于1.5m,为爬行动物过冬提供保障,同时增加食源类植物栽植

岸边栽植食源类植物,
如鼠李、山楂等

岸边堆置大型石块,
作为动物栖居地

行洪线外土质护岸	2-2沟道行洪面	行洪线外土质护岸
(大花溲疏、华北珍珠梅、六道木、金银木、东陵八仙花)	(千屈菜、红蓼、水蓼、拐芹、野鸢尾)	(大花溲疏、华北珍珠梅、六道木、金银木、东陵八仙花)

湿地5 抛石、堆石栖息地

行洪线外土质护岸	沟道行洪面	行洪线外土质护岸
(大花溲疏、华北珍珠梅、六道木、金银木、东陵八仙花)	(千屈菜、红蓼、水蓼、拐芹、野鸢尾)	(大花溲疏、华北珍珠梅、六道木、金银木、东陵八仙花)

湿地6（库尾浅塘堆石湿地）

六、守护为上——动植物资源保护

延庆赛区在最大程度上保护动植物，实现可持续发展。延庆赛区的"可持续"不仅体现在场馆的赛后利用上，还体现在建设过程中对山体上动植物的最大程度的保护中。雪道从海拔2198m处沿山脊倾斜而下，中途由于雪道的贯穿增加了山脊山坡的连接，改变了动物原有的贯通的活动领域。为了物种的本底守护，修复之后的动植物环境焕发生机，不仅创造了良好的栖息地环境，也为动物回家找到安全的归途。借助建设的不同设施形式，通过建设涵洞、桥涵，以及设置人工鸟巢和动物管道等，帮助野生动物找到回家的路。对于在山里生活的野生动物，延庆赛区也采取了保护措施，在赛区尽量避让它们的活动范围，或者为这些动物重新搭建活动管道。

（一）珍稀动植物资源

2016 年 8 月至 2018 年的调查中，共统计记录珍稀保护植物 22 种。其中，核桃楸与穿龙薯蓣数量最多，广泛分布在规划区域内。核桃楸林是规划区内重要的森林林型组成部分，大树记录达 432 株。五味子是一种木质藤本植物，在规划区中高海拔的林下广泛分布，共记录 14 个分布区点。北京水毛茛是规划区内唯一的北京市一级保护植物，仅分布在低海拔区域，在核桃楸林小溪里仅发现 10 株，数量稀少，呈小片分布。在高山草甸主要分布的保护植物是秦艽、小丛红景天与狭叶红景天。调查统计到的保护植物具体数量见表 6-1-6。

延庆赛区核心区调查到的保护植物种类及数量　　　　表 6-1-6

物　种	数量（株）	物　种	数量（株）	物　种	数量（株）
胡桃楸	432	黄精	41	二叶舌唇兰	10
穿龙薯蓣	113	白首乌	6	角盘兰	1
脱皮榆	72	秦艽	40	北京水毛茛	10
水榆花楸	7	黄芩	6	小丛红景天	11
刺五加	10	党参	6	狭叶红景天	31
无梗五加	3	山丹	17	有斑百合	8
五味子	14	凹舌兰	1	桔梗	1
茖葱	6				

1. 珍稀动物资源

延庆赛区共记录到哺乳类 6 目 14 科 27 种、鸟类 13 目 37 科 120 种（新分布记录 11 种）、两栖爬行类 7 科 20 种、鱼类 2 科 7 种。有国家二级保护动物 18 种，其中哺乳类 1 种（斑羚）、鸟类 17 种；北京市一级保护动物 14 种，其中哺乳类 4 种、鸟类 8 种、爬行类 2 种；北京市二级保护动物 53 种，其中哺乳类 11 种、鸟类 32 种、两栖爬行类 10 种。延庆赛区分布的各类野生保护动物见表 6-1-7。

规划区分布各类野生保护动物名录　　　　表 6-1-7

动物类群	保护等级		
	国家二级	北京市一级	北京市二级
哺乳类	中华斑羚	果子狸、豹猫、赤狐、貉	小麝鼩、大耳蝠、蒙古兔、艾鼬、狍、野猪
鸟类	勺鸡、普通鵟、雀鹰、苍鹰、白尾鹞、红隼、游隼、长尾林鸮	灰喜鹊、普通夜鹰、三宝鸟、星头啄木鸟、大斑啄木鸟、红嘴蓝鹊、黄眉姬鹟、黄腹山雀	绿头鸭、环颈雉、大鹰鹃、戴胜、凤头百灵、岩鸽、太平鸟、小太平鸟、牛头伯劳、黑枕黄鹂、斑鸫、乌鸫、白眉姬鹟、红喉姬鹟、山噪鹛、棕头鸦雀、山鹛、黄腰柳莺、黄眉柳莺、银喉长尾山雀、沼泽山雀、煤山雀、大山雀、普通䴓、燕雀、北朱雀、白腰朱顶雀、金翅雀、三道眉草鹀、黄喉鹀
爬行类		宁波滑蜥、黄纹石龙子	白条锦蛇、赤峰锦蛇、团花锦蛇、双斑锦蛇、红点锦蛇、虎斑颈槽蛇、黄脊游蛇、短尾蝮
两栖类			花背蟾蜍、中国林蛙

2. 保护两栖爬行动物分布情况

规划区涉及北京市一级保护动物爬行类 2 种（宁波滑蜥、黄纹石龙子）、二级保护动物爬行类 8 种（主要是蛇类）。滑雪道的终点区域就是此类动物的主要分布地——长虫沟，规划区的建设施工将直接破坏两栖爬行动物的自然栖息地，而爬行动物对生境的依赖程度更高，相对于哺乳类和鸟类，爬行动物迁移能力相对较弱，易受到人类活动影响。因此，《延庆赛区动植物资源保护技术方案》中规划对爬行动物实施近地保护，在规划区未利用的区域仿造爬行动物对石头堆的偏好，在自然水源地附近利用施工过程中挖掘出来的石块，就地堆积，模仿其自然生境，新建适宜栖息地。

规划区涉及二级保护动物两栖类 2 种，为花背蟾蜍和中国林蛙。花背蟾蜍栖息于近水的林间草地、树根下、石缝间等各种生境，中国林蛙夏季栖息在阴湿的山坡树丛中，9 月底至次年 3 月营水栖生活。由于这两类动物依赖水环境生存，主要分布于规划区建设范围内的低山溪流与水坝，施工将破坏其生存环境。因此，《延庆赛区动植物资源保护技术方案》中规划在施工期间将所有能够发现的个体进行捕捉，移地释放到松山保护区水源丰富的区域，落实迁地保护。在建设规划区内景观水面、蓄水池的位置，以及入水口附近的水面，堆积一些石块，入水口深度不小于 2m，保证冬季结冰后下面有流水，使其符合两栖动物产卵与越冬需求，在规划区建设完成后发挥保护两栖动物的作用。

借助雪道敞廊的动物迁徙通道

保护小区移栽后

（二）保护小区建设

最大程度减少对环境的扰动，保障保护植物种群、森林生态系统以及延庆赛区的可持续发展。保护小区建设要结合施工建设规划，在前期本底调查的基础上，充分考虑保护植物生长所需的环境，划清保护小区与建设区域的边界，保障小区内的生态系统稳定。

保护小区遵守的相关法律法规或规定公约包括：《生物多样性公约》《国际植物保护公约》《中华人民共和国野生植物保护条例》《中华人民共和国森林法》《中华人民共和国自然保护区条例》《北京市森林资源保护管理条例》《国家重点保护野生植物名录（第一批）》《北京市重点保护野生植物名录》《IUCN 红色物种名录》，以及《自然保护区生物多样性调查规范》（LY/T 1814—2009）、《北京冬奥会冬残奥会延庆赛区本底调查报告》和《北京冬奥会延庆赛区核心区总体规划环境影响评价环境保护措施责任矩阵表》。

1. 保护植被对象

根据 2016 年 8 月至 2018 年的调查结果，共统计记录并明确准确地理位置的珍稀保护植物有 22 种。其中，胡桃楸、穿龙薯蓣、五味子是广泛分布；北京水毛茛低海拔区域分布；秦艽、小丛红景天与狭叶红景天主要分布在高山草甸。

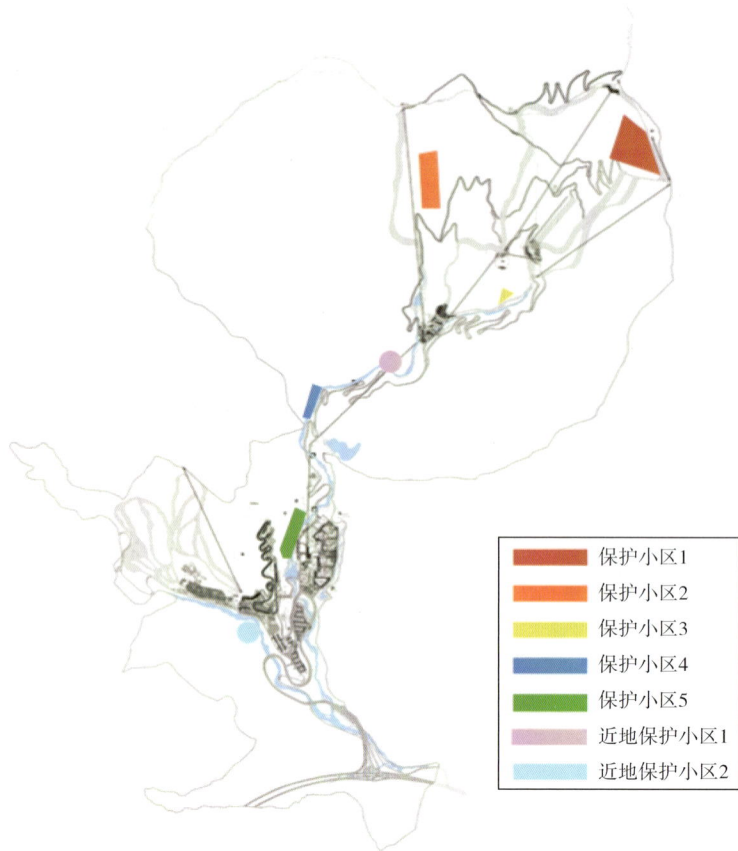

保护小区布局

　　南区奥运村及山地新闻中心区域建设影响到大面积的胡桃楸和穿龙薯蓣及部分胡桃楸林下的北京水毛茛和二叶舌唇兰、无梗五加、黄精、山丹以及有斑百合；动态建设下进场路的建设影响到的木本保护植物有胡桃楸、脱皮榆、水榆花楸、刺五加和五味子，草本保护植物有二叶舌唇兰、桔梗、黄精、党参、山丹和有斑百合；高山滑雪区的工程建设会对高海拔木本植物脱皮榆、刺五加和五味子，以及草本植物党参、茖葱、白首乌、秦艽、黄芩、凹舌兰、角盘兰、小丛红景天和狭叶红景天等产生影响。

　　在整个延庆赛区范围内充分踏勘，结合工程规划设计图，选定建设5块保护小区，充分考虑近地保护小区的生境相似性，在赛区内建设2个近地保护小区。

　　保护小区1：植被类型为红丁香灌丛和苔草草甸，主要保护对象为小丛红景天、狭叶红景天、秦艽和黄芩。

　　保护小区2：主要是由蒙古栎、黑桦为优势树种组成的落叶阔叶林；主要保护对象为穿龙薯蓣、党参和茖葱，保护小区选址时尽可能包括保护植物二叶舌唇兰和五味子。

保护小区 3：植被类型为由暴马丁香与元宝枫等组成的落叶阔叶林和胡枝子灌丛，主要保护植物对象为五味子。

保护小区 4：植被类型为由胡桃楸、暴马丁香等组成的落叶阔叶林和胡枝子灌丛，主要保护植物对象为胡桃楸、黄精和穿龙薯蓣，主要集中分布于小溪旁，保护小区选址时尽可能包括保护植物山丹、有斑百合。

保护小区 5：植被类型为由胡桃楸、暴马丁香、榆树等组成的落叶阔叶林，在植被类型图里为暴马丁香林，该区域内的保护植物对象为胡桃楸、穿龙薯蓣和黄精，保护小区选址时尽可能包括保护植物二叶舌唇兰、山丹、有斑百合。

2. 保护小区建设

在保护小区边界设置不同数量的界桩，选用就近木桩，实现绿色可持续。可通过树木信息牌等展示保护小区的相关情况。

3. 保护小区管理

监测保护小区中保护植物生长状态，持续对保护小区进行生物多样性调查。保护小区建设时，对群落特性、生物多样性和保护植物进行全面调查；建成后运营期，每年进行一次保护植物调查，每 5 年进行一次生物多样性调查。

4. 近地保护小区

充分利用赛区建设时的自然条件，建立 2 个野生重点保护植物近地保护小区，尽可能见缝插针地多设立小面积近地保护小区。建设方式及管理与保护小区一致，主要包括保护对象生境介绍、近地保护小区选址、保护植物移植要求、近地保护小区建设，以及近地保护小区群落调查和保障措施。

5. 赛区外培育，赛区内回植

依据生态修复范围和修复时序，对场地内珍稀物种的保护选用了场外培育、场内回植利用的方法。种植水榆花楸、紫椴、刺五加、五味子、脱皮榆，其中脱皮榆回植范围选择保护小区及沟谷、修复坡地林外结合区域回植，效果较好。

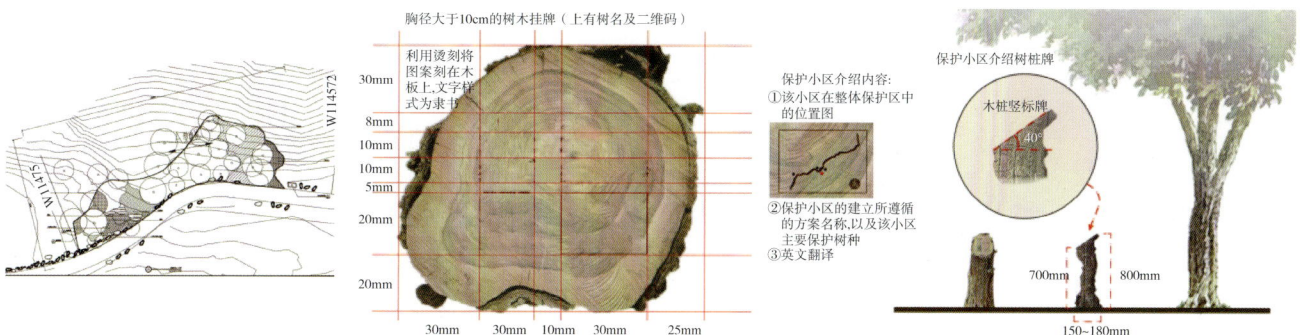

保护小区设施布局及标牌

紫椴　枫杨　五味子　核桃楸

赛区植被种源利用回植

2018 年种子繁育脱皮榆

2019 年脱皮榆繁育一年生苗　2021 年脱皮榆（北京二级保护植物）1200m 保护小区移栽情况

赛区脱皮榆植被种源利用回植

（三）山地既有林木综合评价

北京 2022 年冬奥会延庆赛区位于延庆区海陀山区域、小海陀南麓山谷地带。秉承"山林场馆、生态冬奥"的总体规划设计理念，建设"山林掩映中的场馆群"和"绿色生态可持续冬奥"。冬奥村设计以"自然"为起点，以生态保护和生态修复为基础，在满足冬奥村建设的前提下，如何最大限度保护冬奥村周边及内部的现状树木成为核心目标。从景观生态学、风景园林规划，将中国自然山水文化与冬奥文化相结合，借中国山水画意打造绿色生态、可持续发展的冬奥山水景观系统，营造"迎宾画廊、层台环翠、双村夕照、秋岭游龙、凌水穿山、丹壁幽谷、晴雪揽胜、海陀飞鸢"，形成"冬奥八景"，实现"由景至境"的情境升华。

冬奥村选址位于一片以核桃楸为主要林分，伴生有大果榆、白杨等植物的次生林，山高林密、生态敏感是场地的本底特征。规划的冬奥村面积为 12.38 万 m²，容积率 0.87，绿地率 11%，建设工程将对原有生态环境产生较大影响。既有林木由于生长环境与圃苗不同，姿态独特，保留既有林木既是对"绿色办奥"理念的贯彻，也是对山林场馆环境的塑造与强化。

结合冬奥村规划建设特点、景观生态系统结构、林学理论知识、景观美学理论知识，借鉴层次分析法总结构建既有林木综合评价体系。评价系统研究充分尊重各专业的主观性，不设立权重影响因子，而是对各因子进行综合考量，对各专业的条件限制进行充分考量。根据现场评估，存在片状保留与点状保留两种保留方式，评价体系分为片林综合评价体系与单木综合评价体系。

冬奥村位置

1. 片林综合评价体系

冬奥村项目确保建设为前提，做到生态先行。片状保留林需要考虑上位规划要求，满足绿地率、容积率、建筑面积等规划指标，在保留的同时为建设开辟足够的用地。其次，片状保留林需考虑林外结构特征因素，使片状保留林能够作为海陀山—松山的整体生态基底中的生态廊道或斑块，起到为生物提供栖息地的作用，成为生态系统的有机组成部分。此外，片状保留林需考虑林内结构特征，出于生态学、林学的考量，选择内部结构稳定的植物群落，同时兼顾美学，选择美景度较高的植物群落。

2. 满足规划指标要求

规划指标特征包括绿地率、容积率、建筑面积等，满足规划要求，冬奥村建设用地面积 12.38 万 m²，绿地率 11%，容积率 0.87，总建筑面积 118637m²（其中地上建筑面积 91000m²，地下建筑面积 27637m²），功能以集散广场和酒店为主。冬奥村项目绿地率低，山林面貌将变为聚落建筑面貌，保留片林面积占比很小，应科学选取保留树木片林位置。

在场地中部，有小庄科村村落遗迹，面积为 0.8 万 m²，现状为密林，基于减少干预和必须保护文物环境的保护原则，同时考虑遗迹处于场地中部毗邻东侧山林，具有文化和生态双重意义，确定该区域为保留片林。

3. 充分衔接林外结构格局

由于场地内采伐林地较大，生态系统变得十分脆弱，廊道与斑块对于维持与恢复系统稳定性和生物多样性具有重要作用，采用保留廊道与斑块的生态系统结构衔接林外结构格局。场地东侧临山，南北临路，西临国家

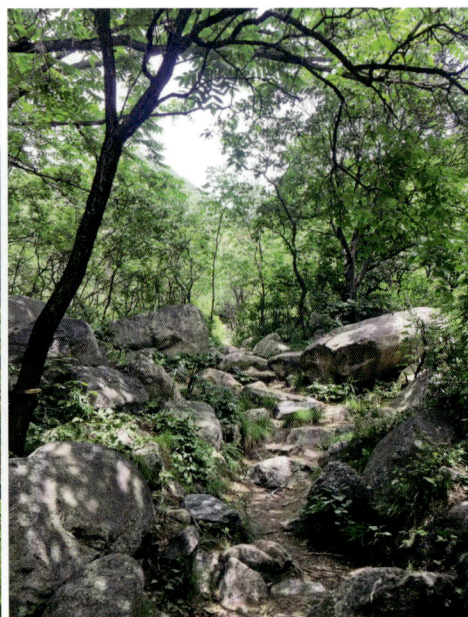

冬奥村场地原始风貌

小庄科村遗迹原始风貌

雪车雪橇中心，对东侧林木的带状保留可与基质相融，并作为连通南北斑块的重要廊道。

由于斑块大小、形状、密度、分布构型等对景观生态系统结构具有重要影响，在划定保留斑块时，着重考虑关键空间特征，如斑块大小、形状、分散度、斑块间距离等特征指标。冬奥村所在斑块大小介于 200~8400m² 之间，形状结合建筑设计以不规则矩形为主，斑块紧凑，提高"流"的速率。斑块的构型以散布状与指状相结合的模式为主，指状斑块将生态系统延伸至场地内部，加强斑块间直接联系，增加边缘长度，同时可强化"山林场馆"的规划目标；散布斑块起到踏脚石的作用，为专业间配合留出足够自由度。通过散布斑块与指状斑块相结合的形式，最大化构建斑块与基底、斑块与斑块之间的连通性。

4. 提高林内结构特征指标，保护既有山林生态价值

林内结构斑块的水平结构特征、垂直结构特征、林木规格、水平通视程度指标达成，体现了既有林地斑块的生态价值，同时呈现的群落面貌也提供了良好的游赏感受。

水平结构特征体现为群落中的不同生活型植物在水平空间的排布，包括乔木选取郁闭度、乔木密度、树种组合方式三个指标，灌木地被以覆盖度为指标。郁闭度主要考虑林内光线明暗带给游人的感受，划定较郁闭但局部透光的斑块，营造"林隙熹微漏日光"的感受。划定中密度的乔木密度，避免形成杂木林的消极游赏感受。林龄较大且林分密度较低的林分景

观质量最高，因此适当降低林龄大的乔木密度。从生态价值角度出发，划定混交形式的斑块，外观面貌突出的纯林予以保留。由于灌木均为杂灌木，覆盖度过高有杂乱无章之感，综合考虑生态价值和景观效果，确定斑块的灌木盖度为 30%~70%，草本覆盖度需接近 100%，保证不裸露黄土。

垂直结构特征体现为群落中不同生活型植物在空间上的成层现象，由于场地的乔木和草本植物在垂直空间的特征具有一致性，主要关注群落层级和灌木大小两个指标。群落层级对生态价值和观赏感受均有影响，通过提高单位面积的生物种类和数量、充分利用空间和营养物质，突出山林观赏面貌，丰富游赏视觉多样性，斑块划分以乔灌草三层群落结构为主，根据游线设计部分斑块为乔草双层群落结构。灌木大小主要影响观赏感受，在三层群落结构中，灌木层植物大部分自然生长的高度可以满足景观效果及通透性需求。

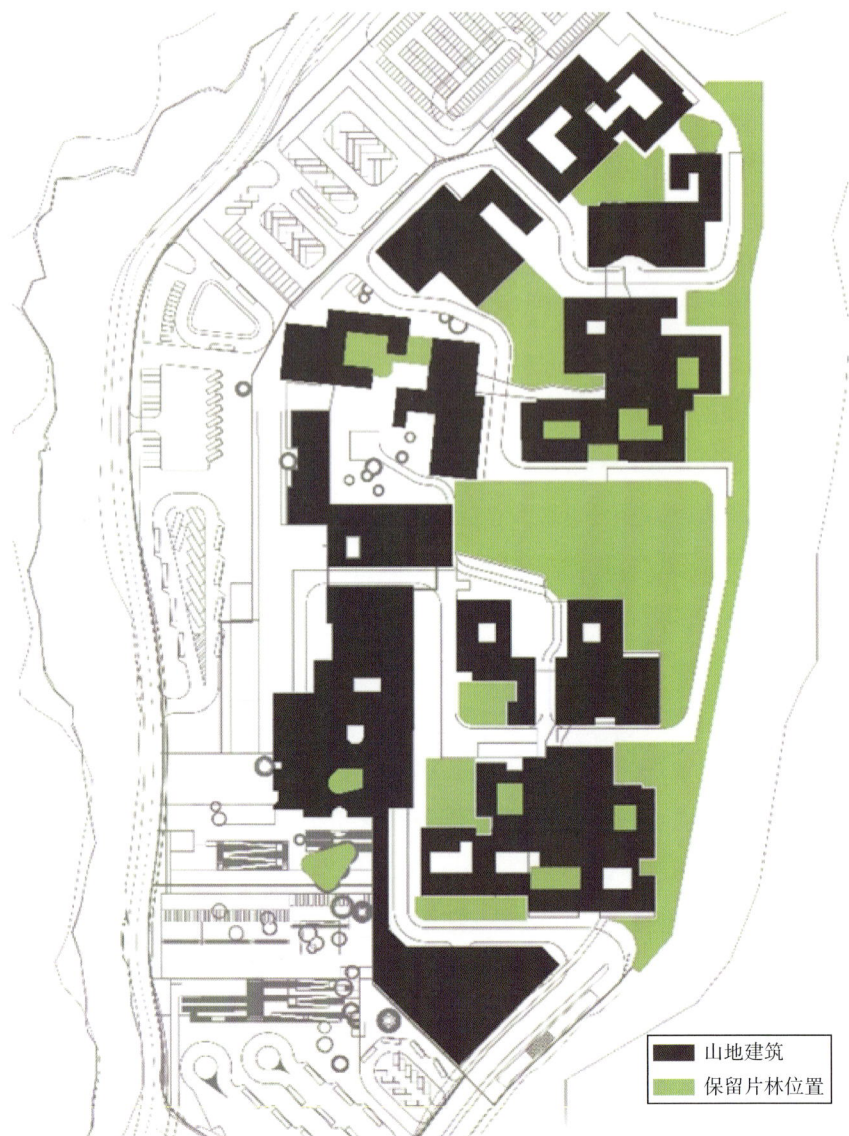

| ■ | 山地建筑 |
| ■ | 保留片林位置 |

保留片林位置

林木规格中，胸径大于 25cm 的大规格苗木是场地的珍贵资源，同时也更能产生葱郁的山林效果，增加游赏趣味，应全部保留。大规格乔木相对集中的区域在不影响其他专业规范要求前提下全部划定为保留片林。

水平通视设定为 1 倍树高至完全通视的斑块，会带给游人步移景异至通透疏朗的不同视觉感受。保留的片林划分和回植需尽可能保留水平通视程度的多样性。

保留的片林结构综合了规划指标特征、林外结构特征、林内结构特征三方面共计 10 项的指标体系。以 1 个贯穿南北的廊道斑块作为纽带，面积 0.68 万 m²；1 个大的楔形斑块由地块东侧指状插入场地内作为核心，面积 0.84 万 m²；散布 16 个小斑块与核心斑块作为呼应，这些小斑块是与总图、建筑、市政等专业协调布局所形成的结果，同时符合指标体系要求，面积总计 0.8 万 m²。保留片林总面积达 2.32 万 m²。

5. 单木综合评价体系应用下的既有树木

在保留片林区域外，存在极具观赏价值的单木，是稀缺景观资源，作为孤赏树或点景树，能够强化山林氛围，增强景观感染力。综合考虑实际建设条件，在保留单木评价指标体系中，考虑树种特征、景观美学特征、实现难度特征三方面指标。

（四）专业协同设计流程

冬奥会工程建设项目作为国家重点工程，属于超大超难类项目，存在项目体量大，专业参与方繁多复杂，动态发展性强，不可预估因素多，业主对项目品质完成度和细节度要求高，时间周期短，资金控制严格等问题。运用传统的以时间节点为目标导向，各专业分阶段介入推动设计进度的设计流程，难以控制设计品质，最终在设计阶段隐藏的诸多问题会在项目进程中后期暴露，造成时间浪费，产生额外经济费用，并易导致方案返工，甚至牺牲了设计品质和合理性。为避免传统设计流程弊端，建立系统的全专业协同设计流程，精细设计配合管理。

流程设计运用程序标准化、全专业协同化、设计现场一体化、信息数据化等手段、确保项目各环节持续高效运行。

1. 程序标准化

制定全专业设计流程的标准模式，确定统一的技术路线和制图标准，重要环节全专业参与讨论，严格控制各专业配合提资的时间节点，全专业讨论相互提资，协同设计、反馈核查、修订方案实现实时动态监管调整，做到全专业设计、审查、监管、执行的标准化。

2. 全专业协同化

冬奥村既有林木保护，以景观为牵头专业，林学及生态专业为学术支撑，建筑、市政、总图、地灾、岩土、水暖电设备、结构、照明、遗址考古等全专业协同设计，做到初期各专业提出相关条件，前期共

同探讨形成最优方案，中期多次反馈及时调整合理性，后期实时追踪查漏补缺。

3. 设计现场一体化

从前期调研勘测到后期现场实施，形成现场反馈机制，驻场设计人员每日现场巡查，各专业主要负责人每周定期到现场进行设计技术服务，设计方、业主、施工方形成三方监督协作机制，对现场问题及时反馈，做到早发现、早处理、早解决。

4. 信息数据化

整体设计过程中，各专业进行网上协同设计，根据文件类型和设计日期建立档案，分为上位条件、设计依据、图纸内容、文件反馈、现场照片等多类档案文件，以"日期 + 关键词"形式命名，档案由各专业负责人实时更新上传，全专业实时共享，做到信息化、可视化，形成冬奥村既有林木保护的定点动态检测图，形成可量化指标的设计质量成果。

（五）冬奥村生态修复概念设计及生态修复目标确立阶段（2017 年 5 月—2018 年 3 月）

延庆冬奥村及山地新闻中心工程原状场地为森林覆盖，场地内有大量的原状树木。建设单位与设计单位、施工单位、专业园林公司等共同对现场树木的保护范围及保护方法进行研究，充分考虑环境保护、树木存活率、工期保障、成本节约等因素，针对冬奥村地块，建立既有林木综合评价体系，并研究分类保护的策略、技术要点、关键技术，保证冬奥村山体原生态树木保护、移植率不低于 50%。

概念设计初始阶段，通过多次现场调研踏勘，图纸初步标明了冬奥村用地范围内的现状树情况、种类性状及分布情况等，作为场地既定条件，影响冬奥村前期概念设计。设计通过整体空间布局、建筑形式、场地地势等，最大限度避让既有树木，例如场地竖向上能尽量拟合原有地形；建筑组团围绕现状大树，设计为回字形庭院布局；既有林木集中区域，景观规划为公共绿地空间等。从概念设计阶段即做到充分融合既有大树条件，有序避让，积极转化，着重展示，通过主动设计使得保护树成为场地最重要的设计元素之一，打造被现状树掩映的山林场馆群。

（六）初步设计阶段（2018 年 4 月—2018 年 10 月）

既有林木保护调研工作深入展开，多次踏勘、确定具体树木位置、树木拍摄并编号等工作陆续推进。同时期各专业方案逐步落地，基于概念设计保护现状树的初衷，依据各专业规范进行落地设计。综合管线根据规范要求对现状树尽量避让［避让要求详见《公园设计规范》（GB 51192—2016）等相关规范］，岩土专业和结构专业选择更为合理的结构形式，岩土挡墙选择对场地挖方较少的桩板墙结合锚杆支护形式，建筑基础采用轻质

概念阶段效果图

钢结构形式，尽量减小对原生场地的干扰。根据现状树精确勘测点位，建筑方案和景观方案也进行优化调整，建筑局部设计中庭挖空或立面内凹造型，预留空间保护和展示现状大树，景观专业根据现状树与未来场地设计高差，优化树池形式。通过各专业多次互提资料、协同设计、反馈修改，最终形成较为落地可行的全专业扩初图纸，明确了原地保留和近地移栽的具体棵数及编号，于 2018 年 9 月底完成了冬奥村既有林木保护的施工准备图。

1. 确定保护方案（原地保留与移栽）

本项目以生态优先为基本原则，最大化原地保留既有林木。需从五个方面考虑确定原地保留树，分别为：规划需求层面，包括功能需求和规划指标；立地条件，包括复杂的地形条件和多山皮土的土质条件；林木自身长势；规范要求；施工条件和建筑、管线、构筑物的开挖范围。因建设工程无法原地保留的进行移栽，由于场地内不具备假植条件，移栽树分为近地移栽与回栽两个步骤，即对无法原地保留的树木进行近地移栽至场外假植，待景观工程开始后回栽至场地内的工作。

依据既有林木综合评价体系，通过与总图、建筑、市政专业充分对接，反复调整总图布局、竖向、管线路由、建筑方位，最终划定 313 棵保护树中，原地保留树 127 棵，移栽树 186 棵。其中，近地移栽后回栽原位树 14 棵，移栽后回栽场地内树 172 棵。

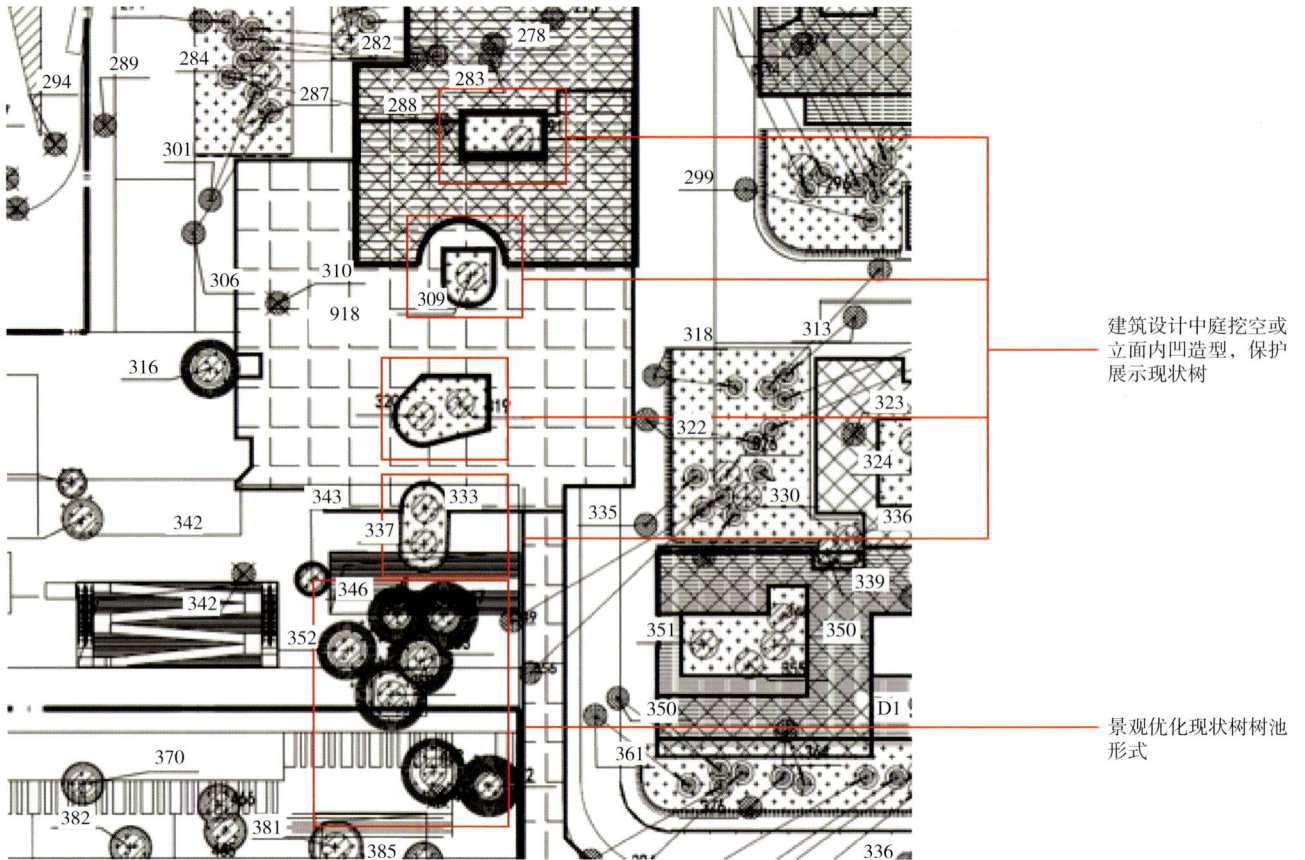

建筑设计中庭挖空或
立面内凹造型，保护
展示现状树

景观优化现状树树池
形式

初步设计阶段，依据现状树点位，优化建筑及景观方案

在规划设计前期，首先要确定原地保留树与移栽树，并逐一编号以便后期跟踪。原地保留树需进一步划定保护范围，作为各专业设计前提条件；移栽树木需与施工单位充分沟通，保证回栽路线的设计荷载能够满足回栽的要求。

2. 确定原地保留树保护范围

参考《公园设计规范 GB 51192—2016》中，对古树名木保护范围的划定应符合下列规定：

成林地带为外缘树树冠垂直投影以外 5m 所围合的范围；单株树应同时满足树冠垂直投影以外 5m 宽和距树干基部外缘水平距离为胸径 20 倍以内。

规范中同时规定，保护范围内，

不应损坏表土层和改变地表高程。划定既有林保护范围为外缘树树冠垂直投影所围合的范围；既有大树以胸径 10 倍范围为半径（丛生树木按照地径计算）与树冠投影范围中范围较大者为准。

（七）冬奥村生态修复施工图设计阶段（2018 年 11 月—2020 年 4 月）

进入施工图设计阶段，除常规图纸细化工作外，各专业着重预留未来树木保护的施工条件，预流施工通道，增加专项保护措施等。针对移栽树，与施工单位预先沟通设定回栽路径，总图专业保证回栽施工通道的预留活荷载和转弯半径满足运输要求，施工通道与屋面重叠区域结构专业需要预留荷载，对于需要考虑借助大型吊装设备回栽树木的区域，与景观场地结合预留施工平台。针对原地保留大树，景观专业明确必要的保护措施；与建筑距离过近的原地保留大树，需要增加必要的结构挡墙，以确保未来建筑施工过程中，降低对现状树周边的土壤扰动。同时完善现状大树保护实施方案，制定树木成活验收标准。

景观专业划定了保护树的保护范围，提出保护要求，总图、岩土、建筑、结构各专业以该要求作为设计前提进行整体方案的规划设计。在设计室外管线布局、挡土墙布局、建筑布局、建筑结构布局时充分考虑保护树的保护范围，在保护范围之外进行设计。同时考虑施工过程中的开挖范围，确保在施工过程中可能的开挖、放坡发生在保护范围之外。

总图与建筑专业提出相应的设计策略，包括台地化场地处理策略、半开放式建筑策略、树院策略等，从场地竖向上尽量拟合原有地形，建筑形体上避让保护树木，结构做法上优化基础大小，必要处采用了排桩的结构形式缩小开挖范围。山林环境下的冬奥村采用山地村落分散式、半开放式院落布局，采用台地化场地处理策略，整体建筑形式随地势变化逐渐叠落，利用场地条件与岩土挡墙的介入塑造若干台地，维持场地自身土方平衡。冬奥村利用台地生成若干四合院，对四合院通过切口的方式设置朝向景观的框景，使得每个建筑组团向景色打开，形成半开放的院落，与不同方位的胜景相呼应。对场地中现状树木进行详细的分类统计，根据树种、树龄、树形以及生长状况，筛选出需要就地保留的树木，并结合总平面布置、功能需求和就地保留树木的高程与位置，以树为院（围合成具有向心形和内在性的内庭院），极具在地性的内庭院组织重要公共空间和客房的平面布置。庭院根据树的高程呈台地形式分布，四周均采用玻璃幕墙的形式。若部分树木高程与庭院高程有一定微差，采用树台的形式将树木半抬高于地面。

保留树竖向的处理充分考虑总体高程对大树保护的影响。中心庭院 2 棵树地面覆土，高度降低，但其成活率与生长情况验收时观察良好。

各专业规范要求无法避开保留树木保护范围时，需满足各构筑物与既有林木距离的下限值，并充分评估对树体的影响，明确保护措施。建筑庭院内的移栽树在回栽过程中需要借助大型设备吊装种植，要综合考虑建筑顶板预留活荷载。结构专业预留活荷载不小于 $5kN/m^2$。统筹考虑施工时序，及时利用建筑塔吊对内庭院树木进行回栽，确保建筑庭院内部的大树移栽。

参考《公园设计规范》（GB 51192—2016）、《城市工程管线综合规划规范》（GB 50289—2016）、《建筑设计防火规范》（GB 50016—2014）等各规范对地下管线的水平距离和垂直距离，以及建筑物、构筑物外缘的最小水平距离的规定，详见表 6-1-8~ 表 6-1-11。

植物与地下管线最小水平距离（单位：m） 表 6-1-8

名　　称	新植乔木	现状乔木	灌木或绿篱
电力电缆	1.5	3.5	0.5
通信电缆	1.5	3.5	0.5
给水管	1.5	2.0	—
排水管	1.5	3.0	—
排水盲沟	1.0	3.0	—
消防龙头	1.2	2.0	1.2
燃气管道（低中压）	1.2	3.0	1.0
热力管	2.0	5.0	2.0

注：乔木与地下管线的距离是指乔木树干基部的外缘与管线外缘的净距离。灌木或绿篱与地下管线的距离是指地表处分蘖枝干中最外的枝干基部外缘与管线外缘的净距离。

植物与地下管线最小垂直距离（单位：m） 表 6-1-9

名　　称	新植乔木	现状乔木	灌木或绿篱
各类市政管线	1.5	3.0	1.5

植物与建筑物、构筑物外缘的最小水平距离（单位：m） 表 6-1-10

名　　称	新植乔木	现状乔木	灌木或绿篱
测量水准点	2.0	2.0	1.0
地上杆柱	2.0	2.0	—
挡土墙	1.0	3.0	0.5
楼房	5.0	5.0	1.5
平房	2.0	5.0	—
围墙（高度小于 2m）	1.0	2.0	0.75
排水明沟	1.0	1.0	0.5

注：乔木与建筑物、构筑物的距离是指乔木树干基部外缘与建筑物、构筑物的净距离。灌木或绿篱与建筑物、构筑物的距离是指地表处分蘖枝干中最外的枝干基部外缘与建筑物、构筑物的净距离。

工程管线之间及其与建（构）筑物之间的最小水平净距（单位：m） 表 6-1-11

序号	管线及建（构）筑物名称		1 建（构）筑物	2 给水管线 d≤200mm	2 给水管线 d>200mm	3 污水、雨水管线	4 再生水管线	5 燃气管线 低压	5 中压 B	5 中压 A	5 次高压 B	5 次高压 A	6 直埋热力管线	7 电力电缆 直埋	7 电力电缆 保护管	8 通信管线 直埋	8 通信管线 管道、通道	9 管沟	10 乔木	11 灌木	12 地上杆柱 通信照明＜10kV	12 高压铁塔基础边 ≤35kV	12 高压铁塔基础边 ＞35kV	13 道路侧石边缘	14 有轨电车钢轨	15 铁路钢轨（或坡脚）
1	建（构）筑物		—	1.0	3.0	2.5	1.0	0.7	1.0	1.5	5.0	13.5	3.0	0.6		1.0	1.5	0.5	—		—			—	—	—
2	给水管线	d≤200mm	1.0	—		1.0	0.5		0.5		1.0	1.5	1.5	0.5		1.0		1.5	1.5	1.0	0.5	3.0		1.5	2.0	5.0
		d>200mm	3.0		—	1.5																					
3	污水、雨水管线		2.5	1.0	1.5	—	0.5	1.0	1.2	1.5	1.5	2.0	1.5	0.5		1.0		1.5	1.5	1.0	0.5	1.5		1.5	2.0	5.0
4	再生水管线		1.0	0.5	0.5	0.5	—		0.5		1.0	1.5	1.5	0.5		1.0		1.5	1.5	1.0	0.5	3.0		1.5	2.0	5.0

续上表

序号	管线及建(构)筑物名称			1	2		3	4	5					6	7		8		9	10	11	12			13	14	15
				建(构)筑物	给水管线		污水、雨水管线	再生水管线	燃气管线					直埋热力管线	电力管线		通信管线		管沟	乔木	灌木	地上杆柱			道路侧石边缘	有轨电车钢轨	铁路钢轨(或坡脚)
									低压	中压		次高压										通信照明<10kV	高压铁塔基础边				
					d≤200mm	d>200mm				B	A	B	A		直埋	保护管	直埋	管道、通道	管沟				≤35kV	>35kV			
5	燃气管线	低压	P<0.01MPa	0.7			1.0													1.0							
		中压 B	0.01MPa≤P≤0.2MPa	1.0	0.5		0.5							1.0	0.5	1.0	0.5	1.0				0.75		2.0	1.5		
						1.2														1.5		1.0	1.0		2.0	5.0
		中压 A	0.2MPa<P≤0.4MPa	1.5			DN≤300mm 0.4 DN>300mm 0.5																			
		次高压 B	0.4MPa<P≤0.8MPa	5.0	1.0	1.5	1.0							1.5	1.0	1.0	2.0						5.0	2.5		
		次高压 A	0.8MPa<P≤1.6MPa	13.5	1.5	2.0	1.5							2.0	1.5	1.5	4.0									
6	直埋热力管线			3.0	1.5	1.5	1.0		1.0	1.5		2.0		—	2.0		1.0		1.5	1.5	1.0	1.0		(3.0 >330kV 5.0)	1.5	2.0	5.0
7	电力管线	直埋					0.5							0.25 / 0.1		<35kV 0.5 ≥35kV 2.0											10.0(非电气化3.0)
		保护管		0.6	0.5	0.5	0.5			1.0	1.5	2.0		0.1 / 0.1			0.7		1.0	2.0		1.5	2.0	
8	通信管线	直埋		1.0			0.5							1.0	<35kV 0.5 ≥35kV 2.0			0.5	1.0	1.5	1.0	0.5	0.5	2.5	1.5	2.0	2.0
		管道、通道		1.5	1.0	1.0	1.0			1.0	1.5	1.0													
9	管沟			0.5	1.5	1.5	1.5		1.5	2.0		4.0		1.5	1.0		1.0		—	1.5	1.0		3.0		1.5	2.0	5.0
10	乔木			—	1.5	1.5			1.0	0.75		1.2		1.5	0.7		1.5		1.5		1.5			0.5		
11	灌木			—	1.0	1.0								1.5					1.5		1.0				
12	地上杆柱	通信照明<10kV			0.5	0.5	0.5		1.0					1.0	1.0		0.5	1.0	1.0			—			0.5	
		高压塔基础边	≤35kV						1.0						0.5		0.5								
			>35kV		3.0		3.0		1.0 2.0			5.0		3.0(>330kV 5.0)	2.0		2.5		3.0						
13	道路侧石边缘			—	1.5	1.5	1.5		1.5		2.5			1.5	1.5		1.5		1.5	0.5		0.5		0.5			
14	有轨电车钢轨			—	2.0	2.0	2.0		2.0					2.0	2.0		2.0		2.0				3.0				
15	铁路钢轨(或坡脚)			—	5.0	5.0	5.0		5.0					5.0	10.0(非电气化3.0)		2.0		3.0			—	—		—		

注：1. 地上杆柱与建(构)筑物最小水平净距应符合《城市工程管线综合规划规范》中表 5.0.8 的规定；

2. 管线距建筑物距离，除次高压燃气管道为其至外墙面外均为其至建筑物基础，当次高压燃气管道采取有效的安全防护措施或增加管壁厚度时，管道距建筑物外墙面不应小于 3.0m；

3. 地下燃气管线与铁塔基础边的水平净距，还应符合现行国家标准《城镇燃气设计规范》(GB 50028)对地下燃气管线和交流电力线接地体净距的规定；

4. 燃气管线采用聚乙烯管材时，燃气管线与热力管线的最小水平净距应按现行行业标准《聚乙烯燃气管道工程技术规程》(CJJ 63)执行；

5. 直埋蒸汽管道与乔木最小水平间距为 2.0m。

　　此外，满足《建筑设计防火规范》(GB 50016—2014)中规定的消防车道与建筑之间不应设置妨碍消防车操作的树木、架空管线等障碍物的要求。

　　综合参考各专业规范的要求，本项目建设过程中涉及限定包括：室外管线的开挖范围与保护树的水平距离不少于 1m；建筑主体结构的开挖范围与保护树的水平距离不少于 2m；挡土墙的开挖范围与保护树的水平距离不少于 1.5m；排水明沟与保护树的水平距离不少于 1m。

在结合树木保护范围优化设计方案的同时，优化施工组织方案，其中的施工临时道路、堆料场等设施的设置对保留树进行了合理避让，结合临时支护，确保了保护树的生命安全。

（八）原生树木近地移植和现场保护准备工作

1. 土壤研究

通过五点取样法，采用临近的树木编号进行标记后送样检测，奥运村土壤平均 pH 值为 7.0，呈中性，较适宜植物生长，且随季节变化差异不显著。奥运村保护树木总体适宜在中性偏酸的土壤环境中生长，土壤 pH 值满足保护树木生长的条件。

奥运村土壤平均速效磷含量为 28.24mg/kg，符合园林绿化种植土壤技术要求，含量水平中等，随假植季节酌情提高土壤速效磷含量。秋后植物补充磷肥。

奥运村土壤平均速效钾含量为 168.72mg/kg，符合园林绿化种植土壤技术要求，含量水平中等，在栽植时机酌情提高土壤速效钾含量。

奥运村土壤平均全氮（%）含量为 0.24，处于一级标准。部分区域土样处于二级标准，春季全氮含量几乎全部恢复至一级标准。

奥运村土壤平均有机质含量为 4.23%，符合园林绿化种植土壤技术要求，含量水平中等。土壤中有机质各季节含量总体差异不大，春季略大于秋冬两季。

奥运村区域土壤微生物含量与季节变化不显著。土壤细菌含量为每克土壤 10^6~10^9 个，真菌为每克土壤 10^4~10^5 个，放线菌为每克土壤 10^5~10^6 个，以此为标准，真菌含量略低，细菌、放线菌含量均处于正常水平。通过增施有机肥、回填配方土壤等方式提高土壤真菌含量。

现场土质情况

针对计划种植位置的土壤，每 500m² 取样 2 个点，送至有资质的专业鉴定机构进行分析。依据分析数据，结合苗木品种与习性，有针对性地对苗木种植回填土进行改良，主要为调控酸碱度、有机质含量，以及降低土壤污染、重金属的危害等技术措施。对于已经进行了表土剥离作业的现场，一并对剥离土壤进行化验。由于定植位置均为山地，没有浇灌设施，因此在回填土中增加凝胶状保水剂，按照保水剂与回填土比例为 1 ： 5 进行添加，增加树穴土壤的保水效果，以利于提高成活率。

冬奥村山林地区进行地表土壤保护及充分利用。土质肥沃，酸碱度适中，非常适合植物的生长，整体优于其他大多数地区土质情况。为了在后期树木栽植和生态恢复中植物能健壮地生存，采用剥离山林表层土的方式提高后期植物移植的成活率和生长势。

2. 植被势态

冬奥村用地范围内的植被类型主要为胡桃楸林，另在场地东南侧分布狭长的山杨林，东侧沟谷地两侧分布有杂灌丛，全部为次生林。胡桃楸林主要分布在低海拔沟谷区域，是受建设影响最为严重的林型，为有效保护这一北京市二级保护植物，调查胡桃楸样方 8 个，分析林型的物种组成。统计胡桃楸林的乔木层共有 15 科 17 属 23 种，木樨科、桦木科、榆科较多，圆叶丁香、暴马丁香、大叶白蜡、黑桦、白桦、裂叶榆、大果榆等较多；灌木层共有 20 科 34 属 41 种；草本层共有 34 科 80 属 127 种。山杨林主要分布于赛区的山体阳坡，多形成纯林，优势现象明显，伴生树种相对较少，主要分布在海拔 1200~1500m 区域。山杨林乔木层物种组成为 6 科 6 属 6 种，灌木层物种组成为 6 科 7 属 7 种，草本层物种组成为 11 科 18 属 21 种。沟谷杂木林虽然面积不大，但物种多样性相对较高。同时，在沟谷内散生有北京市二级保护植物胡桃楸和水榆花楸，而且是大树和许多保护植物分布的集中区域，被列为保护植物与林木移植的重点区域。

冬奥村所占林地主要植物种类及地被植物见表 6-1-12。

冬奥村主要植物名录

表 6-1-12

类　　别	种　　类
常绿乔木	油松
落叶乔木	胡桃楸、蒙古栎、蒙椴、南京椴、辽椴、小叶椴、青杨、大果榆、大叶白蜡、花曲柳、蒙桑、楸树、榆树、椴树
亚乔木	山桃、山杏、五角枫、暴马丁香
花灌木	南蛇藤、华北绣线菊、多花胡枝子、刺果茶藨子
藤本植物	爬山虎
宿根花卉	黄花乌头、车前、匍枝委陵菜、委陵菜、拳参、大叶铁线莲、毛茛、金莲花
草本	宽叶苔草、细叶苔草、东陵苔草、披针苔草、白莲蒿、山蒿、马先蒿、莎草、高羊茅、山地早熟禾、薹草

白头翁

野生榛子

铁线莲

南蛇藤幼苗

毛茛

牛蒡

马勃

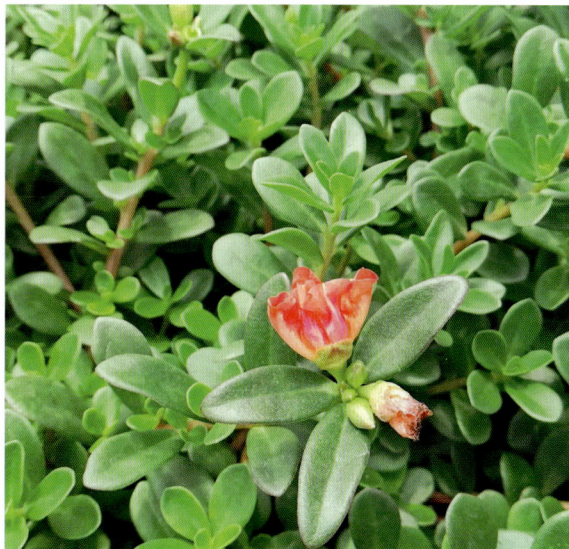

马齿苋

（九）施工及配合阶段（2020年5月—2021年6月）

设计方、业主方、施工方、监理方等建立多效协作机制，从进度控制、技术控制、整体协调性管理等方面进行综合管控。安排驻场设计人员每日跟进现场进度，各专业主要负责人每周定期到现场进行设计技术服务，对问题及时反馈调整。与总包、土建、景观分包等施工单位统筹协调，考虑合理施工时序，提前预留结构支护及施工通道。

1. 移栽去向

为了保证移栽成活率和移栽效果，首先选择近地移栽的方式对树木进行移栽。近地移栽是指将树木一次移栽到项目建成后规划的地点，最大化保证移栽成活率以及树木树冠丰满的成活效果。由于山地地势复杂，用地局促，实现有困难。在有条件的情况下部分进行近地移栽，大部分将移栽树移栽至山脚下张山营镇下板泉村的冬奥森林公园内。待冬奥村建筑主体结构施工完毕后再移回场地内。

确定移栽地点后，在移栽前要安排机械挖树窝，准备好栽植所需的种植土与有机肥，准备好生根粉、营养液以保证大树成活率。挖窝应为圆柱形，比土球大，选用与原生境相类似的土壤。

2. 移栽方案

移栽工作在表土剥离工作完成之后、场平施工之前开展。由于现场条件复杂，在确定移栽树的位置和数量后，根据每棵树的土壤条件、施工条件、长势对移栽树木进行评估，据此选择适合的移栽方法。园区内主要需要移栽的树种为楸树、大果榆、椴树和暴马丁香等落叶树，而且普遍胸径大于30cm，较为高大。

其中，有三种情况会影响移栽：部分区域土质良好，而其他地区碎石土较多且分布不均，碎石土会导致树木主根较长且粗壮，而侧根和须根在树木周围较少，且不易打土球，土球容易破裂；保留树木的立地条件不同，局部区域坡度较陡或不易进入，限制了施工机械的选择；个别树木虽姿态佳但长势较弱。最终确定对 10 棵进行板箱移植，176 棵进行土球移植。其中，57 棵苗木预计成活率 70%，119 棵苗木预计成活率 80%，10 棵苗木预计成活率 90%。对移栽成活率进行初步预判，并将之作为检测施工单位移栽养护水平的基本标准，精准目标能够有效督促施工单位对移栽树木进行精细养护。

（1）断根缩坨处理

为尽可能保证移栽成活率和尽快恢复生长势，在确定移栽树位置和移栽方式后，连同移栽要求一同交与施工单位，便于施工单位尽早了解方案，并尽早对树木进行断根处理。

断根方法采用两次断根法。标准的两次断根法需要分两年断根，由于项目工期紧迫，要求在同一年春季（3 月）和夏季（7 月）分别进行，每次切断根系的半个圆周。

板箱移植断根位置以树木主干胸径的 7 倍为准，土球移植断根位置以树木主干胸径的 6 倍为准。

（2）移栽时间

经过春、夏两季的断根缩坨处理，进入 9 月后，气温逐渐降低，是秋季移栽的高峰期。落叶树种渐渐落叶，树木慢慢进入休眠状态。最佳移栽时间是在落叶后至土壤封冻前进行。冬奥村地处高海拔地区，物候相对推迟，冬季封冻时间早，使得最佳移栽时间被缩短。同时山地条件复杂，施工难度大，为保证移栽工作有效进行，最终施工单位在 10 月中旬至次年 3 月底的树木休眠期进行移栽，冬季移栽时采取防冻措施。

3. 移栽

移栽过程主要包括树体挖掘、吊装运输、栽植三个步骤。

（1）树体挖掘

①起掘前的准备。

首先，在起掘前 1~2 天，根据土壤干湿情况，适当浇水，以防挖掘时土壤过干而导致土球松散；其次，清理大树周围的环境，将树干周围 2~3m 范围内的碎石、瓦砾、灌木地被等障碍物清除干净，将地面大致整平，为顺利起掘提供条件，并合理安排运输路线。再后，拢冠以缩小树冠伸展面积，便于挖掘和防止枝条折损。准备好挖掘工具、包扎材料、吊装机械以及运输车辆等。

土球开挖时对所有损伤根系进行修剪，并涂抹伤口愈合剂。土球或木箱苗木在打包前进行杀虫杀菌同步消杀工作，并添加生根剂。若开挖过程中因土质或地形起球困难造成苗木裸根，则在现场设置规格为 3m×3m×1.5m 的蘸浆池，对散坨树木根系进行整体蘸浆处理（保水剂中生根粉、黄泥土、水的比例为 1 ： 0.5 ： 15）。

②起掘和包装。

A. 土球移植。

本项目规定土球移植树木的土球规格为胸径的 8 倍，沿圈的外缘挖 60~80cm 宽的沟，沟深也即土球厚度，一般为 60~80cm（约为土球直径的 2/3）。为减轻土球重量，应把表层土铲去，以见侧根细根为度。挖到要求的土球厚度，用预先湿润过的草绳、蒲包片、麻袋片等软材包扎。实施过断根缩坨处理的大树，填埋沟内新根较多，尤以坨外为盛，起掘时应沿断根沟外侧再放宽 20~30cm。

土球移植根据土壤质地选择土球打包方式，打腰箍包扎保证抗震性能，避免山路运输颠簸使土球散坨。

B. 板箱移植。

本项目规定板箱移植树木的土台规格为树木胸径的 8~10 倍的正方形，沿划线的外缘开沟，沟宽 60~80cm，沟深与留土台高度相等，土台规格达 2.2m×2.2m×0.8m。修平的土台尺寸稍大于边板规格，以保证边板与土台紧密靠实。每一侧面都应修成上大下小的倒梯形，一般上下两端相差 10~20cm。随后用 4 块专制的箱板夹附土台四侧，用钢丝绳或螺栓将箱板紧紧扣住土块，而后将土块底部掏空，附上底板并捆扎牢固。

C. 裸根移植。

在实际移栽过程中，由于现场施工条件不满足以及部分区域表土下几乎全部为山石，出现了无法采用土球或板箱只能裸根移栽的情况。现场确定挖掘直径范围为树木胸径的 8~12 倍，并注意保护侧根和须根。软材包扎法简便易行，运输和装卸容易，但需对树冠采用强度修剪，选留 1~2 级主枝缩剪。移植时期宜选在枝条萌发前进行，加强栽植后的养护管理，确保成活。

（2）吊装运输

大树装运前，计算土球重量，运用计算公式为 $W=2Dh\beta$。式中，W 为土球重量，D 为土球直径，h 为土球厚度，β 为土壤容重。Thompson（美国）列出大树土球重量与树干直径的关系曲线，计算大树移植时的重量，安排相应的起重工具和运输车辆。

大树移植时，土球的吊装、运输应避免损伤树皮和松散土球。吊绳直接套住土球底部，一端吊住树木茎秆。准备 1 根大于土球周长 4 倍以上的粗麻绳（现多用宽尼龙带，对土球的勒伤较小），对折后交叉穿过土球底

部，从土球底部上来交叉、拉紧，将两个绳头系在对折处，用吊车挂钩钩住拉紧的两股绳，起吊上车。在运输车厢底部装些土，将土球垫成倾斜状，将土球靠近车头厢板，树冠搁置在后车厢板上。上车后将套在土球上的绳套解开，防止拆系绳套时损坏土球，也以便移植时再用。

在近距离大树移植时一般采用树木移植机同时作业，完成挖穴、起树、运输、栽植、浇水等全部（或部分）作业。一台带土球挖掘大树并搬运到移植地点，另一台挖坑并把挖起的土壤填回大树挖掘后的空穴。虽说一次性投入高，但移植成活率高、工作效率强，减轻了工人劳动强度，提高了作业安全性。

（3）栽植

大树移植以"随挖、随包、随运、随栽"为原则，移植前根据设计要求定点、定树、定位。栽植大树的坑穴，比土球（台）直径大 40~50cm，比方箱尺寸大 50~60cm，比土球或方箱高度深 20~30cm，并更换适于树木根系生长的腐殖土或培养土。吊装入穴时，与一般树木的栽植要求相同，树冠最丰满面朝向主观赏方向，并考虑树木在原生长地的朝向。栽植深度以土球（台）或木箱表层高于地表 20~30cm 为标准；特别是不耐水湿的树种和规格过大的树木，采用浅穴堆土栽植，即土球高度的 3/5~4/5 入穴，然后围球堆土成丘状，根际土壤透气性好，有利于根系伤口的愈合和新根的萌发。树木栽植入穴后，拆除草绳、蒲包等包扎材料，填土时每填 20~30cm 即夯实一次，不得损伤土球。栽植完毕后，在树穴外缘筑一个高 30cm 的围堰，浇透定植水。

在移植过程中，若因土质及苗木所处的位置限制，造成部分苗木散坨，则从提前布置的蘸浆池中取适量泥浆对植物根系整体涂刷。因气温较低，为避免因泥浆冻结，备好泥浆桶，配备 4 名作业人员及时调制并涂刷保护。涂刷后 24 小时内将苗木种植到位并补充定根水，缩短苗木失水时间，以利于提高成活率。

4. 移栽苗圃的养护

移栽的树木，需要经过中间苗圃的移栽转场，所以，在中转苗圃内应加强对树木的管护。

树木间距不小于 5m，设立不低于 10cm 的树耳，保证能把水浇足浇透，提高树木的成活率和生长势。做好树木支护工作，避免树木倒伏或倾斜。

由于树木为原生的山苗树木，土质瓦砾多，移栽过程中很多土质脱落，因此，为了提高移栽成活率，在移栽穴的裸露树根附近，填充冬奥村原址剥离的表土，以包裹覆盖裸露的毛细根为准。

移栽树木所在地土壤肥力充足，增施有机肥，加强土壤内微生物菌群的保育和补充，保持土壤疏松透气，保证树木生长势的恢复。

单株树木场外移植

单株树木场外移植成活

场外移植场地

场外移植场地 80% 成活

　　为了确保移栽树木健康生长，对移栽苗圃的土壤进行了三次跟踪检测。部分检测结果见表 6-1-13、表 6-1-14（北京市农林科学院植物营养与资源环境研究所检测）。

2018 年土样检测结果　　　　　　　　　　　　　　　　　　表 6-1-13

原号	pH （水土比 1：2.5）	速磷 （mg/kg）	速钾 （mg/kg）	土壤有机质 （%）	全氮 （%）
001	6.9	41.26	189.71	5.79	0.39

注：①检验数据以样品风干计。

　　②检验数据仅对所送样品负责。

2019 年土样检测结果　　　　　　　　　　　　　　　　　　表 6-1-14

原始树号	微生物种类	菌落含量（CFU）平均个数
001	细菌	2.7×10^7 个 /g
	真菌	3.4×10^4 个 /g
	放线菌	11.6×10^5 个 /g

注：检验数据仅对所送样品负责。

根据检测结果记录苗圃土壤中氮、磷、钾元素均处于适宜植物生长的水平，有机质含量丰富，均处于《园林绿化种植土壤技术要求（DB11/T 864—2020)》规定的范围内。苗圃土壤呈中性，符合植物健康生长需求。微生物含量丰富，细菌、真菌、放线菌均处于正常水平。每年春季和秋季，苗圃会进行定期施用有机肥、复合肥，补充土壤养分含量。

5. 树木修剪验收标准

树木移栽时，主干明显的，第一分枝点以下枝条应全部剪除，分枝点以上枝条酌情疏剪或短截，保留的主侧枝应在健壮芽上短截，剪去枝条的 1/5~1/3，整体保持树冠原型；对于群集丛生、无明显主干、枝条茂盛的落叶乔木，对干径 20cm 以上树木，疏枝保持原树形；对于周边树木，尤其是倾斜的树木，加重修剪，让整体树木群形状保持饱满。注意剪口平滑，不得劈裂。枝条短截时应留外芽，剪口应距留芽位置以上 1cm。修剪直径 2cm 以上大枝及粗根时，截口必须削平并涂防腐剂（无毒油漆或薄膜）。修剪 10cm 以上的主枝时，采用三锯下枝法修剪。

6. 病虫害管理

移栽树木时，其树势会受到影响，很容易招致病虫害的侵袭。因此，完善了病虫害防治措施和药剂储备，安排专人进行病虫害的巡查和防治指导。

通过对周边山林环境和场地内部病虫害进行调查，场地内可能发生的病害有 9 种，可能发生的虫害有 27 种，病虫害防治月历见表 6-1-15。

病虫害防治月历　　　　　　　　　　　表 6-1-15

病虫害种类		物理防治	生物防治	化学防治
虫害	纵坑切梢小蠹	诱捕器	管氏肿腿蜂	3%噻虫啉微胶囊剂
	杨潜叶跳象	周环阻隔	金龟子绿僵菌	20%阿维·杀单微乳剂
	光肩星天牛	诱捕器	管氏肿腿蜂、花绒寄甲	3%噻虫啉微胶囊剂
	榆黄叶甲	刮除蛹	蠋蝽	4.5%高效氯菊酯乳油
	红脊长蝽	人工除治	赤眼蜂	2.5%联苯菊酯乳油
	桑白蚧	人工刮除	草蛉、瓢虫	24.5%阿维矿物油乳油
	朝鲜球坚蚧	人工刮除	草蛉、瓢虫	24.5%阿维矿物油乳油
	红蜘蛛	喷水冲刷	捕食螨	40%阿维·炔螨特乳油
	华北大黑鳃金龟	黑光灯	金龟子绿僵菌	4.5%高效氯菊酯乳油
	草履蚧	围环阻隔	—	2.5%联苯菊酯乳油
	小线角木蠹蛾	修剪虫枝	斯氏线虫	1%甲维盐水剂
	红足壮异蝽	人工除治	赤眼蜂	2.5%联苯菊酯乳油
	黄杨绢野螟	修剪叶苞	蠋蝽、球孢白僵菌、BT	20%阿维·杀单微乳剂
	点蜂缘蝽	人工除治	赤眼蜂	2.5%联苯菊酯乳油
	白蜡窄吉丁	黄绿板、阻虫网	白蜡吉丁肿腿蜂、蒲螨	3%噻虫啉微胶囊剂
	华北蝼蛄	黑光灯	金龟子绿僵菌	4.5%高效氯氰菊酯乳油
	黄刺蛾	黑光灯	蠋蝽、球孢白僵菌、BT	3%甲维·茚虫威悬浮剂
	剑纹夜蛾	黑光灯	金龟子绿僵菌	4.5%高效氯氰菊酯乳油
	双条杉天牛	诱木、诱捕器	管氏肿腿蜂、花绒寄甲	3%噻虫啉微胶囊剂
	松黑木吉丁	—	白蜡吉丁肿腿蜂、蒲螨	3%噻虫啉微胶囊剂
	中华裸角天牛	黑光灯、捕捉	管氏肿腿蜂、花绒寄甲	3%噻虫啉微胶囊剂
	金纹细蛾	黑光灯、诱捕器	—	20%阿维·杀单微乳剂
	春尺蠖	黑光灯、围环	球孢白僵菌、BT	3%甲维·茚虫威悬浮剂
	白蜡绵粉蚧	剪除带虫枝	草蛉	24.5%阿维矿物油乳油
	蚜虫	黄板	草蛉、瓢虫	6%阿维·噻虫嗪微乳剂
	杨小舟蛾	黑光灯	线蝽、球孢白僵菌、BT	3%甲维·茚虫威悬浮剂
	松梢螟	黑光灯、诱捕器	赤眼蜂、蒲螨	10%联苯溴虫腈乳油
病害	黄杨炭疽病	剪除	枯草芽孢杆菌	25%吡唑醚菌酯悬浮剂
	煤污病	剪除		30%戊·多悬浮剂
	赤枯病	—	枯草芽孢杆菌	30%戊·多悬浮剂
	白粉病	剪除	枯草芽孢杆菌、CJBF	25%丙环唑乳油
	桃树流胶病	剪除、涂白	—	45%石硫合剂晶体
	细菌性穿孔病	剪除		12%中生霉素可湿性粉剂
	腐烂病	刮除、涂白	哈茨木霉菌	45%石硫合剂晶体
	冠瘿病	刮除、涂白		45%石硫合剂晶体
	褐斑病	—	枯草芽孢杆菌	30%戊·多悬浮剂

（月历栏位月份为：1月—12月；原生地植被生长区植被病虫害月历）

图例：■ 幼虫危害期　■ 成虫危害期　■ 成虫幼虫同时危害　■ 病害发生期

7. 设备设施验收

苗圃设排灌设施，排水及时。冬季严寒，对不耐寒、位置特殊的树木实施保温措施：在树木西侧和北侧设置风障；风障不低于树高，且上有通风孔。

（十）山林既有树木原地保留措施及方案

原地保留树的保护工作与场地平整工作同时开展，贯穿场平、土建施工、景观施工的全过程。对林木进行原地保留就是要保持其原有立地条件，保留其原始生长状态。此类树木并不需要额外加强管理，做好一般防护即

可。但树木立地条件较为复杂，有单株或者直立型多株，还有倾斜或者多株开心型等，因此必须做好妥善保护，保护表土层不受损坏，避免施工磕碰破坏原生树木原应有的风貌。由于原地保留树分布较分散，施工环境复杂，增加了保留树的保护难度，因此对保留树实施了从地下至地上的全面保护，降低施工过程中对保留树的扰动。保护措施主要有划定保护范围、坡体支护、梯级挡墙保护、做支撑、设围挡。

通过对原地保留和移栽树木自规划设计至养护阶段的全过程技术指导，实现了对既有林木系统性的有效保护，将对林木的扰动降至最低。截至2021年6月底，计划保留片林全部得到较好保护；127棵原地保留大树中有115棵得到了有效保护，死亡12棵，原地保留成活率90.6%；186棵移栽大树中有144棵得到了有效保护，死亡42棵，移栽成活率77.4%。313棵具有保留价值的大树移栽成活情况见表6-1-16。

保留移栽成活率统计 表6-1-16

树木保留类型	原 数 量	成 活 数 量	成 活 率
原地保留单木	127	115	90.6%
移栽单木	186	144	77.4%
总计	313	259	82.7%

保护效果良好，对生态系统、山林氛围起到了很好的强化效果。

保护移栽成果统计

广场保护树木实景

庭院保护树木实景

1. 坡体支护

在保护范围边界做围挡保护树体，做支护维护土坡。场平和建筑基坑、管线等开挖过程，对原状土造成了巨大扰动，而部分区域原立地条件本已存在坡度较陡的问题，因此需在受到较大扰动的原地保留树保护范围外做支护维持边坡稳定性。延庆赛区项目涉及到的支护有建筑基坑支护、直立式挡墙保护、排桩保护、临时支护、自然放坡五种形式，需在平面图中标明支护位置。

2. 梯级挡墙保护

根据保留树的原始高程和设计高程，酌情增减梯级挡墙保护。冬奥村场地平均坡度约 10%，为满足冬奥村使用功能要求而对场地高程的改变，给原地保留树的保护工作带来了挑战。从树木生态习性、景观美学、施工条件考虑，划定高程变化在 −1.0m~2.5m 之内为原地保留树，通过建立梯级挡墙的保护方法消化高差，最大限度地保证保护范围不受场地竖向变化的干扰，维持树木原生环境。

保留片林实景

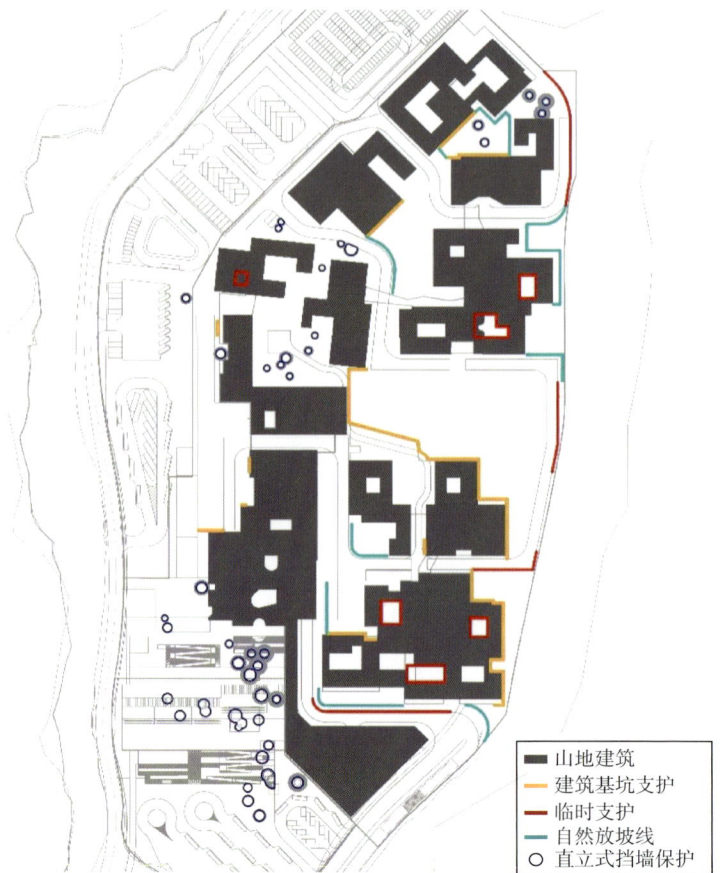

坡体支护位置

山地建筑
建筑基坑支护
临时支护
自然放坡线
○ 直立式挡墙保护

梯级挡墙设计

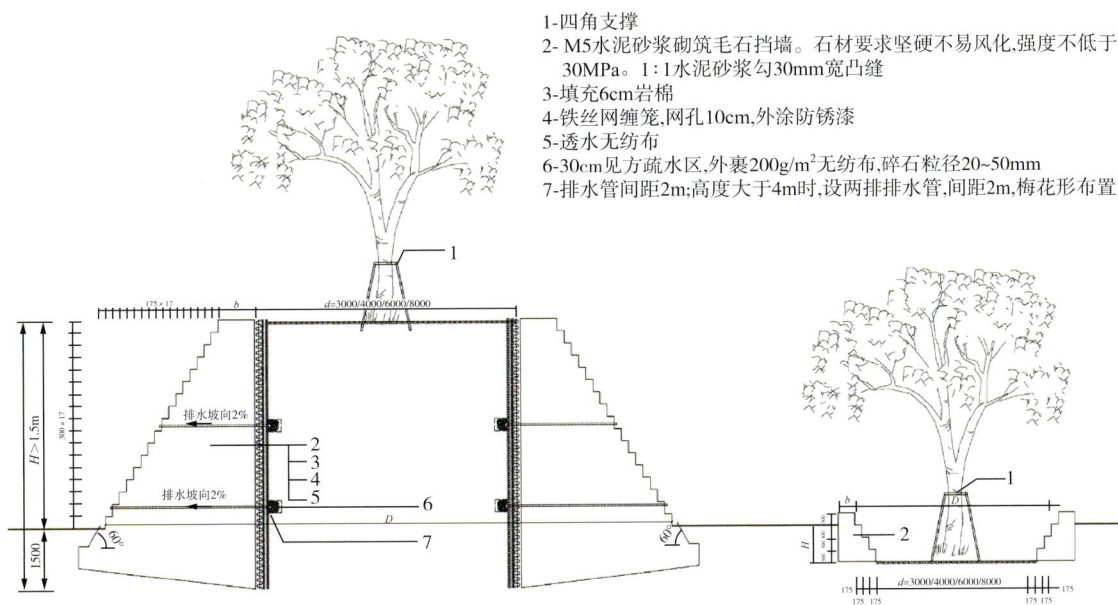

1-四角支撑
2- M5水泥砂浆砌筑毛石挡墙。石材要求坚硬不易风化,强度不低于
　30MPa。1:1水泥砂浆勾30mm宽凸缝
3-填充6cm岩棉
4-铁丝网缠笼,网孔10cm,外涂防锈漆
5-透水无纺布
6-30cm见方疏水区,外裹200g/m²无纺布,碎石粒径20~50mm
7-排水管间距2m;高度大于4m时,设两排排水管,间距2m,梅花形布置

梯级挡墙施工图（尺寸单位:mm）

梯级挡墙实景

考虑土质、冻土深度、积水等情况，保证土台顶原始地面具有一定规模，并做好土台加固和保温工作，对低洼挡墙设置穿孔排水管。

依据原始高程与设计高程差的不同，分类设计梯级挡墙。梯级挡墙可以最大限度地保证保护范围不受场地竖向变化的干扰，维持树体的原生环境，有效保护保留树。

（1）设计高程与原始高程相对，或较之降低不超过1.5m

由于场平后，此类树木根系所在土壤会凸出于地面，因此必须对其做好保护和养护准备工作，避免其受到胁迫，造成树势衰弱甚至死亡。预留树木周边场平后地基直径不小于6m的土台，以保证树木立地原始地面直径不低于4m，避免树木根系附近土石滑落导致树木根系裸露。

（2）设计高程较原始高程降低超过1.5m，但不超过2.5m

场平后，此类树木立地环境的相对凸起，将导致土壤水分流失速度加快，容易造成干旱胁迫，因此必须加强浇水和保湿，在上冻前浇好防冻水，保持好墒情，使其保持生长稳定。

树木根际土壤的裸露会大大降低严冬里树木根系的温度，容易造成树木在冬季被冻伤冻死。在场平后，对此类树木需做以下保护措施：用防水毯包围，内侧填充10~20cm岩棉，外侧用竹劈间隔50cm进行加固，用铁丝围绕捆绑固定，每隔30cm高度捆绑一匝。施工前进行技术交底和现场验证。

保留树木原立地直径6m，场平后地基为直径9m的土台。树木根际和场平后地面之间落差很大，加之树木生长环境多为土石结合的山皮土，因此很不稳定。在清理过程中，发现土质不紧实，甚至崩落造成树木倒伏的情况时，应变更挖掘方式，在加大保留土堆面积的同时，边挖掘场平边打桩加固，外围用防火砖和水泥进行圈围加固。

（3）设计高程较原始高程抬升不超过1m

为了保证树木有足够的生长空间，树木根系不会被深埋，导致树木根系无法呼吸，在树木周围预留树木胸径8倍的地表面积不掩埋大型石块和堆积大量土石。

3. 做支撑

在进行场平之前，对树木尤其是多株丛生的树木进行立地加固。避免因立地条件改变而导致树木倒伏。树木支撑时注意保护绑缚部位的树木韧皮部，使之免受铁丝和杉杆的破坏。

4. 设围挡

在保护范围边界上，与施工区域相迎的立面，做脚手架防护区以保护树木树体。脚手架不低于3.5m。在进行正式围挡施工之前，应做好树木生长促进沟的挖掘和准备工作，准备好灌溉和施肥设施准备，避免加大后期施工难度。

对保护树进行围挡保护

5. 原地保留树的养护

（1）立地条件

做好树木支护工作，避免树木倒伏或倾斜；树耳半径不小于 1m，深度不小于 5cm；及时补水，确保灌溉用水符合国家农业灌溉水标准，不用建筑废水；确保树耳内无建筑垃圾等杂物，不在树木投影内堆放建筑材料，避免破坏土壤结构；在建设施工过程中，对原地保留树木进行围挡保护，围挡范围以树木投影为准，高度不低于 2m。

（2）肥水管理

确保土壤肥水充足。增施有机肥，加强对土壤内微生物菌群的保育和补充，保持土壤疏松透气，加强树木生长势。

①灌溉。

A. 保留树木灌水技术措施。

根据小海陀山地区气候特点、土壤保水、植物需水、根系喜气等情况，适时适量为保留树木浇水，促其正常生长。浇水前先检查土壤含水率，一般取根系分布多的土层中的土壤。若用手攥可成团，但指缝中不出水，泥团落地能散碎，就可暂不浇水。

新移栽树木在连续 5 年内应充足灌溉。土质保水力差或根系生长缓慢树种，可适当延长灌水年限。浇水树堰高度不低于 10cm，直径按以下标准取值：有铺装地块的以预留池为准，无铺装地块的，以乔木树干胸径 10 倍左右、树冠垂直投影的 1/2 为准，并保证不跑水、不漏水。

用水车浇灌树木时，接软管，进行缓流浇灌，保证一次浇足浇透，严禁用高压水流冲毁树堰。喷灌时应定时启停，专人看管，以地面形成径流为足量标准。在使用海绵结构蓄积水浇灌绿地时，水质必须符合园林植物灌溉水质要求。在雨季，可采用开沟、埋管、打孔等排水措施及时对绿地和树池排涝，防止植物因涝致死。绿地和树池内积水不得超过 24 小时。

B. 灌水量。

对于灌水量，应适当掌握，灌水量太少，土壤会很快干燥，起不到抗旱作用。采取少灌、勤灌、慢灌的原则，使水分慢慢地渗入土中，在有条件的区域设置喷灌。

由于各种树木的习性不同，即使同一树种在不同年龄、不同季节的需水量也不一致，同时气候、土壤条件也会影响需水量，因此要根据树木生长的需要，因树、因地、因时制宜地合理灌溉，保证树木随时都有足够的水分供应。

引水方式有水车运水（人力水车、机动水车）、胶管引水、渠道引水（明渠、暗渠）、自动化管道（喷灌、滴灌的引水管道）引水等。

采取单堰灌溉的方式，即为每棵树开一个单堰。在株行距较大、地势不平坦的绿地等处，单堰灌溉可保证每棵树都能均匀地灌足水。

用水管引水进行喷灌。灌水堰应开在树冠投影的垂直线下；堰壁培土结实以免被水冲坏；堰底地面平坦，保证吃水均匀。

长期干旱会造成树木生长不良，甚至死亡。但水分过多也对树木不利。长期积水导致土壤含水过多时，土壤中所有空隙都被水分占满，达到饱和状态，空气都被排挤出去，造成树根缺氧，呼吸作用受到妨碍，影响树根吸收水分、养料等正常活动，造成树木生长不良。久之就会使树根窒息，以致树木腐烂而死亡。因此，必须做好排水工作。

采取地表径流排涝方式时，地面坡度一般掌握在 0.1%~0.3% 之间，不留下坑洼死角。明沟排水适用于地势高低不平、不易实现地表径流的绿地，明沟宽窄视水情而定，沟底坡度 0.2%~0.5%。

②施肥。

根据保留树木生长需要和土壤肥力情况合理施肥，平衡土壤中的各种矿质营养元素，保持土壤肥力和合理结构。在树木休眠期，以施有机肥为主，将之与土壤拌匀后，采用穴施、环施和放射状沟施等方法施用（三种方法轮流采用，林木受益最大）。施肥后踏实，并平整场地。在树木生长季节，可根据需要进行土壤追肥或叶面喷肥。保留树木的施肥量应根据树木大小、肥料种类及土壤肥力状况而定。施用时要做到用量准确，并充分粉碎；将肥料与土壤混合后要撒施均匀，随即浇水。

A. 施基肥。

在树木休眠时，将有机肥料发酵腐熟，而后按一定比例将之与细土均匀混合，埋施于树根部。具体方式包括：

穴施，即在树冠正投影线的外缘，挖掘单个的洞穴，将肥施入后，覆土踏实至与地面平。

环施，即沿树冠正投影线外缘开挖 30~40cm 宽的环状沟，将肥料施入沟内，而后覆土踏实至与地面平。这种方法可以保证树根着肥均匀。

放射状沟施，即以树干为中心，向外挖 4~6 条渐远渐深的沟，沟长稍超出树冠正投影线外缘；将肥料施入沟内，上覆土踏实。

B. 追肥。

在树木生长季节，根据需要施用速效肥料，促使树木生长的措施称追肥。

根施，即用穴施法将肥料埋于地表下 10cm 处，或结合灌水将肥料施于灌水堰内，由树根吸收利用。

根外施肥，即按规定的稀释比例将肥料兑水稀释后，用喷雾器喷施于树叶上，由树木地上部分直接吸收利用；结合除虫打药混合喷施（喷施时间为上午 9 时以前、下午 5 时以后）。

（3）施肥时期

早春或晚秋休眠期施用迟性长效肥，如堆肥、厩肥等有机肥，也可加少量速效肥料。在晚秋，于树木根基周围施以有机肥。一般落叶树根系在 2 月下旬开始活动生长，故以基肥结合氮肥，在早春发芽前的二三月份施用最为有利，也可在冬翻时进行。

在树木生长期内，施入适量的速效性肥料。花灌木宜在花前、花后、花芽分化等时期分别追肥，对部分花期长或开花次数多的植物，增加追肥次数。

土壤施肥方法要与树木的根系分布特点相适应，把肥料施在距根系集中分布层水平方向较远、地下竖向较深的地方。具体施肥的深度范围与树种、树龄、土壤和肥料性质有关。

在冬奥村常用的施肥方法有沟施（环施、放射状沟施）、撒施和根外施肥。

6. 重点树种针对性水肥管理方法

（1）椴树

椴树（包括小叶椴）适生于深厚、肥沃、湿润的土壤，在山谷、山坡均可生长。椴树为深根性树种，生长速度中等，萌芽力强；喜光，幼苗、幼树较耐阴，喜温凉湿润气候；常单株散生于红松阔叶混交林内。椴木对土壤要求严格，喜肥沃、排水良好的湿润土壤，不耐水湿沼泽地，耐寒，抗毒性强，虫害少；对干旱环境的适应能力强，在城市环境中能很好地适应生长，被广泛应用于城市绿化建设中；椴树也耐水湿，耐受阴雨连绵天气，耐涝性强。

关于椴树养护，在春季干旱时要及时浇水，夏秋干旱时，浇水要透，以保持土壤不干旱；入冬前还需浇 1 次防冻水。椴树对施肥要求不高；在刚移栽时补充营养，就能满足其生长要求，一般不再施追肥。以后结合冬季管理，每隔 1~2 年施 1 次基肥即可。

（2）榆树

榆树（包括大果榆）是阳性树种，喜光，耐旱，耐寒，耐瘠薄，不择土壤，适应性很强；根系发达，抗风力、保土力强；萌芽力强，耐修剪；生长快，寿命长；能耐干冷气候及中度盐碱，但不耐水湿（能耐雨季水涝）；具抗污染性，叶面滞尘能力强。

榆树的养护，切忌浇水过度，一定要合理控制水分，特别是夏季，浇水要注意时间和频率。如果水分

过大，会导致烂根。移栽时要浇透水，在7天以后再浇灌第二次水，10天以后浇灌第三次，然后就需根据土地的含水情况及榆树的生长情况做适当调整。氮、磷、钾肥配合使用；修剪后2天左右，叶喷尿素。

榆树并不喜大肥，在早春和秋季初时各施加一次肥料即可，不必多施，且要用低浓度的肥料。肥料可选用腐熟后的饼肥水，并结合氮磷钾复合肥一同使用，保证养分充足，这样才可更好地生长。

（3）楸树

楸树及胡桃楸是喜光树种，喜温暖湿润气候，不耐寒冷；根蘖和萌芽能力都很强；在深厚、湿润、肥沃、疏松的中性土、微酸性土和钙质土中生长迅速，在轻盐碱土中也能正常生长，在干燥瘠薄的砾质土和结构不良的黏土上生长不良，甚至呈小老树的病态；对土壤水分很敏感，不耐干旱，也不耐水湿，在积水低洼和地下水位过高的地方不能生长；对二氧化硫、氯气等有毒气体有较强的抗性。

在日常的养护中重视楸树的水肥管理，除了移栽后浇的头三水，还应在5—10月之间浇两次透水；当夏季降水较多时，只要不过于干旱即不需要浇水；冬季要施好防冻水。楸树每年灌溉水应不少于3次，分别于3月中旬、5月上旬和11月上旬进行。另外，楸树喜肥，在栽植时施足基肥，5月可施尿素，使植株枝叶繁茂且能够加速生长。结合秋季浇水，施入农家肥、土杂肥或者充分腐熟的饼肥。每年春季结

花曲柳

合进行浇水和追肥，肥料以氮量较高的复合肥为主。

（4）花曲柳

花曲柳是喜光树种，适生于深厚肥沃及水分条件较好的土壤上；根系发达，抗寒性较强，对气温适应范围较广；但耐干旱能力较差。

夏季，花曲柳需要肥水最多，采用增加氮肥用量和次数的方式，促进花曲柳根系发展和生长。前期用含氮量高的控施复合肥，2月施肥，深耕；5月以后酌情追氮肥。

对于移栽的花曲柳树，前三遍水很重要，尤其是第一遍水，要浇透、浇足；完成三遍水后，可视土壤的干湿度控制浇水频率。夏季是花曲柳生长的时期，此时应加大浇水力度，雨季则酌量进行；秋季适当控制浇水，少浇水或者不浇，让植株快速进入木质化阶段；进入冬季初期，在土壤还没有封冻之前，应该浇灌一次封冻水。

（5）蒙桑

蒙桑是阳性树种，耐旱、耐寒，怕涝，抗风。蒙桑的养护，需要在干旱时浇水，雨天排涝，每年浇透水3~4次即可。春肥一般在蒙桑发芽前施，主要施速效性肥料。第一次施肥在3月下旬进行，4月下旬进行第二次施肥。夏季、秋季需要酌情追施肥料；在冬季土壤封冻之前也要施肥，以保障翌年春季树木正常生长。

（6）暴马丁香

暴马丁香喜充足阳光，也耐半荫；适应性较强，耐寒、耐旱、耐瘠薄，病虫害较少；适生于排水良好、疏松的中性土壤，忌酸性土；忌积涝、湿热。

暴马丁香不耐旱，5月需要浇"卡脖水"，否则容易造成干旱季节提前落花。雨季前疏通排水沟以防积水。移栽后一般每年施肥2~3次：第一次在2—3月，第二次在7—8月，第三次在10—12月。施肥以氮肥为主，掺适量过磷酸钙和草木灰。

暴马丁香

（7）蒙古栎

蒙古栎喜温暖湿润气候，也能耐一定的寒冷和干旱；对土壤要求不严，酸性、中性或石灰岩的碱性土壤都能生长，耐瘠薄，不耐水湿；根系发达，有很强的萌蘖性。

第一次浇水应在清明节前后，这次浇水很重要，一定要浇透。第二次浇水要根据当地的降雨量来定。降雨量少的地区，应在 2 个月以后浇第二次水；降雨量多的地区可以不浇第二次水。蒙古栎在每年 3—4 月追肥一次即可，在离树根 30cm 处、树根上坡方向，开月牙形施肥沟，或在树根的上方、左右两侧各开一个，防止肥水流失。

7. 水肥管理月历

3 月：中旬对全部保留树木浇春水，应一次浇透；可随浇春水对新移栽或移栽 2 年内的树木施用一次复合肥，以水溶肥为佳。

4 月：视蒙桑、蒙古栎生长、展叶情况，酌情少量追肥一次，以氮肥为主；对于椴树、楸树，则可视气候随时补充少量水。

5 月：对椴树、榆树、楸树、暴马丁香浇水，以喷灌为主，浇水量不宜过大，对暴马丁香以喷淋浇水为主，少量多次，避免夏季焦叶。

6—8 月：夏季炎热，应根据土壤墒情对各植物补充浇水，以湿润土壤为标准；如当年多雨，则应开沟排水，避免树池内积水超过 24 小时；对于夏季生长较快的蒙桑、花曲柳等植物，应追施少量氮肥和钾肥，促进其干部和根系生长。

9—10 月：可对蒙桑、楸树等补充少量水分，对暴马丁香追施少量氮肥与磷肥（也可等到 11 月再施）；对树势衰弱的树木补充施用磷肥、钾肥。

11 月：对保留树木浇灌封冻水；可结合封冻水，对树木施用基肥，为其来年的生长提供足够的营养保障。

8. 病虫害管理

原山林树木繁茂，但是病虫害发生较重。建设施工对生态环境影响很大，益虫益鸟被驱离，很容易招致病虫害的侵袭，所以必须有完善的病虫害防治措施和药剂储备，并由专人负责。原地保留树的病虫害防治月历同表 6-1-15。

9. 山林既有树木回栽措施

项目移栽树木共 3 批，其中 57 棵一批的成活率为 70%，119 棵一批的成活率为 80%，10 棵一批的成活率为 90%。回栽是指在项目主体建筑施工完毕后，将由场地内移栽至别处的树木移栽回场地内。回栽的方法与移栽相同。项目场平与土建工程持续进行了 2 年，为了使移栽树木顺利度过安全观测期，需要人工模拟其原有的生境条件；通过前期土壤调查，充分了解土壤情况，并配置相应的配方土用于回栽。

（1）土壤检测与土壤微生物检测

现场土壤检测及土壤微生物检测是模拟原有生境条件必需的工作。为提高树木移栽成活质量，科学合理地在配制土壤中植入微生物是不可或缺的工作步骤，而进行土壤微生物检测是找到可靠植入生物资源最简单、快捷的途径。项目山体植被基本土壤情况调查工作中，设置了 15 个检测点，在 3 个季节进行取样检测。

根据现场土壤检测及土壤微生物检测数据可知，奥运村区域土壤氮、磷、钾三种大量元素含量处于标准范围，氮、钾元素处于中等水平，但磷元素含量略低；细菌和放线菌含量符合正常水平，真菌含量略低；有机质含量正常，pH 值符合植物生长需求。

（2）配方土加工

现场土壤检测、土壤微生物检测数据以及现场调查情况反映，区域土壤团粒结构较好，但部分区域土壤中存在较多石块。同时，许多植物根系在移栽过程中受损，如不刺激根系生长，保持根系活力，很可能造成植物生长势衰弱。

根据以上情况综合判断，设计土壤配方见表 6-1-17。

种植穴土壤配方　　　　　　　　　　表 6-1-17

成　　分	含　　量	成　　分	含　　量
过筛原土	500g/kg	富磷有机肥	50g/kg
草炭土	200g/kg	土壤改良菌剂	30g/kg
素砂土	200g/kg	含腐殖酸水溶肥料	10g/kg
		生根粉	10g/kg

（3）配方土回填

在树木移栽回种植穴前，在穴中铺设 20cm 厚的配方土壤，并在培土过程中完成土壤回填，回填后随浇水浇灌改良菌剂、水溶肥料和生根粉的稀释液。在部分土壤板结严重、工程渣土较多、土质较差的区域进行换土。

表土剥离产生的留存表土在回栽中也起到重要作用。一方面，回栽树定植后，在树穴表面预留 30cm 厚度用于均匀铺撒表土。另一方面，在景观工程种植区域内预留 10cm 厚度用于均匀铺撒表土，从而在短时间内恢复冬奥村区域内的土壤环境，使之与周边山林形成协调统一的结构，促进区域生态的尽快恢复。剩余表土用于同区内的生境保护和边坡工程。

（4）回栽树的养护

回栽的树木，由于损伤较大，树势削弱严重，需合理养护。养护要求与移栽树基本相同，在保证成活率的基础上重点恢复树势。

（5）支撑

大树栽植后应立即支撑固定，预防歪斜。正三角撑最有利于树体固定，

支撑点设于树体高度 2/3 处为好。支柱根部入土中 50cm 以上，固着稳定。

（6）裹干

为防止树体水分蒸腾过大，用草绳等软材将树干全部包裹至一级分枝。此类包裹物具有一定的保湿、保温性能，经裹干处理后可阻挡强光直射和干风吹袭树干，减少树体枝干的水分蒸腾，使之能够存储一定量的水分，枝干保持湿润；也有助于调节枝干温度，减少高、低温对树干的损伤。薄膜裹干在树体休眠阶段使用效果较好，但在树体萌芽前应及时解除。

新移植大树，根系吸水功能减弱，对土壤水分需求量较小，因此应保持土壤适当湿润，控制浇水量。采取小水慢浇的方法浇定植水，第一次定植水浇透水后，间隔 2~3 天后浇第二次水，隔一周后浇第三次水；视天气、土壤质地情况，谨慎浇水。夏季必须保证每 10~15 天浇一次水。防止树池积水。种植时留下的围堰，在第三次浇水后应予填平并使之略高于周围地面。在地势低洼、易积水处开排水沟，保证雨天能及时排水。保持地下水位高度适宜（一般要求为 –1.5m 以下），在地下水位较高处进行网沟排水；汛期水位上涨时，在根系外围挖深井，用水泵将地下水排至场外，严防淹根。结合树冠水分管理，每隔 20~30 天用 100mg/L 的尿素和 150mg/L 的磷酸二氢钾喷洒叶面，维持树体养分平衡。

（7）搭棚遮阴

生长季移植，应搭建遮阴棚，防止树冠经受过于强烈的日晒影响，降低树体蒸腾强度。在成行、成片移植，树木密度较大时，搭建大棚，省材且方便。全冠搭建时，遮阴棚上方及四周与树冠间保持 50cm 的间距，以利棚内空气流通，防止树冠受到日灼危害。遮阴度控制在 70% 左右，让树体接受一定的散射光，保证树体光合作用的进行。

（8）树盘处理

浇完第三次水后，撤除浇水围堰，并将土壤堆积到树下成小丘状，避免根际集水；经常疏松树盘土壤，改善土壤的通透性。在根际周围种植马蹄金、白三叶、红花酢浆草等地被植物，减少土面蒸发。

（9）树体防护

新植大树的枝梢、根系萌发迟，年生长周期短，养分积累少，组织发育不充实，易受低温危害，因此必须做好防冻保温工作。入秋后要控制氮肥，增施磷钾肥，并逐步撤除遮阴棚，延长光照时间，提高光照强度，以提高枝干的木质化程度，增强树木自身的抗寒能力。在入冬寒潮来临之前，采取覆土、裹干、设立风障等方法进行树体保温。

02

冬奥会延庆赛区生态修复工程实施

延庆赛区冬奥建筑（国家高山滑雪中心、国家雪车雪橇中心、冬奥村、山地新闻中心、配套基础设施）的建设，在我国尚属首次，此前没有任何可依据的施工规范和可借鉴的施工经验，特别是在环境保护领域面临着诸多困难，如亚高山草甸的保护、森林防火、生态边坡防护、防洪及雨（雪）水利用等，对建设人员而言都是极大的挑战。各建设、设计施工单位克服多重困难，围绕环境保护，在科技、管理等多层面进行了探索，取得了成效。

01 第一节　打造智能化施工管理平台，服务环境及安全监测

国家高山滑雪中心项目场区分散在山与山之间，因为直立的山脊会阻挡信号的传播，所以不同施工团队之间的信息共享难度较大。同时，又因为项目紧邻国家自然保护区，环境保护和森林防火的要求非常高。因此，建立一个具备智慧管理及监控监测功能的智能化施工管理平台显得十分重要。而且，国家高山滑雪中心的智慧管理、质量监测能力与体系的形成，对其未来的持续运营具有重要意义，对其他新项目的建设也具有指导作用。

一、智能化施工管理平台

国家高山滑雪中心项目的智能化施工管理平台，是基于 GIS、BIM、云服务、物联网、传感器、系统集成等技术，为冬奥会延庆赛区建设工程提供全生命周期可视化管理，实现涵盖安防、防火、防汛、北斗定位、环保、可持续利用等多专业的工程数字化综合管理云平台。

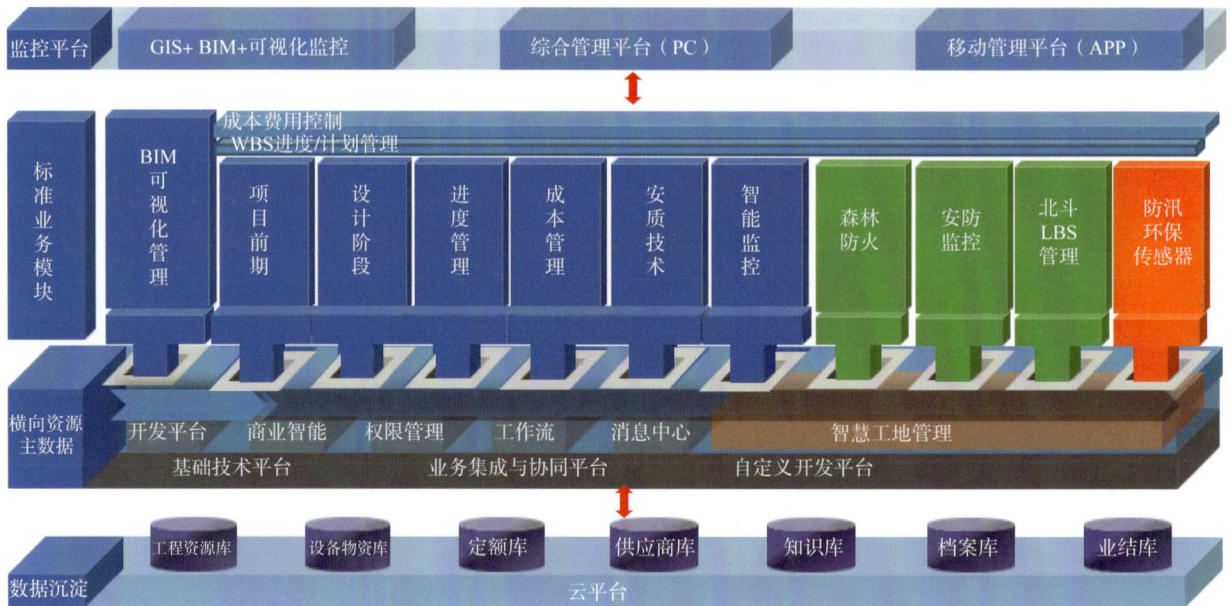

智能化施工管理平台

平台智慧工地管理功能是基于施工工地现场的物联网系统，建立在高度信息化基础上的一种支持对人和物全面感知、施工技术全面智能、工作互通互联、信息协同共享、决策科学分析、风险智慧预控的新型信息化手段，围绕人、机、料、法、环等关键要素，可大大提升工程质量，确保施工安全，节约成本，提高施工现场决策能力和管理效率，实现工地的数字化、精细化、智慧化。

通过对项目硬件设备进行集成，完成硬件标准适配接口，实现远程视频监控、人员监控、现场闸机、机械设备监控、危险源监控、环境监控、能耗监控功能等多角度智慧工地应用。

平台大数据展示内容包括项目 GIS 数据、项目 BIM 数据、项目管理数据等；可满足施工项目的业务数据、行为数据和环境数据的采集与分析，支持 PB 级别的数据处理，包含数据采集、数据集成、数据存储、数据计算、数据分析及平台管理等。根据平台业务过程数据，实现公司、部门、项目级驾驶舱,让使用者能够实时了解项目生产执行情况,并可进行预测预警分析,为多项目集中管理实现可视、可管、可控、可测的目标,打造形象化、具体化、实时化、规范化、数据化的驾驶舱,提供多 Portal 应用服务支持。

二、人员和机械监管

环境监测仪系统可以为第三方平台提供数据上报接口;设置不少于 1 个环境参数、扬尘 PM_{10}、$PM_{2.5}$、噪声监控点,具备实时检测、本地显示、在线传输等功能;基于 B/S 架构,适应于多种操作系统下的使用;采用 TCP/IP 协议,兼容性好;支持气象参数(温度、湿度、风速、风向、大气压)直接接入;支持治理设备接入(喷淋、雾炮);扬尘控制联动可现场自动控制,也可远程人为控制;支持高亮 LED 屏接入,可现场实时显示噪声、$PM_{2.5}$、PM_{10}、气象等数据。

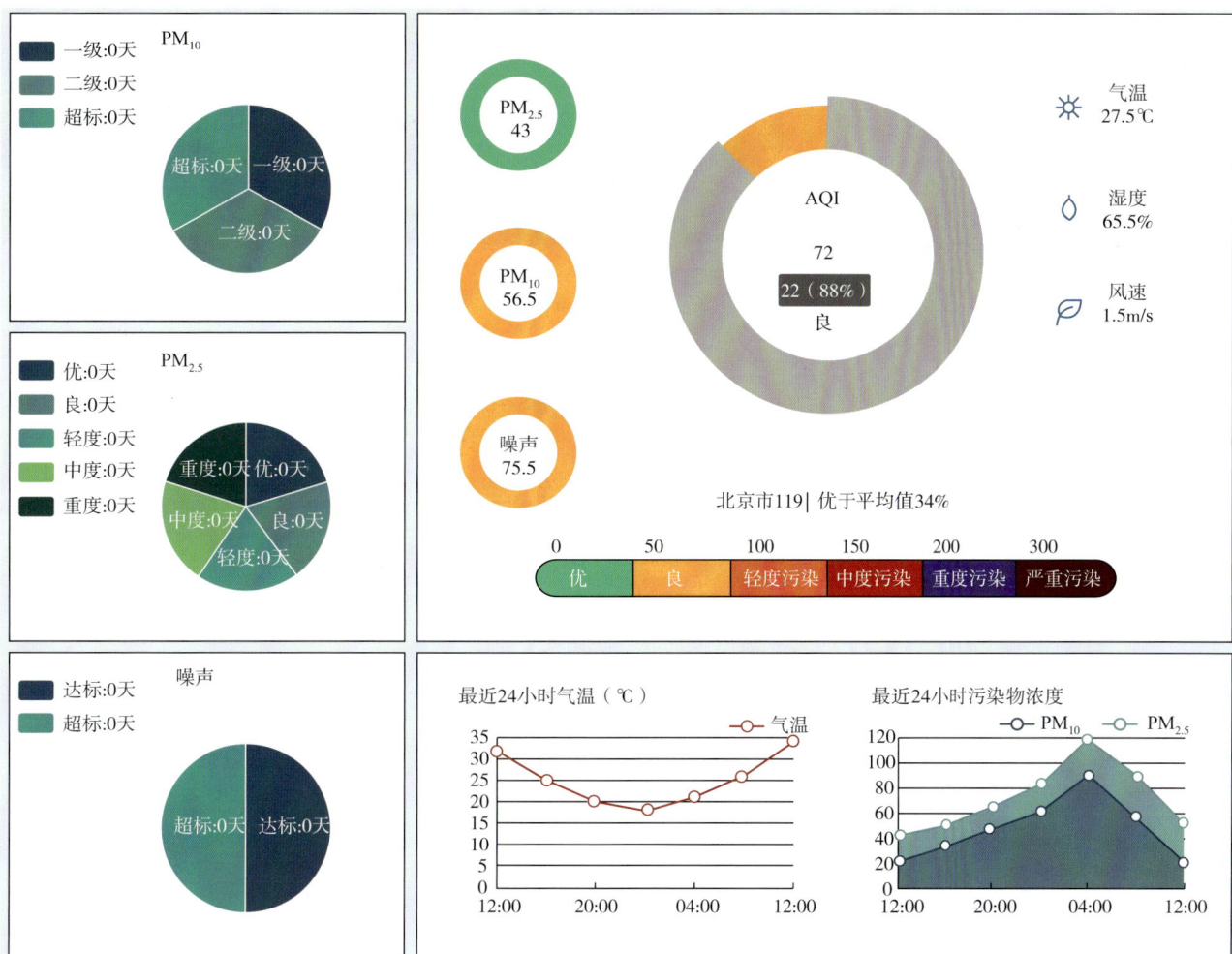

环境参数监测界面

三、森林防火监控

高山滑雪中心坐落于松山国家自然保护区内，地势险峻，林木茂密；区域内有种类繁多的国家级与市级保护动植物。冬季区域气候干燥寒冷，风力最大可达 10 级，是森林火灾的高发期。冬奥会项目全球瞩目，在安全方面不能发生任何事故。因此，杜绝森林火灾的发生，是保证赛区施工安全的重中之重。为此，项目开发了基于冬奥会山地场馆建设的森林防火监控平台，并依托研发的平台，进行森林防火隐患分析排查工作。森林防火监控平台系统的监控选线和点位的布控如下图所示。

平台监控点位布置

该系统功能先进、稳定可靠、精干实用，充分借鉴吸取了近年来全国各地建设森林防火视频监控系统的经验和不足，具备以下优势和功能特点：

①前端视频监控站采用最新高清网络摄像机，图像更加清晰、细腻，画面清晰度相比传统的监控摄像机提高了 8~10 倍；同时，配合 300mm 长焦变倍透雾镜头，近能看到鸟类身上的羽毛，远能看到 3km 外燃烧的火灾现场。

②以森林防火地理信息系统为基础，建立森林资源数据库和森林防火数据库，具备地图、地形和影像三种显示模式；一旦发生森林火灾，可自动搜索出离火点最近的防火物资储备库、扑火消防队等相关因子的位置及联系方式，准确显示出道路、地形、山势、海拔等信息，为制定扑火预案和扑救指挥提供决策依据。

智慧工地现场防火监控

02 | 第二节　生态边坡防护，因地制宜成效显著

一、国家雪车雪橇中心出发区 1 北侧边坡生态修复

出发区 1 北侧山坡生态修复工程涉及人工背运种植土 700m³，人工扛运油松 280 株，种植五角枫 340 株、大果榆 510 株、山杏 850 株，喷播 2000m²，铺设一体化纤维毯 5140m²。工程实施面临地形带来的巨大挑战：

①由于山坡上没有施工道路，所有材料全部需要人工佩戴安全绳扛运上山；而出发区 1 至北侧山坡最顶层抗滑桩的垂直高差达 200m 左右，造成运输工作难度和危险性大增。

②山顶缺水严重，需采用高压水枪层层输送水源以进行浇灌，夜间浇水施工危险性很大。

（一）人工背运、回填种植土方及运输、种植苗木

向山坡上运送种植土、苗木、草籽，以及苗木种植的工作，面临与同区域人工挖孔桩施工阶段相同的困难：坡度达 70°~80° 的斜面上，既没有

国家雪车雪橇中心区域生态修复工程开始前的地貌

上山的道路，也没有施工平面，所有物资只能靠身绑、手拉安全绳的工人扛上山。遍布山坡的每棵树木均为人工运输到位，一棵即需要 4~6 人合力，较大的树木甚至需要 10 人合力才能在陡坡上缓慢上行。

（二）植物纤维毯铺设及养护

1. 植物纤维毯结构及外观要求

植物纤维毯上网、下网为 PP 纤维（聚丙烯纤维）网，网格间距不大于（12±2）mm×（10±2）mm；含两层中网，即椰丝稻草或椰丝麦秸混合的天然植物纤维，两层中网间夹一层厚 5~10cm 的种植营养土（含植被种子）。

草毯铺絮的纤维应均匀平整、边缘整齐。上下网的网格排列整齐、均匀一致，不允许出现断裂现象。衬纸不应有撕裂或大于 10mm 的孔；绗缝的针距、行距应疏密一致，不允许有漏针、断线现象。

2. 施工要点及要求

（1）施工准备

施工前进行现场自然情况调查，根据调查情况准备试验段，确定所用草毯和草种的设计配比；选取 10~50m 边坡区域进行试验段施工，总结营养土配方以及草籽搭配效果。

（2）平整坡面

因边坡较陡，交通不便，机械无法进场，需采取人工清坡的方式进行坡面平整。对于不利于草种生长的坡面，先回填 5~10cm 厚的种植土，并用水润湿，令其自然沉降至稳定，然后再回填 20cm 种植土。平整完成后，在后续施工中严禁工人直接踩踏，上下作业时使用坡面爬梯。

出发区 1 北侧山坡抗滑桩　　　　　　　　　　　　　人工搬运纤维毯

苗木运输

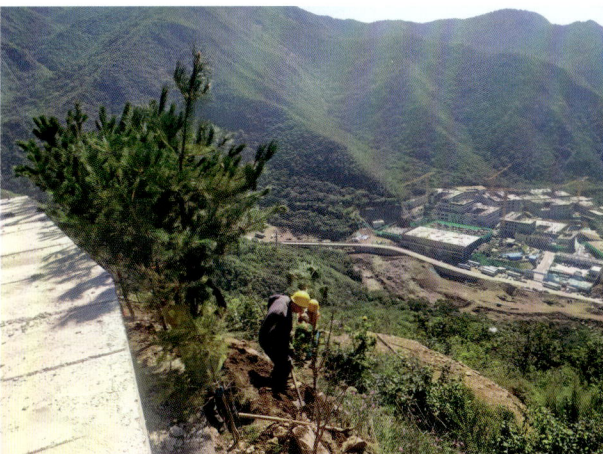

苗木种植

（3）坡顶、坡脚锚固沟开挖

在距坡顶、坡脚 20~30cm 处（视现场情况调整）分别开挖深 40cm、宽 50cm 的沟槽，并夯实基底。

（4）铺设植物纤维毯

从坡顶向下铺设植物纤维毯，过程中注意铺展平顺、拉紧。植物纤维毯之间搭接宽度为 10cm，搭接时注意将下一级网压在上一级网之下，同时加强搭接部分的 U 形钉锚固。植物纤维毯与地面保持充分接触。禁止在坡面来回踩踏已播撒的种子。

（5）锚固及回填原土

纤维毯铺设完毕后，将预留的草毯折叠于锚固沟沟底，而后在沟底搭接处将草毯固定紧实（每米固定物不少于一个），最后回填土压实。

3. 栽后管理

种子前期养护一般为 45 天，发芽期（15 天）湿润深度控制在 2cm 左右，幼苗期依据植物根系的发展情况逐渐加大到 5cm 以上。前期每天早晚各养护一次，早晨养护在 10 时以前完成，下午养护在 16 时以后开始，避免在强烈的阳光下进行喷水养护，以免造成植被的生理性缺水和诱发病虫害。在高温干旱季节，种子幼芽及幼苗易因地面高温而受伤，因此每天需增加 1~2 次养护；下雨或阴天则适当减少养护次数。

一体化纤维毯铺设效果

生态修复完成后的山景

植物纤维毯铺设完毕后至成坪期间不允许随意揭开植物纤维毯，以确保草能够正常发育和生长。

养护初期幼苗萌发的阶段同时也是各种杂草滋生的时段，为了体现所播种草种的景观效果，需要及时拔出杂草；成坪后为保证坡面的平整和美观，以及防止草坪过早老化衰退，需要进行修剪。

在特定地段，为了达到更好的景观效果，可酌情进行追肥，一般以氮肥为主，或施用氮、磷、钾复合肥料。施肥一般在夏末和秋季进行，但秋季不施氮肥。施肥量一般为 15g/m² 左右。施肥后注意及时浇水，防止烧苗。

在对植物生长有妨害的种植区，采取设置标志或立柱、牵索，设置临时篱笆等警告、防护措施，以保证植物的成活及正常生长。

二、3号路东侧边坡生态修复

3号路东侧不稳定斜坡区域，因格构梁护坡限制了树木的使用，生态修复工程采用了格构梁框架内铺挂蜂巢格室并喷播草籽的工艺。

由于混凝土框格梁浇筑高度达 70cm，而蜂巢格室高度仅有 15cm，导致即便在格构梁框架内堆叠两层蜂巢格室，仍然还需要在格构梁框架内覆土近 40cm 才能满足设计要求。然而，若要进行两层蜂巢格室堆叠施工，必须将上下两层格室错位堆叠，这将导致固定锚杆、铆钉等的使用数量增加，施工难度增大。同时，在坡度为 45° 的高边坡上进行两层蜂巢格室锚固，安全风险过大。若采用先在框架内覆土 40cm，再堆叠两层蜂巢格室的做法，同样会由于坡度过大导致堆填土壤不稳定，易溜滑，使得蜂巢格室无法在平整覆土面上固定，无法保证稳定性。这样的风险，在施工现场参建单位较多，施工人员庞杂，存在交叉作业，交通不便的情况下是不可接受的。为此，考虑到冬奥会场馆建设项目生态修复长期性、延续性的特点，采用植生袋与蜂巢格室配合使用的生态修复方案。

该方案具体形式为，生态植生袋堆叠高度 55cm，单层蜂巢格室高度 15cm。植生袋便于堆叠平整，具有较强的保土、保肥、保水能力；袋内装种植土，能够为植被生长提供更有利的条件，生态修复效果更加理想。

工程量为：喷播面积约 14000m²，回填种植土约 10000m³，种植灌木 14000m²。施工难点为：施工场地狭窄，高差大，无施工平台，所有作业人员需佩戴安全带作业；时间紧，任务重，无法进行夜间施工，交叉施工难度大。

生态修复前的地貌

（一）工序流程

3 号路东侧格构梁护坡生态修复工程工序流程为：修整坡面—种植土装袋—堆叠、固定植生袋—蜂巢格室铺挂、锚固—回填种植土—挂设、锚固单层热镀锌勾花铁丝网—喷射底层基材，喷播表层种子—铺设无纺布或草帘以保水—养护管理。

（二）施工工艺

1. 修整坡面

坡面凹凸易使蜂巢格室格产生应力集中、格室焊点开裂，造成格室垮塌；还会造成局部格室与坡面之间空隙过大，给客土回填带来极大的难度。因此，清理了坡面上的杂物、浮石等，保证坡面安全稳定，沿断面方向平顺，土壤内无工程垃圾和大的石块、杂草等突起物，10cm 深度的土层内无大于 4cm 的石块，大于 2cm 的石块含量不超过 10%；在边坡凹陷处用植生袋补实。

2. 种植土装袋

种植土及营养土（草炭土）按 3 ：7 比例充分混合后装袋。植生袋采用无纺布制作，透气和透水性较强。

3. 堆叠、固定植生袋

植生袋呈"品"字形堆叠紧实；摆放平整，无凸起或凹陷，避免出现悬空状况；使用标准扣，并配合黏结剂，实现良好连接；夯实度达到 60%~70%，以期适合植物生长的同时无严重沉降。

4. 蜂巢格室铺挂、锚固

蜂巢格室采用高强度的 PCA 宽带材料焊接而成，在格构梁框架内自上而下铺挂；连接时将未展开的土工格室组件并齐，使用 ϕ14 螺纹钢锚杆（密度为 1 根 /m^2，长度 1000mm，露出部分约 200mm）呈"品"字形拉开、固定，再使用钢丝、铆钉等对准相应的连接固件。为使蜂巢格室能够紧贴坡面，采用 U 形锚杆连接坡面与蜂巢格室。U 形锚杆型号和深入厚度与钢筋锚杆相同。蜂巢格室的四周利用钢丝连接固定在格构梁内 U 形铆钉（利用铆钉枪打进混凝土内）上。

5. 回填种植土

向蜂巢格室内回填种植土前，适当湿润土体，使之成团，以利于施工。装填过程中压实、平整每一格室。平整后的土壤表面与格室高度持平。表层土壤保持湿润。

6. 挂单层热镀锌勾花铁丝网

挂设单层热镀锌勾花铁丝网的目的是确保充分固定植生袋和蜂巢格室，为土壤附着提供良好的基础，因此，铁丝应紧贴蜂巢格室的种植土层，距离约为 20~40mm。在坡顶处，铁丝网伸出坡顶 500~800mm，通过扎丝与

种植土人工装袋,堆叠、固定生态种植袋

铺挂、锚固蜂巢格室,回填种植土

"L"形 Φ14 锚杆(长度 1000mm)固定。锚杆呈"品"字形锚入硬化坡面,行间距 1000×1000mm,折弯 100~200m,与坡面角度为 90°。铁丝网搭接长度不少于 150m,用铁丝扎牢,接头拧结,以连成整体网片结构。坡面上下相邻两张网搭接时,下面的网放在底层;接网的结以梅花形排列。

7. 喷射底层基材

将有机肥、草炭土、草纤维、种植土、保水剂等充分搅拌均匀,得到泥浆状混合基材,使用喷播机械喷射。底层基材厚度为 70mm。在喷射施工时,在坡面上每 100m² 用钢筋设置一个厚度指示桩,确保基材的厚度和均匀性达标。

8. 喷播表层种子和植苗

表层种子喷播在底层基材喷播结束后 3 天内完成。在喷播时,保持边坡土壤湿润,若坡面太干燥则喷水保湿。将草种与草纤维、黏合剂、保水剂、缓释肥、微生物菌肥、种植土等搅拌均匀成泥浆状后,使用喷播机械均匀喷射,厚度为 30mm。每个横梁下植苗两行,"品"字形种植。

9. 铺设纤维毯

为了保证种子的发芽率,用纤维毯由上至下进行铺盖,以起到保水、保温的作用,并防止发芽期雨水冲刷坡面造成不利影响。纤维毯用竹签或 U 形钉固定,铺盖中注意保持搭界。待苗出齐后方可揭除纤维毯。

10. 养护管理

喷播工作完毕后,草种发芽、成坪期和苗木恢复生根期的养护工作是至关重要的。在此期间,每天视察工地,使用保水剂(10g/m²)保持基质层湿润。根据天气情况控制浇水量,用高压喷雾器使养护水成雾状均匀地湿润坡面，注意控制好喷头与坡面的距离和移动速度，保证无高压流水冲击坡面形成径流；结合浇水进行病虫害的防治和生长期追肥，使植被顺利进入生长旺盛期。对稀疏无草区及时进行补播。在草苗成坪、苗木生长正常后（大约 3 个月后）逐渐减少浇水次数，锻炼植物的适应能力。但在一年内，尤其是在旱季，仍要视天气情况进行定期护理，逐步使植物进入自然生长状态。

在坡比 1∶0.3 或垂直挡墙处的砌块挡墙样板段示范展示，包括对特定容器内植被优选及基质推选进行试验，有利于判定挡墙效果及推广可行性。

铺设纤维毯

施工完成及后期效果

三、改进型生态石笼挡墙工艺

（一）石笼挡墙替代浆砌片石挡墙

雪道工程的特点是荷载小，仅在冬季使用。经过理论计算分析和工程验证，在高海拔、低防护高度（不高于4m）区域采用石笼挡墙替代浆砌片石挡墙。

采用极限平衡理论，按瑞典条分法进行计算。该理论以摩尔 - 库伦准则为基础，通过给定假想简单的破坏面，将滑移面之上的滑体分成若干垂直条块，进而由抗滑力矩与滑动力矩之比（稳定安全系数）来判别土坡的稳定性。最小安全系数（K_{min}）的范围为1.1~1.5。

经过计算，石笼支护后的安全系数K为1.399，能够满足要求。

实施效果：部分地段使用石笼挡墙，合计29000m³，减少水泥砂浆用量18000t，节约了大量工期，保证了技术雪道的贯通，确保了赛区整体建设任务的顺利完成。

（二）改进型生态石笼挡墙工艺特点

在石笼挡墙内加入含种子、种植土、木屑层的小型生态袋，既能绿化边坡，又可加固坡体。

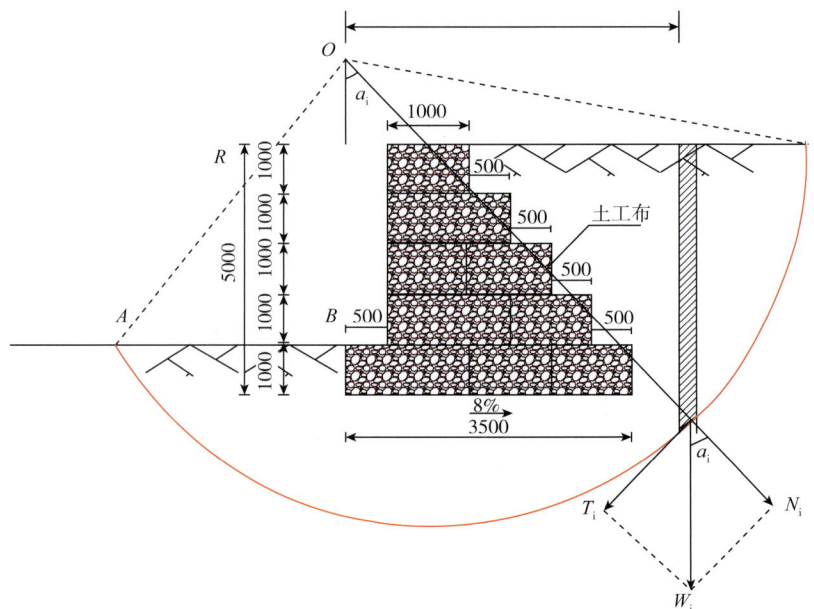

边坡挡墙整体稳定性计算模型（尺寸单位：mm）

石笼挡墙施工

四、技术雪道上边坡"土钉＋生态袋"支护技术研究与应用

在原设计方案中，雪道、技术雪道上边坡支护采用锚杆框架结构，需要混凝土 14000m³，工期 217 天，远超合同工期。抓住雪道与技术雪道只在冬天才会投入使用的情况，经过理论计算和各工况条件分析，确认"土钉＋柔性防护网"防护方式满足边坡防护要求。结合生态建设，提出柔性防护网内码放生态袋的方法，为植被提供了较厚的基质层。

经过理论计算和方案论证，115000m² 的锚杆框架结构替换为"土钉＋生态袋＋柔性防护网"方案，共节约混凝土 14000m³。

铺设生态袋

边坡防护网施工

03 | 第三节　赛道排洪系统优化，利用融雪变废为宝

　　国家高山滑雪中心的赛道建在松山小海陀山，赛道范围内自然沟壑纵横，形成了通畅的自然排水通道。赛道修建后，部门地段自然沟渠会被阻断，需要专项的排洪方案，保证赛道工程安全。

　　为了测试高山滑雪赛道的办赛功能，保证冬奥会顺利举行，在 2020 年初和 2021 年初进行了多次测试赛，每年都会造雪，雪量以 100000m³ 计。而 2020—2021 年正是绿化工程的养护期，因此如何有效地收集和再利用国家高山滑雪中心的雪水就变得尤为重要。

一、雨雪水富集理论

　　国家高山滑雪中心位于一个典型的干旱半干旱地区，干旱严重地制约着工程的可持续发展。雨雪水资源的利用是解决或缓解干旱问题的重要途径。雨雪水富集包括集流、贮水两个方面工作。集流是指利用自然和人工营造集流面把降雨径流收集到特定场所。贮水是通过修筑小水库、塘坝、水窖等工程设施，把集流面所拦蓄雨雪水贮存起来，以备利用。

二、基于 SWMM 模型[①]的 BIM 汇水分析

　　小海陀山位于北京市延庆区西北部，最高海拔 2198m，是北京的第三高峰，属燕山山脉中段军都山系。小海陀山地区为暖温带大陆性季风气候区，春季少雨多风，夏季温暖多雨，秋季多风，冬季严寒干燥；受地形条件影响，与延庆盆地相比，气温偏低，湿度偏高，年平均气温 8.86℃，年均降水量 597.6mm，无霜期 150~160 天。汇水分析研究区域东起国家高山滑雪中心 G2 雪道，西至 F1 雪道，南起竞速结束区，北达 J7-2 技术雪道。

　　项目公司利用 BIM 进行施工现场汇水面积提取，将现场测得的原始地形数据导入 BIM 软件中生成山地模型。为了创建三角网格，Civil 3D 软件会自动连接最接近的点构成三角形。曲面中任意一点的高程都可以通过这种内插的方法来表示。

---

　　① SWMM 模型：Storm water management model，暴雨洪水管理模型。

在山体模型上设置若干个无序的降水点,由山体模型生成的方式可知,当降水流至局部三角网格高程最低点,将无法流向其他区域。如果存在一个最低点的集合区域,则该区域就是寻找的蓄水洼地。

利用 BIM 软件分析得到的山区可能存在的汇水洼地。水流路径基本按照山脉走势路线发展,在场地西南处和东部分布有 5 块汇水区域,分别位于 F1 雪道和竞技结束区之间,以及 G2 雪道东侧。

根据 BIM 模型,在工程设计建设中沿水流流线和汇水区域设计建造雨雪水回收利用设施,为信息化施工和高山滑雪区雨雪水回收再利用体系设计提供理论指导和设计依据。

坡面汇流是指各子汇水区的净雨量汇集到出口断面或者直接排入河道。

基于 SWMM 软件,依据该地区 50 年一遇最大降雨量对场区现有截洪沟形态进行优化分析。导流沟设置在 J8、J9 技术雪道,宽 1m,深约 1m;在导流沟每隔 4~5m 位置设置一道拦挡,形成一个微型小水库,每个小水库可容纳 1.8~2.2m³ 水资源,其主要作用为收集夏季雨季山体汇集的雨雪水。该装置制作成本低廉,且方便简洁,实用性强,提高了山区水资源利用率,节约了水资源运输的成本。

同时,项目公司对排洪管涵进行了改造,施工期可以利用其集水。总计可收集水资源 900m³ 左右。夏秋季苗木养护水运至施工现场的单价约 120 元 /m³。通过利用收集的雪水,可减少水资源运输约 900m³,节约成本约 10.8 万元。

Civil 3D 软件生成的山体模型

排洪管涵现场施工

Post-Match Sustainable Development

赛后可持续发展篇

Post-Match Sustainable Development
赛后可持续发展篇

> 可持续性发展概述

> 可持续性管理

> 场馆设施的赛后利用

> 可持续性工作产生的影响

07

北京冬奥盛会留下了珍贵的冬奥遗产。如何管理好、运用好北京冬奥遗产，是习近平总书记始终关注的话题。他曾反复叮嘱："办冬奥不是一锤子买卖，不能办过之后就成了'寂静的山林'。"[1]他对运用好冬奥遗产、推动高质量发展多次提出明确要求。

北京 2022 年冬奥会延庆赛区的冬奥建筑，使小海陀山从原始古朴的山野，变成了拥有世界顶级雪上运动设施的现代冰雪体育胜地，为国际奥林匹克运动增添了最新最美的篇章，为举办一届"精彩、非凡、卓越"的冬奥会提供了坚实的保障。这里起伏的山峦、赛场、冰雪滑道，不仅是新时代的中国新形象、新梦想的卓越呈现，也是中国人民圆冬奥之梦，圆体育强国之梦，实现"3 亿人参与冰雪运动"目标，推动世界冰雪运动发展的典型表达。

延庆赛区新建的国家高山滑雪中心、国家雪车雪橇中心、冬奥村、山地新闻中心及其附属配套基础设施，在完成了冬奥会比赛的使命之后，是一笔珍贵的冬奥遗产。从规划之初，到勘测、设计、施工、运营各环节，建设者们都把对其赛后利用与可持续发展的思考与安排贯彻始终。

延庆赛区坚持创新、协调、绿色、开放、共享的新发展理念。冬奥赛后，场馆设施将成为世界一流的高山滑雪、雪车雪橇比赛场地和雪上运动训练基地，将成为国际知名的冬奥遗产旅游胜地、国内一流的山地户外运动中心和四季休闲度假公园，将成为国内领先的大众滑雪度假村和群众冰雪运动体验基地。

本篇记述延庆赛区冬奥场馆设施的赛后利用与可持续发展的目标与实现路径。

---

[1]参见:《真正无与伦比的冬奥会》,《求是》, 2022 年第 5 期。

冬奥会延庆赛区

赛后可持续发展篇

Post-Match Sustainable
Development

CHAPTER ONE 第一章

可持续性发展概述

01 | 第一节 可持续性发展目标

一、可持续性申办承诺

"绿色、共享、开放、廉洁"是北京冬奥会的办奥理念，也是北京冬奥会可持续性工作的指南。北京冬奥会是第一届从申办、筹办到举办全过程践行国际奥委会《奥林匹克2020议程》的奥运会。北京冬奥组委全面兑现可持续性申办承诺，落实可持续性政策、计划，创新可持续性管理模式，将可持续性要求融入赛事筹办和举办全过程，与各合作伙伴、利益相关方共同推进各项可持续性措施，实现可持续发展目标。

可持续发展是北京申办2022年冬奥会的三大理念之一。全面兑现承诺是北京冬奥会可持续性工作的基本目标。北京冬奥会申办时，在可持续性目标、理念和战略，可持续性机构、预算和机制，规划、指南和标准，场馆选址和规划、设计、建设和运行，宣传与文化活动，可持续采购，城乡环境与可持续发展，生态保护与补偿，应对气候变化，治理大气污染，保障空气质量等领域提出了28条可持续性相关承诺事项。

二、可持续性发展目标

为落实可持续性承诺，北京冬奥组委会同主办城市政府及主要利益相关方，制定并发布了北京冬奥会可持续性政策和可持续性计划，建立了融合3个国际标准体系（即ISO 20121大型活动可持续性管理体系、ISO 14001环境管理体系、ISO 26000社会责任指南）的北京冬奥组委可持续性管理体系，全面推进各项可持续性措施的落实，实现可持续发展目标。

在延庆赛区建设过程中，北京北控京奥建设有限公司（简称"北控京奥公司"）把可持续性作为核心理念和基础性原则，坚持绿色办奥、共享办奥、开放办奥、廉洁办奥，践行《奥林匹克 2020 议程》，提升延庆赛区的可持续影响力，并在此过程中将场馆建设、运行与区域生态环境改善、经济社会发展紧密结合，落实北京冬奥组委等机构组织对延庆赛区可持续性的要求，树立奥林匹克运动与城市互动、共赢发展的典范，创造更多积极、持久的奥运遗产，促进区域环境明显改善，实现举办城市经济持续发展，促进地区社会不断进步，更好地惠及公众，为实现办一届"精彩、非凡、卓越"冬奥会的总目标贡献力量。

通过有效的可持续性管理，将可持续性要求融入北京冬奥会筹办、举办及赛后全过程、各环节，实现对环境的正影响，促进区域更高质量的协同发展，努力满足人们对美好生活的新要求，使北京冬奥会成为城市和地区可持续发展的强大动力。

02 | 第二节　可持续性发展政策及原则

一、可持续性发展政策

为落实可持续性承诺，确定北京冬奥会可持续性工作思路，2016 年 12 月 30 日，北京冬奥组委发布了《北京 2022 年冬奥会和冬残奥会可持续性政策》，明确了保护生态系统与生物多样性、开展环境管理等重点任务，声明了秉承奥林匹克精神、促进社会融合的工作理念，提出了建立并运行可持续性管理体系、低碳管理及可持续性目标融入供应链等工作措施。

二、可持续性发展原则

（一）可持续性政策原则

严守法律与道德，尊重文化、传统多样化以及人人平等，本着公平与透明的态度开展工作；严格遵守劳动法规的标准与规定，保护工作人员的劳动权利与人权；杜绝对种族、民族、宗教、政治观点与立场、性别、残疾、出生地等方面任何形式的歧视；与全球相关组织、机构合作，联合采取积极

措施，保护生态系统与生物多样性；建立符合国际标准的可持续性管理体系，把可持续性原则融入北京冬奥组委所有部门日常工作之中。

（二）延庆赛区对可持续政策的执行原则要求

1. 贯彻落实原则

积极贯彻"四个办奥"理念，全面落实北京冬奥组委、北京市政府等机构组织和政府机关对延庆赛区可持续性工作的要求。

2. 多方参与原则

规划设计、建设、监理、运营和管理等多方单位共同学习、领会可持续精神，各方团结一心、努力协作，共同完成延庆赛区的可持续性工作。

3. 争先创优原则

在冬奥场馆和基础设施建设中，争当先进，力争上游，起到模范带头作用。

03 | 第三节　制订可持续性工作计划

北京冬奥组委认真落实可持续性申办承诺《主办城市合同运行要求》《北京 2022 年冬奥会和冬残奥会可持续性政策》等相关要求，会同北京市政府、河北省政府及主要利益相关方联合研究制订了《北京 2022 年冬奥会和冬残奥会可持续性计划》，包括 12 项行动、37 项任务和 119 条措施。

一、场馆与基础设施可持续性工作内容

根据《北京 2022 年冬奥会和冬残奥会场馆与基础设施可持续性指南（规划设计阶段）》，针对国家高山滑雪中心、国家雪车雪橇中心、延庆冬奥村和延庆山地新闻中心 4 个主要场馆分别编制规划设计阶段的场馆可持续性管理操作手册，包括环境可持续、绿色建筑和场馆可持续、社会经济和文化可持续等方面内容，确定具体的可持续性建设指标。

根据《北京 2022 年冬奥会和冬残奥会场馆与基础设施可持续性指南（施工阶段）》，针对国家高山滑雪中心、国家雪车雪橇中心、延庆冬奥村和延庆山地新闻中心 4 个主要场馆分别编制施工阶段的场馆可持续性管理操作手册，包括环境可持续、绿色建筑和场馆可持续、社会经济和文化可持续等方面内容。

根据《北京 2022 年冬奥会和冬残奥会场馆与基础设施可持续性指南（运行和赛后解散期阶段）》，针对国家高山滑雪中心、国家雪车雪橇中心、延庆冬奥村和延庆山地新闻中心 4 个主要场馆分别编制运行和赛后解散期阶段的场馆可持续性管理操作手册，包括环境可持续、绿色建筑和场馆可持续、社会经济和文化可持续等方面内容。

二、场馆与基础设施可持续性工作计划

根据北京冬奥组委的要求，落实具体时间节点，编制完成延庆赛区 4 个场馆在规划设计阶段的《场馆可持续性标准与管理操作手册》。

北京冬奥组委颁布施工阶段指南后，编制完成延庆赛区 4 个场馆在施工阶段的《场馆可持续性标准与管理操作手册》。

北京冬奥组委颁布运行和解散期指南后，编制完成延庆赛区 4 个场馆在运行和解散期的《场馆可持续性标准与管理操作手册》。

具体工作内容及计划详见表 7-1-1。

可持续性工作项目计划   表 7-1-1

可持续性工作项目	工 作 内 容	时 间 计 划
场馆赛后利用	《延庆赛区场馆赛后利用方案》	根据北京冬奥组委的要求，落实具体时间节点
场馆满意回收	《场馆满意回收工作方案》	根据北京冬奥组委的要求，落实具体时间节点
管理体系	《场馆可持续管理体系实施方案》	根据北京冬奥组委的要求，落实具体时间节点
	《场馆可持续性管理监督报告》	半年报、年报、总结报告
承诺任务	《延庆赛区可持续性承诺任务落实方案》	根据北京冬奥组委的要求，落实具体时间节点
	《可持续性承诺任务落实情况报告》	季报、年报及总结报告
一场一策	《延庆奥运村场馆可持续性管理操作手册（规划设计阶段）》	根据北京冬奥组委的要求，落实具体时间节点
	《山地媒体中心场馆可持续性管理操作手册（规划设计阶段）》	
	《国家高山滑雪中心场馆可持续性管理操作手册（规划设计阶段）》	
	《国家雪车雪橇中心场馆可持续性管理操作手册（规划设计阶段）》	
	《延庆奥运村场馆可持续性管理操作手册（施工阶段）》	
	《山地媒体中心场馆可持续性管理操作手册（施工阶段）》	
	《国家高山滑雪中心场馆可持续性管理操作手册（施工阶段）》	
	《国家雪车雪橇中心场馆可持续性管理操作手册（施工阶段）》	
	《延庆奥运村场馆可持续性管理操作手册（运行和解散期阶段）》	
	《山地媒体中心场馆可持续性管理操作手册（运行和解散期阶段）》	
	《国家高山滑雪中心场馆可持续性管理操作手册（运行和解散期阶段）》	
	《国家雪车雪橇中心场馆可持续性管理操作手册（运行和解散期阶段）》	

可持续性工作项目	工 作 内 容	时 间 计 划
环评环保措施落实、监控管理	《环保措施责任落实监控报告》	季报、年报、总结报告
	《环境监理及监测报告》	月报、季报、年报、总结报告
	《水土保持监理及监测报告》	月报、季报、年报、总结报告
环保竣工验收与后评估	《环保措施竣工验收报告》	场馆试运行3个月内
	《环境影响后评估报告》	根据北京冬奥组委的要求，落实具体时间节点
场馆可持续采购	《可持续采购操作手册》及工具包的编制	根据北京冬奥组委的要求，落实具体时间节点
	《可持续采购实施情况报告》	年报和总结报告
	《可持续采购年度绩效评估报告》	年报和总结报告
场馆碳管理	《赛区碳管理工作实施方案》	根据北京冬奥组委的要求，落实具体时间节点
	《赛区碳管理实施情况报告》	年报和总结报告
绿色建筑	绿色建筑方案策划书及场馆绿色建筑设计实施方案	根据北京冬奥组委的要求，落实具体时间节点
	延庆冬奥村和山地新闻中心绿色建筑设计标识证书	根据北京冬奥组委的要求，落实具体时间节点
	将延庆冬奥村和山地新闻中心的认证证书、场馆绿色建筑认证符合性评估报告及相关材料提交北京冬奥组委	根据北京冬奥组委的要求，落实具体时间节点
	《场馆绿色建筑施工实施方案》	根据北京冬奥组委的要求，落实具体时间节点
	《场馆绿色建筑运行实施方案》	根据北京冬奥组委的要求，落实具体时间节点
	延庆冬奥村和山地新闻中心绿色建筑运行标识证书	根据北京冬奥组委的要求，落实具体时间节点
	将延庆冬奥村和山地新闻中心的认证证书相关材料提交北京冬奥组委	根据北京冬奥组委的要求，落实具体时间节点
	《场馆绿色建筑实施报告》	年报和总结报告
风险管理	《场馆风险管理计划工作方案》《可持续风险控制清单》	根据北京冬奥组委的要求，落实具体时间节点
可持续工作培训	《赛区可持续性工作培训方案》	根据北京冬奥组委的要求，落实具体时间节点
	《赛区可持续性工作培训实施报告》	年报和总结报告
监管平台	《场馆端可持续性监管平台系统实施方案》	根据北京冬奥组委的要求，落实具体时间节点
日常管理制度	《场馆可持续性管理制度及实施方案》	根据北京冬奥组委的要求，落实具体时间节点
资源管理	《场馆及周边能源利用实施方案》	根据北京冬奥组委的要求，落实具体时间节点
	《场馆及周边水资源利用实施方案》	根据北京冬奥组委的要求，落实具体时间节点
场馆水污染物零排放管理	《场馆水污染物零排放实施方案》	根据北京冬奥组委的要求，落实具体时间节点
赛区积雪管理	《赛区（场馆）积雪管理计划》	根据北京冬奥组委的要求，落实具体时间节点
场馆建筑室内环境质量控制	《场馆建筑室内环境质量控制实施方案》	根据北京冬奥组委的要求，落实具体时间节点

02

可持续性管理

01 | 第一节　可持续性管理体系

北京冬奥组委结合北京冬奥会筹办工作实际，以 ISO 20121 大型活动可持续性管理体系和 ISO 14001 环境管理体系作为管理路径，以 ISO 26000 社会责任指南的社会责任辨识和利益相关方参与作为工作方法，有效整合 3 个国际标准体系，全面梳理北京冬奥会筹办、举办过程涉及的可持续性相关议题，研究建立了具有北京冬奥组委特色的可持续性管理体系。

按照"策划—实施检查—改进"（PDCA）的闭环管理流程，建立了包括顶层设计、制定规则、多元参与、监督改进的可持续性管理机制，使可持续性要求融入北京冬奥会筹办、举办的所有方面和日常运作中，增强了工作人员等的可持续性意识。

2019 年 11 月 6 日，北京冬奥组委可持续性管理体系通过第三方认证，获得第三方机构颁发的 ISO 20121（GB/T 31598）大型活动可持续性管理体系认证证书和 ISO 14001（GB/T 24001）环境管理体系认证证书；2020 年 10 月、2021 年 7 月分别通过了第三方认证机构的第一次、第二次监督审核，确保了北京冬奥会筹办全过程中可持续性管理体系的持续符合性和有效性。

2021 年 7 月，北京冬奥组委社会责任绩效经第三方机构评估为 5 星级（最高水平）。

02 | 第二节 可持续性培训与宣传

一、可持续性培训

为将可持续性理念融入北京冬奥会筹办各个方面，北京冬奥组委通过入职培训、"双周一课大讲堂"、可持续性管理体系、可持续采购、碳管理专项培训等多种方式，增强工作人员可持续性意识，提升能力，推动不同利益相关方人员在筹办工作中落实可持续性要求。

截至 2021 年 7 月底，采取多种形式对北京冬奥组委和场馆建设工作人员开展可持续性相关内容培训。北京冬奥组委组织了 32 场可持续性专项培训。场馆业主单位通过组织环保与可持续性培训会和不定时的现场培训，用案例分析等方式对现场施工人员讲解施工过程中应关注的环境保护问题和施工中的注意事项。

同时，在施工现场设置了环保宣传展板，宣传环境保护相关内容，将环保培训工作制度化、全员化。延庆赛区印发《施工人员培训手册》，提高赛区工作人员的生态环境保护意识。

二、可持续性宣传

北京冬奥组委通过分阶段、分层次、易于公众接受且利于传播的方式和途径开展可持续性宣传工作，包括媒体宣传、网络报道、专家访谈、论文发布等，讲好北京冬奥会可持续性故事。具体宣传工作包括：

北京冬奥组委官方宣传（召开发布会、官网发布动态、组织媒体实地采访）；

媒体专题报道（广播专题节目、电视纪录片、网络专题等形式）；

通过社交媒体和新媒体动员公众参与；

面向社会公众特别是青少年普及可持续性知识；

编制宣传手册，赛时提供给贵宾、观众、媒体等；

赛时通过宣传、活动等展示可持续性亮点成果；

利用国际会议和大型活动展示相关工作亮点。

03 | 第三节 利益相关方沟通和参与

北京冬奥组委依据"奥组委必须在满足其期望（或要求）下组织各项工作和活动"和"受到奥组委的各项工作和活动影响"的基本原则识别利益相关方，主要采取集中会议、专题沟通和一对一沟通等多元化方式与利益相关方进行沟通，积极听取不同利益相关方的利益诉求，充分发挥利益相关方的积极作用。

倾听可持续性利益相关方声音方面，联合世界自然保护联盟（IUCN）参与制定生态环境保护措施。2018 年 11 月，世界自然保护联盟根据延庆赛区规划和环评情况，对延庆赛区提出生态系统与生物多样性管理的基本思路和主要框架，并对可能遇到的问题进行提示和说明。

北京冬奥组委在世界自然保护联盟中国代表处的建议下，按照预防、管理、补救和补偿的优先顺序，降低对生态环境的影响，制定了避让（预防）、减缓（管理）、重建（补救）、补偿四类生态环境保护工程措施，细化分解为延庆赛区和张家口赛区环境保护措施责任矩阵表中的 54 项和 44 项具体任务，明确了每项环保措施的主责单位和时间进度要求，做到要求明确、责任清晰，最大化减少场馆建设和运行过程对周边生态环境的影响，实现赛区周边自然生态环境和生物多样性近乎零损失。

北京冬奥会延庆赛区则根据《北京冬奥会和冬残奥会延庆赛区核心区总体规划环境保护措施责任矩阵表》，围绕回避、减缓、重建、补偿等缓解层面，采取了一系列的生态保护措施。

CHAPTER THREE   第三章

场馆设施的赛后利用

03

北京冬奥会积极探索奥运场馆"反复利用、综合利用、持久利用"方案，减少资源消耗，降低赛事筹办过程碳排放和环境影响，为赛后场馆多项目应用、多业态经营奠定了坚实基础。

01 | 第一节　国家高山滑雪中心

国家高山滑雪中心雪道和建筑布局充分考虑对山体环境的影响，顺应自然条件，与山体融为一体。场馆获得北京冬奥会创新编制的《绿色雪上运动场馆评价标准》三星级认证。

赛后，国家高山滑雪中心将继续举办高山滑雪赛事，并在满足专业性质比赛和训练需要的前提下，在冬季向高级别大众滑雪爱好者开放，非雪季则为山地观光和户外运动场所；对南区进行改造，面向广大群众提供舒适且富有趣味性的滑雪运动场地。

一、举办高山滑雪赛事

冬奥赛后，延庆区政府、区体育局与国家高山滑雪有限公司将进一步密切与国际雪联等国际单项体育组织的合作，积极申办高山滑雪世锦赛、世界杯分站赛等国际高水平赛事和洲际、国家级赛事。每年固定举办高山滑雪系列赛事，可吸引国内外高山滑雪爱好者来延庆观看世界顶尖高水平运动赛事，从而实现高山滑雪中心赛事运行功能的可持续利用。

二、承接高山滑雪训练基地功能

国家高山滑雪有限公司已经与国家体育总局、国家体育总局冬季运动管理中心达成意向合作，并且积极推进国家高山滑雪中心作为国家高山滑雪队训练基地的授牌工作。国家高山滑雪中心也将开展与周边国家和地区高山滑雪队训练队基地的对接确认工作。

三、冬季面向高级雪友开放雪道

在满足专业性质的比赛和训练需要的前提下，国家高山滑雪中心将在冬季向高水平的大众滑雪爱好者开放。国家高山滑雪中心拥有国内最顶级的滑雪雪道，对国内雪友极具吸引力。

四、四季经营山地运动

国家高山滑雪中心在非雪季将作为山地观光和户外运动场所，进行山地运动经营，包括骑山地自行车、滑索、素质拓展、攀岩和垂钓等多种内容。

国家高山滑雪有限公司与 WallTopia 公司开展前期考察调研，参考海陀山势，制定滑索概念方案；与北京当地攀岩俱乐部开展前期合作对接，对国内攀岩市场进行调研。

02 | 第二节 国家雪车雪橇中心

国家雪车雪橇中心设计团队结合自然地形和光照研发出的独特的"地形气候保护系统"，能够有效保护赛道不受阳光、风雪的影响，保障运动员高水平发挥，同时大幅降低能耗，给观众提供更舒适的观赛体验。国家雪车雪橇中心场馆获得《绿色雪上运动场馆评价标准》三星级认证。

冬奥赛后，国家雪车雪橇中心将继续承接各类高级别相关赛事，同时利用赛道预留的大众体验出发口，方便大众在有充分安全保障的情况下体验雪车雪橇项目。

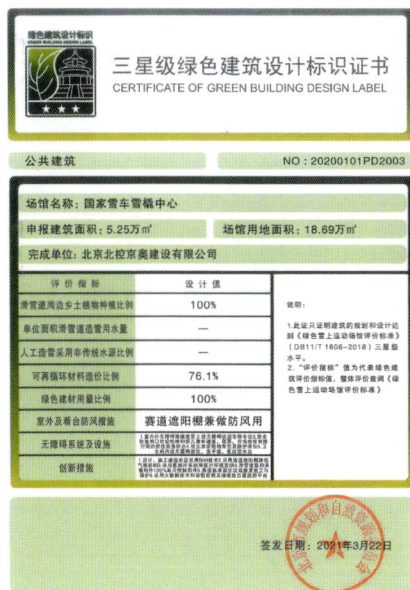

"绿建三星级"认证

一、举办雪车雪橇赛事

国家雪车雪橇中心是中国唯一的雪车雪橇运动场馆。冬奥赛后，延庆区政府、区体育局与国家高山滑雪有限公司将进一步密切与国际雪车联合会、国际雪橇联合会等国际单项体育组织的合作，积极申办雪车雪橇世锦赛、世界杯分站赛等国际高水平赛事和洲际、国家级赛事；每年固定举办雪车雪橇系列赛事，吸引国内外雪车雪橇爱好者来延庆观看世界顶尖高水平运动赛事，从而实现国家雪车雪橇中心赛事运行功能的可持续利用。

二、承接雪车雪橇训练基地功能

国家高山滑雪有限公司已经与国家雪车雪橇单项协会达成初步意向，国家雪车雪橇中心在冬奥赛后将成为国家队专业的训练场地。国家高山滑雪有限公司也将积极接洽周边国家和地区雪车雪橇训练队落户延庆训练。

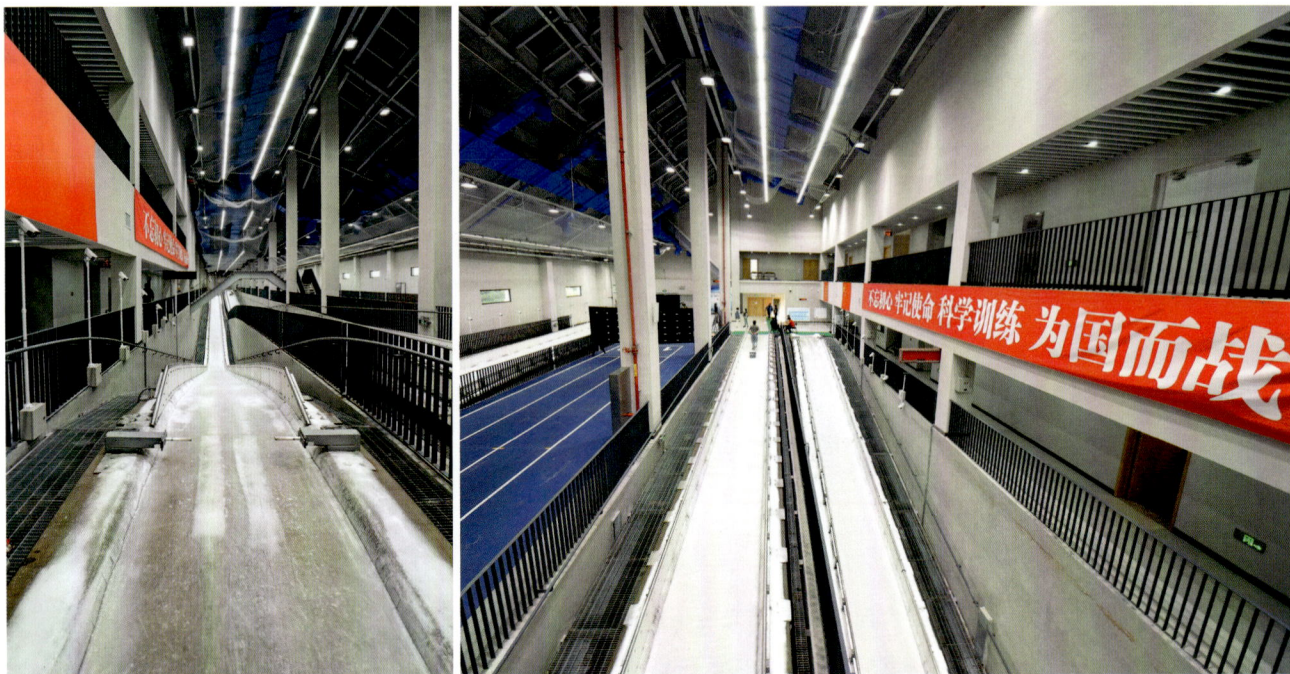

冰屋训练道

三、运作雪车雪橇大众体验

国家雪车雪橇中心将面向大众开放，增加大众的雪车雪橇娱乐体验，提高雪车雪橇在中国的知名度和普及性。国家高山滑雪有限公司已经展开与世界其他雪车雪橇赛道运营单位的交流活动，学习国外运营经验。

游客体验出发口

03 | 第三节 延庆冬奥村及山地新闻中心

一、延庆冬奥村

冬奥赛后，延庆冬奥村公共组团经过适当的改造提升，成为酒店大堂、大堂吧、全日餐厅、特色餐厅、宴会厅、会议室、多功能厅，以及体育健身、休闲养生和SPA区域、后勤区、商业运营等公共服务区域，为游客提供餐饮、会务、体育健身、休养娱乐、养生保健、儿童游乐、购物等服务；居住组团将作为度假酒店向公众开放，开放初期部分客房会保留冬奥赛时状态向公众提供展示和入住体验，其余客房按照四星级酒店标准配置。

延庆冬奥村五星级酒店大堂

延庆冬奥村四星级酒店景观

二、山地新闻中心

冬奥赛后，山地新闻中心将改造成为室内活动中心，开展体育休闲娱乐项目。

04 | 第四节　西大庄科村

一、西大庄科村背景

西大庄科村是北京市延庆区张山营镇下辖山区村，地处松山自然保护区腹地，背靠海陀峰，昼夜温差大，气候凉爽，风景以"秀、幽、静、野"为特色，林木葱茏茂密，四季流水不断，三季花香四溢，依山傍水，鸟语花香，有北方天然植物园的美称，是游人回归自然、体味农家乐趣的理想场所。

西大庄科村是距离北京 2022 年冬奥会高山滑雪场地最近的村庄，其部分土地被征用于建设冬奥配套场所，村内部分房屋用作生产性用房，既体现中国办冬奥的地方元素，又能实现服务赛区和后期经济的可持续发展。

北京 2022 年冬奥会是我国重要历史节点的重大标志性活动，是中国向国际社会展现发展成果的重要契机，政府高度重视。冬奥会催生了市政设施、酒店住宿等配套需求。对标国际上举办过冬奥会的城市，西大庄科村将被打造为山林掩映中的特色山水文化园，建成国际一流的冬奥冰雪小镇，成为京津冀旅游名胜，乘冬奥之风成就百姓福祉。

村庄原貌

二、西大庄科村可持续发展

西大庄科村赛时是紧邻赛区核心区的唯一一块可提供工作人员、志愿者停车、后勤等配套规模的用地；赛后完善配套功能，推动大众冰雪运动，实现奥运遗产再利用。

西大庄科村现有 35 处宅基地、113 名村民，长 380m，平均宽度 90m，东西高差 30m，紧邻赛区核心区，村庄东侧即国家雪车雪橇中心。

村庄原有集体建设用地 6.97 万 m^2。由于北京冬奥会建设需要，村庄建设用地及农房在冬奥工程中已被占用 62%，仅剩 2.86 万 m^2。在综合利用周边 0.89 万 m^2 国有土地的条件下，村庄可改造面积压缩为 3.75 万 m^2，拆占比为 1 ：0.54。

延庆赛区征迁居民共 53 户（118 人），来自西大庄科村。延庆区政府到西大庄科村开展调查协商。最终，所有征迁居民均选择了就地安置的方案，具体内容包括：保障改善村民居住条件的住房；为冬奥会而升级改造的村集体资产、设施，在奥运会结束以后移交村集体所有，让群众在居住环境得到改善的同时，还可通过经营这些酒店或民宿而获得稳定的就业机会和收入来源。西大庄科村村民大会选出 5 名村民作为观察员，参与全部征迁过程，包括征迁赔偿标准等。

按照可持续发展原则，西大庄科村改造项目实现了赛时满足赛区集散、消防、安保、停车、商业、住宿等后勤支援保障功能需求的目标；实现了成为中国奥林匹克美丽乡村、新农村建设典范，以及在冬奥会期间向世界展示这些成就的窗口的目标；实现了赛后充分利用奥运遗产，全民参与冰雪产业，成为冰雪特色显著的京张文化明珠的建设目标。

安置房实景

04 第四章　CHAPTER FOUR

可持续性工作
产生的影响

一、创新编制《大型活动可持续性评价指南》标准

北京冬奥组委在科学总结北京冬奥会可持续性工作实践的基础上，组织编制了《大型活动可持续性评价指南》（DB11/T 1892—2021）。该《指南》正式成为北京市地方标准，通过设置 7 类 35 项具体指标，对大型活动的可持续性进行技术性评价；可用于指导、帮助各类活动组织者提高对大型活动可持续性的管理能力，填补了大型活动可持续性评价的标准空白，为科学评价大型活动可持续性提供参考，成为北京冬奥会有价值的可持续性遗产。

二、打造延庆"最美冬奥城"

延庆区以北京冬奥会筹办为契机，推动冬奥、世园（2020 年 4 月，位于延庆区的 2019 年中国北京世界园艺博览会园区正式命名为"北京世园公园"）、长城三张"金名片"联动发展，以全域旅游为主导，实施"旅游+"战略，提升旅游综合配套服务功能，做强延庆民宿，做优特色美食，做精延庆礼物，做响全季活动，做靓生态旅游，成功创建国家全域旅游示范区，使四季全域旅游获得高质量融合发展。冬奥延庆赛区在打造国际一流的高山滑雪和雪车雪橇运动训练场地的同时，提前谋划场馆及附属设施赛后多功能利用，加快发展户外项目和区域特色旅游休闲产业，优化体育休闲度假功能，以实现场馆四季运营。特别是以延庆赛区为基础获得"延庆奥林匹克园区"命名，将更好地带动区域整体发展。

此外，冬奥筹办还带动了延庆区基础设施、生态环境持续改善，提升了区域公共服务水平，促进了冰雪科技、新能源等"高精尖"产业发展和美丽乡村建设。未来，冬奥遗产将持久惠及百姓生活，延庆将向着建设"最美冬奥城"稳步迈进。

三、促进场馆与自然相融

延庆赛区是北京冬奥会最具场地及生态挑战性的赛区。设计团队认真研究《绿色雪上运动场馆评价标准》，首次在建筑工程设计中将可持续性要求作为专门部分，与建设工程同步提出相应设计要求，制定了赛区所要达到的工程建设内容和工程建设标准，明确了生态环境保护，能源、资源利用，低碳排放，可持续性项目监管平台，以及遗产保护与赛后利用等可持续性设计的具体内容，并以此为依据通过了场馆建设业主的可持续性专项工程投资。

北京冬奥组委坚持"生态优先、资源节约、环境友好"原则，所有新建场馆都采用绿色建筑标准进行设计、建设和运行，延庆赛区实施水体、大气、土壤等生态环境保护和修复工程。

延庆赛区针对赛区周边生态环境特点，采取了针对性的野生动植物保护措施，降低建设对赛区周边生态系统的影响。

（一）山地表层土壤保护

为保护延庆赛区山地表层土壤中的种质资源，在场馆开工建设前，建设人员剥离山地表土 81848m³。这些表土全部回用于后续的生态修复工程，有效地保护了区域生态资源。建设人员还采取草甸剥离、回覆、养护等措施，使国家高山滑雪中心区域内 3500m² 亚高山草甸得到恢复。

（二）水资源可持续利用

延庆赛区严格落实水资源管理制度，通过供水安全保障、污水处理、非传统水源回收利用和防洪安全保障等，实现北京冬奥会水资源可持续利用目标：

①建设塘坝和蓄水池，多途径收集、储存和回用雨水和融雪水。

②建设分散或集中污水处理设施，或利用现有市政污水管网，实现赛区生活污水全收集、全处理、再利用。

③采用智能化造雪系统，可根据实际情况，例如天气、预计雪深、所需造雪时间等因素进行智能设定及相应调整，实现水资源优化配置和精准投放，节约水资源。

四、建设超低能耗示范工程

北京冬奥会建设了 3 个超低能耗示范工程，其中延庆冬奥村／冬残奥村居住 6 组团建成超低能耗示范面积 10856m²。

通过采用高效能的围护结构、智能照明系统和无热桥设计，提高建筑物的气密性，并充分利用可再

延庆冬奥村 6 组团夜景

生能源，最大限度地降低建筑的供暖、供冷需求，从而综合降低建筑整体的能源消耗。

五、提升公共服务能力与水平

以冬奥筹办为契机，北京市加大对延庆区住宿、餐饮、医疗服务、教育等多方面投入，并建立健全协同共享机制，努力推动和实现区域整体公共服务水平的提升，切实惠及百姓生活的方方面面。冬奥公共服务已提前呈现出显著的遗产效应。

（一）住宿

以冬奥保障为抓手，带动住宿水平持续提升。延庆区改造升级 14 家冬奥签约酒店，发展精品民俗品牌 120 家、民俗小院 376 个，开展行业培训 5000 人次，推广落实冬奥标准，促进行业整体服务质量提升。

（二）医疗

延庆区新建冬奥医疗保障中心，8 家医院成为北京冬奥会定点医院。此外，建立空中医疗救援体系，京、张两地培养雪上医疗救援医生 80 名。

（三）教育

截至 2020 年，北京市已有 46 万名中小学生参与冰雪运动进校园相关活动。

Party Building
党建文化篇

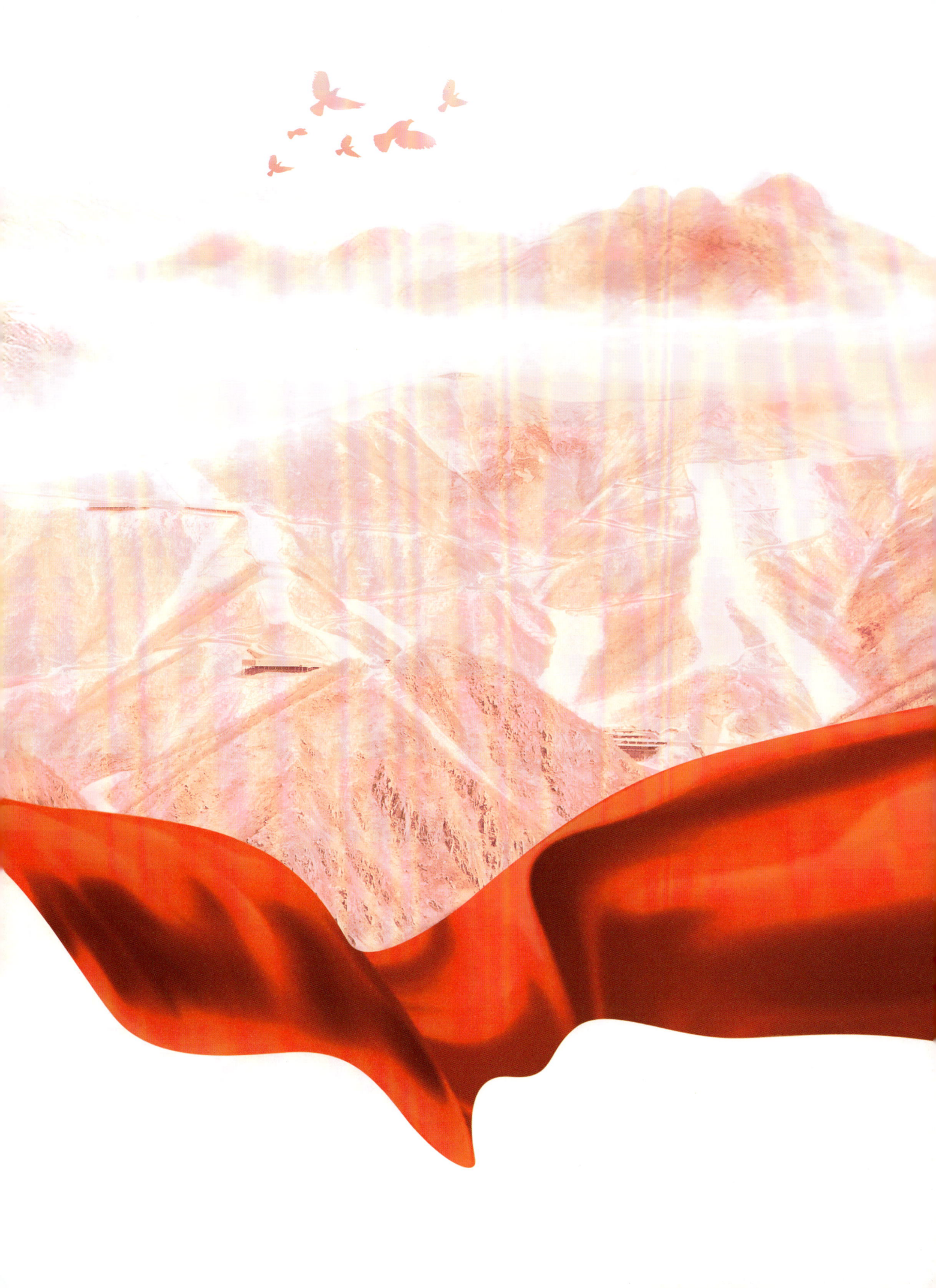

Party Building
党建文化篇

冬奥会延庆赛区

党建文化篇

Party Building

北京 2022 年冬奥会延庆赛区的工程建设，始终坚持党建引领。2018 年 6 月，经北控置业集团党委批准，由建设管理单位北控京奥公司党组织，联合各参建单位，组建了北京 2022 年冬奥会和冬残奥会延庆赛区核心区联合党委。这一组织形式的创新，有效调动了各参建单位的积极性和主动性，聚集了工程建设的强大合力。由于工作成效和工作环境的关系，联合党委被誉为"北京市海拔最高的联合党委"，并荣获"2021 北京榜样"年度特别奖。

在联合党委开展工作的同时，各参建单位的党建活动也亮点纷呈。北京城建、中交集团、上海宝冶等单位的冬奥建设团队，都围绕场馆设施建设，根据建设进度和时机，开展了不同形式的党建文化活动，产生了不同方面的党建成果，涌现出大批优秀团队和先进人物。

哪里有工程建设活动，哪里就有党的组织；哪里有党的组织，哪里就有党建活动，就能发挥党组织的领导作用、党支部的战斗堡垒作用和党员的先锋模范作用。本篇对北京 2022 年冬奥会延庆赛区参建单位的党建文化活动和党建成效等，进行以点带面的呈现。

核心区联合党委

01

筹办好北京冬奥会、冬残奥会是写入十九大报告中的大事，受到党和国家领导人、北京市委市政府的高度重视。面对最为复杂的冬奥场馆、最具挑战性的延庆赛区；面对新冠肺炎疫情防控任务和延庆地区海拔高、气温低、地形复杂等多重困难；面对冬奥会延庆赛区参与建设的国企数量多、党员管理分散等特点，为高标准完成这一重大政治任务，全力助推工程建设，充分发挥党组织在工程建设中的战斗堡垒和服务保障等作用，攻坚克难、协同努力，为保证冬奥建设稳步顺利推进提供政治组织保障，在北控集团党委和北控置业集团党委的领导下，2018 年 6 月，北控京奥公司党总支创新组织形式，联合各参建单位组建了北京 2022 年冬奥会和冬残奥会延庆赛区核心区联合党委（简称"联合党委"）。

联合党委紧紧围绕"精彩、非凡、卓越"目标和"绿色、共享、开放、廉洁"的办奥理念，突出党建引领，开展劳动竞赛，紧扣"坚持和加强党的全面领导"这一根本原则，深入实施党建引领行动，强化政治保障，充分发挥党组织战斗堡垒和广大党员先锋模范作用，不折不扣落实了中央、北京冬奥组委、北京市委市政府决策部署。

一、汇聚"联建"合力，强化党建品牌建设

针对冬奥会延庆赛区参与建设的国企数量多、党员管理分散等特点，联合党委建立了联合党委章程，明确了工作原则和任务、组织成员构成、议事和活动规则。联合党委设立书记 1 名，由北控京奥公司党总支书记担任；设副书记 4 名，由建设单位、各施工单位提名组成，其中设立执行副书记 1 名，由 4 名副书记每季度轮流担任，在轮值期间负责联合党委的日常事务性工作，有效调动了各参建单位的积极性和主动性，汇集起推进项目建设的强大合力。

延庆赛区联合党委在确保项目建设进度的同时，深入挖掘各参建单位

优势资源，建立"跨建制"平台，根据各参建单位特点，开发不同活动载体，推动党建活动与冬奥建设相结合，既突出"党味"，又彰显"奥运味"。深入开展"不忘初心、永远跟党走""弘扬援建精神，全力以赴推进冬奥建设"等主题党日活动，开展冬送温暖夏送清凉等活动，建立"职工之家""暖心驿站"等常态化关爱冬奥建设者的载体，把冬奥建设者拢到党旗下，形成"北京市海拔最高的联合党委"新品牌。

联合党委坚持把开展党史学习教育作为一项重要的政治任务抓好抓实，创新学习载体和抓手，在赛区掀起了学习"党史"的热潮。用伟大建党精神滋养党性修养，强化党员意识，在思想上和行动上时刻与以习近平同志为核心的党中央保持高度一致；将学习党史与冬奥工作相结合，组织开展联合党委书记讲党课、邀请专家开展专题党课、座谈研讨、庆祝中国共产党成立 100 周年系列读书活动、党史知识竞赛、诗歌朗诵红歌唱响、主题征文和书画作品展等活动，在赛区现场开展植树和垃圾分类等冬奥特色主题党日活动，开展庆祝建党 100 周年暨"七一"先进表彰大会，进一步增强冬奥建设者的获得感、成就感和荣誉感。

党史知识竞赛

"学党史，办实事，落实绿色办奥理念"主题党日活动

二、践行职责使命，书写优异答卷

面对 2020 年新冠肺炎疫情带来的重大挑战和严峻考验，联合党委积极落实习近平总书记"坚决打赢疫情防控阻击战"的要求[①]及上级决策部署，成立领导小组和工作专班，强化"四方责任"落实，制定专项工作方案，细化防控措施，统筹抓好赛区疫情防控工作。坚持冬奥赛区疫情防控和工程建设两手抓、两不误，做到工作不间断、力度不减弱、标准不降低，以实际行动践行国企职责使命，用理想信念书写防疫优异答卷。

为切实做好疫情防控，联合党委督促各单位根据疫情，及时排查中高风险地区旅居史人员信息并报送至上级单位及属地政府部门，每日根据疫情形势进行滚动排查，对存在风险人员要求居家隔离并向属地社区报到，及时完成核酸检测，按照相关要求复工复产，同期做好外籍入境人员防疫

---

① 参见：《在中央政治局常委会会议研究应对新型冠状病毒肺炎疫情工作时的讲话》，《人民日报》，2020 年 2 月 16 日 01 版。

管理。依据应接尽接原则督促各参建单位完成赛区疫苗接种工作，并组织满足加强针接种要求人员完成接种。进一步加强赛区到访人员登记排查工作，严格落实新增进场人员流调及审批机制，做好各项日常防疫及信息报送工作。北控京奥公司党总支靠前监督，与近百家总包、分包单位建立监督联络员，深入施工现场开展跟进监督检查，督促各参建单位整改落实，重视重点人员排查和高风险人员筛查工作，确保了疫情期间延庆赛区核心区人员高峰期 6000 余名建设者零感染。

三、开展劳动竞赛，助力项目推进

为助力工程建设，充分发挥聚合与引领作用，联合工会组织各参建单位，全力开展"大干 100 天""百日会战"等劳动竞赛，开展安全生产知识竞赛，加强安全管理。通过开展劳动竞赛，抢抓山地施工黄金期，调动各参建单位主动性和积极性，保证工程建设按既定目标完成。围绕"高山滑雪测试赛"与"雪车雪橇滑行测试"等重点工作，为各主要参建施工单位制定"会战"节点，并在过程中做好全程跟踪。结合项目建设，在开展劳动竞赛的同时，关注参赛员工全方位发展，开展心理健康辅导、红十字会救援培训、山地救援培训等，以训促赛，以训带赛，助力山地运行团队各项素质的提升。

在北京冬奥组委、市重大项目办的统筹指导下，在延庆区委、区政府等有关单位的大力支持下，延庆赛区各参建单位讲政治、顾大局、勇于担当，拼尽全力和时间赛跑，和严寒酷暑战斗，全力克服各种不确定性，在不断变化的形势中主动作为，在攻坚克难中不懈奋斗，以时不我待的紧迫感狠抓落实，高标准完成延庆赛区工程建设任务和赛事服务保障准备。

国家高山滑雪中心项目

02

01 | 第一节　国家高山滑雪中心第一标段

北京城建深入学习贯彻落实习近平总书记关于办好 2022 年冬奥会的重要指示精神，按照"一刻也不能停、一步也不能错、一天也耽误不起"的工作要求，在市委、市政府和市国资委的正确领导下，以高站位、高标准、高水平打造冬奥精品工程。国家高山滑雪中心第一标段工程项目党支部秉承铁军精神，使命必达，以全力推动冬奥工程建设为切入点，持续加强基层党支部建设，积极发挥党建统领作用，使党建工作与冬奥工程建设深度融合，相互促进，保证了国家高山滑雪中心工程建设任务的圆满完成。

一、党支部概况

国家高山滑雪中心第一标段工程项目党支部成立于 2018 年 6 月 8 日，有正式党员 11 名，入党积极分子 1 名。支委会由 3 人组成，书记 1 人、副书记 1 人、纪检委员 1 人。党员平均年龄 38 岁，党员人数占正式员工人数的 36%。

二、工作开展情况

（一）提高政治站位，履行国企责任

从夏奥主场馆"鸟巢"到冬奥"高山滑雪中心"，北京城建有幸成为"双奥之企"，深感责任重大，使命光荣。国家高山滑雪中心项目党支部在

工程建设之初提出要进一步提高政治站位，履行好国企责任，全面加强党的领导，把党建工作深度融入冬奥工程建设中，用冬奥工程建设的成绩来检验党建工作的成绩。组织党员干部认真学习习近平总书记对冬奥工程建设的指示精神，始终牢记习近平总书记的嘱托，坚决落实时任北京市委书记蔡奇"一刻也不能停、一步也不能错、一天也误不起"的工作要求，全力而为，极致做事，强化思想引领力，把理想信念转化为建设冬奥工程的坚定信念和自觉行动。

（二）夯实基层党建，提供组织保障

一是项目设立责任区，巩固党员责任意识。项目党支部先后根据不同的施工阶段开展党员目标责任区、党员先锋队建设。让党员在岗位上亮身份、做表率、做榜样，切实发挥党组织的战斗堡垒作用和党员的先锋模范作用。由党员带头全面负责各施工区域的施工进度、技术质量、安全管理工作。无论是海拔2198m的山顶出发平台，还是异常艰险的索道、雪道施工，到处都有共产党员的身影。党支部开展"讲政治 比奉献 建冬奥 立新功"活动，把党建工作与项目的各项工作深度融合，增强四个意识，让党徽在海陀山上闪亮，让党旗在海陀山处处飘扬。

二是党建与生产相结合，充分发挥党员先锋模范作用。高山滑雪项目被称为"冬奥会皇冠上的明珠"。竞速主雪道的起点位于北京第二高峰——海陀山顶峰2198m处附近，最大坡度达到68%，是国际上最难最险赛道之一，也是冬奥场馆中海拔最高、环境最恶劣、建设难度最大的"三最"工程。海陀山区海拔高、施工条件差、气候恶劣，不时出现极端天气。党支部认为这正是对每一名党员坚强党性和意志力的考验，要求党员发挥先锋模范作用，在工程建设中勇于担当、无私奉献。哪里施工条件艰苦，党员就出现在哪里，哪里的工作急难险重，党员就冲锋在前。山区9条索道施工无以往经验可以借鉴，面对这一巨大的挑战，党支部成立了以党团员为骨干的集团首支高山索道突击队，无论是酷暑高温还是极寒天气都始终战斗在一线，出色地完成了索道施工任务。

2020年，面对疫情防控及完工目标的双重压力，项目党支部集结队伍，提前返岗，成立防疫党员责任区，党支部书记带队对人员隔离、门岗值守、消毒测温等工作进行检查，严防死守，为工程如期实现节点目标保驾护航，践行了新时代共产党员"特别能吃苦、特别能战斗、特别能奉献"铁军精神。

三是夯实主体责任，建设廉洁冬奥。作为冬奥工程，廉政工作是重中之重。项目党支部不断完善"三重一大"决策制度，严格执行支委会前置的决策程序。认真贯彻落实冬奥工程廉政主体工作，采取规定动作与特色动作相结合的形式，

形成从北京城建、建筑部，到项目党支部的三级联动的冬奥工程监督检查机制，确保了主体责任落实和作风建设常态化。

通过制定党建主体责任清单、签订全面从严治党主体责任书和党风廉政建设承诺书、开展廉洁从业知识测试、设立信访接待室、设置意见箱、向分包单位发放阳光监督卡等，全面接受社会各界监督。着重抓好做好廉洁教育。确保把冬奥工程打造成为精品工程、样板工程、平安工程、廉洁工程。

四是以多种形式丰富基层党建工作。项目上多次开展了以"创优争先，岗位建功"为主题的党员之星和优秀员工评比活动。组织开展各阶段劳动竞赛活动，不断创新党内活动方式，开展一系列群团活动和推优创优活动，与赛区联合党委、属地党组织密切联系，积极参与双

报到、桶前值守、光盘行动；开展爱心帮扶活动等，增强施工一线职工的凝聚力、向心力和战斗力。

（三）秉承铁军精神，引领科研创新

项目党支部秉承城建铁军精神，坚持"团结、求实、奉献、高效"的工作作风，高质量高标准完成各项工作，利用重点工程平台培养人才、锻炼人才，其中1人被评为北京市劳动模范，1人被评为北京市优秀共产党员，5人被评为"冬奥劳动先锋"，2人被评为"冬奥建设之星"，2人被评为"延庆区世园冬奥最美建设者"。同时，辅助编制北京市地方标准《绿色雪上运动场馆评价标准》，编制京津冀协同标准《雪道施工技术规程》，与中建院合作研发"科技冬奥"课题，承担《复杂山地条件下冬奥雪上场馆设计建造运维关键技术》课题研究；

劳动竞赛

"北京冬奥高山滑雪竞速雪道工程综合施工技术"在北京市建委组织的科技成果鉴定中被评为国际领先；取得 52 项专利，发表 6 篇论文，形成 2 项 QC 成果，被评为北京市建筑信息模型（BIM）应用示范工程，荣获 2 项科技进步奖。在"在新中国 70 年最具影响力班组"评选中，国家高山滑雪中心第一标段项目部荣获"新时代特色品牌班组"荣誉称号。

02 | 第二节　国家高山滑雪中心第二标段

在中交集团党委等各级党委的正确领导下，国家高山滑雪中心第二标段项目党支部充分依托冬奥工程、国家工程战略平台，积极发挥示范引领作用，创新党建工作方式，坚持党建融入施工生产经营，以争创一流、争作贡献为表率，凝聚干事创业的强大能量，锻造冬奥"高山"精神，擦亮中交央企品牌，展现国企责任担当，在高质量完成冬奥会项目建设过程中作出了突出贡献。

一、党支部概况

国家高山滑雪中心项目党支部成立于 2018 年 6 月 11 日，有正式党员 11 名，预备党员 2 名，入党积极分子 2 名。支委会由 5 人组成，书记 1 人、副书记 1 人、组织委员 1 人、纪检委员 1 人、宣传委员 1 人。党员平均年龄 34 岁，党员人数占正式员工人数的 29%。

二、工作开展情况

（一）坚持政治引领，肩负冬奥使命

2021 年 1 月 18 日，习近平总书记亲临国家高山滑雪中心进行现场慰问。在北京 2022 年冬奥会和冬残奥会筹办工作汇报会上，习总书记强调，办好北京冬奥会、冬残奥会是党和国家的一件大事，是我们对国际社会的庄严承诺，做好北京冬奥会、冬残奥会筹办工作使命光荣、意义重大。[1]

---

[1]参见：《坚定信心奋发有为精益求精战胜困难　全力做好北京冬奥会冬残奥会筹办工作》，《人民日报》，2021 年 1 月 21 日 01 版。

项目党支部始终牢记习近平总书记的嘱托，肩负冬奥建设使命，面对"四大一多"——全新领域挑战大、国际工程影响大、山区施工难度大、三边工程不确定因素多，以及设计难、运输难、勘测难等巨大挑战，积极践行"绿色、共享、开放、廉洁"办奥理念，充分发挥党工群团的凝聚力、战斗力，克服无经验借鉴、无标准规范、无路、无水、无电、无信号等重重困难，历经三年艰苦奋战，胜利完成"八大节点""三大战役"，成功完成了"十四冬"和高山滑雪测试赛的服务保障任务，用执着与汗水创造了高山滑雪赛道规范，填补了国内和国际空白，所建雪道顺利通过国内五方验收和国际雪联认证。

（二）探索党建创新，构建基层生态

项目党支部以"敢突破，敢创新"为思路，以"建设高素质党员队伍、构建先进基层党组织"为目标，充分运用网络信息化、数字化手段，利用掌上智能项目部平台构建"党史学习教育""党课随身听""党建大讲堂""廉政建设""在线学院"五大生态板块，把党建活动阵地拓展到网络上，实现线上线下的组织资源开放共享、开放互动、开放共建，实现知识、课程、培训三个维度的党建培训学习，量化了考核，沉淀了资料，降低了成本，打破了传统党支部和党员之间的地域和时空界限，促进了基层党建工作信息化建设，全面提升了基层党建工作整体水平，让

抓党建围绕施工生产在开拓中前进、在创新中发展。

（三）锻造"高山"精神，引领科研创新

项目党支部坚持深耕团队文化，积极锻造"敢打硬仗，能打胜仗"的"高山"精神，为国家培养了一大批雪道建设人才，其中有3人被评为"冬奥劳动先锋"，2人被评为"冬奥建设之星"，3人被评为"延庆区世园冬奥最美建设者"，在科研方面形成1部《高山滑雪雪道工程技术规程》、13项专利、19篇论文、5项工法、7项QC成果，有1项著作权，获得2项科技进步奖，并带领项目团队荣获多项荣誉称号。

（四）秉承廉洁自律，坚守底线原则

项目党支部在各项工作开展过程中，始终将培养政治过硬、廉洁自律的党员干部作为核心任务向纵深推进。

项目党支部坚持完善组织队伍建设，按照纪检监督员职责清单开展工作，坚持讲政治、讲正气、讲实话、办实事、坚定信念，坚守底线，狠抓党风廉政建设；支部与公司党委签订党风廉政建设责任书、与领导班子及关键岗位人员签订廉洁从业承诺书、与每个协作队伍签订廉政合同，真正形成一级抓一级、层层抓落实的责任管理体系；支部按照公司统一部署，结合项目实际开展全面排查，识别廉洁风险点，完善防范化解风险防控措施，规范制约和监督机制，要求各风险岗位

严格遵守岗位职责；支部认真学习宣贯中交集团、中交一公局集团、华中公司党风廉政建设和反腐败工作会议讲话精神，召开"永葆政治本色、忠诚干净担当"党风廉政宣教月启动会，召开廉洁警示专题会议，并将企业廉洁文化理念、重要节日推送廉洁提醒融入项目管理日常；支部通过组织生活会，重点针对思想认识不到位、工作落实执行力不强等方面问题深刻剖析原因，明确努力方向，进一步履职尽责，提高项目党员干部的党性修养；支部经常开展领导班子集体谈话，让大家始终保持头脑清醒，做到"三个正确对待"，自觉接受监督，做到"三个积极主动"，切实增强"四个意识"、强化"四个责任"；支部通过开展述职述廉，全面报告学习、思想、工作、作风情

况，报告抓党风廉政建设的情况和带头执行廉洁从业规定等情况，进一步净化基层政治生态；支部通过开展四项整治自查自纠总结，排查项目领导特定关系人在项目出租设备、供应大宗材料、分包工程、在重要岗位工作等违规违纪行为，震慑贪腐；支部在办公区门口设置举报箱并公示信访举报电话和邮箱，畅通信访举报渠道，依靠群众力量强化监督。

支部始终强化党风廉政建设，努力做到让冬奥会像冰雪一样纯洁干净，先后荣获冬奥会延庆赛区联合党委"冬奥工程建设标杆集体奖"和"党史知识竞赛一等奖"、中交一公局集团"先进基层党组织"、中交集团"先进基层党组织"、国务院国资委"中央企业先进基层党组织"等表彰。

CHAPTER THREE　　第三章

国家雪车雪橇中心项目

国家雪车雪橇中心项目党支部在中国五矿、中国中冶、上海宝冶等上级党委的正确领导下，牢记大型央企使命担当，以"携手奥运促建设，敢为人先争第一"为支部品牌，发挥党建引领作用；将党建工作与场馆建设、场馆运行和赛事保障深度融合，充分发挥党员先锋模范作用和支部战斗堡垒作用，认真总结项目管理经验和成功做法，全面开展科技创新深入提炼和挖掘工作，为行业提供示范、借鉴，助力北京 2022 年冬奥会举办。

一、引领革新，关爱员工

在国内首条雪车雪橇赛道的建设过程中，宝冶人匠心独运，充分发挥全产业链核心竞争优势，以持续不断的革新创新能力陆续攻克多项赛道施工难题，形成了独占鳌头的赛道成套施工自有核心技术，形成自主技术专利，其中多项技术达到了世界先进水平，得到了国际体育单项组织的高度好评。国际奥委会委员、国际雪车联合会主席伊沃·费里亚尼称国家雪车雪橇中心赛道为"近几年全球新建赛道里最好的一条"。

建设任务艰巨，为缓解员工压力，项目部工会积极营造"宝冶·家"氛围，努力提高员工幸福感，成立"职工小家"，丰富员工的业余文化生活；积极加入北京 2022 年冬奥会和冬残奥会延庆赛区核心区联合工会，发挥轮值单位职能，组织赛区多家单位联合开展各类活动，项目工会负责人获得联合工会年度唯一奖项"2018 年度最佳风尚奖"。敢于突破、勇于创新、团结一致的项目部也于 2019 年获得"全国工人先锋号"殊荣。

二、创新形式，区域共建

支部于 2018 年成立以来，在成长中不断提升工作成效。在建设单位的组织下，在公司上级党组织的大力支持下，项目党支部、工会小组、团支部分别加入北京 2022 年冬奥会和冬残奥会延庆赛区核心区联合党委、联合工会、联合团委。这一举措创造了基层党组织跨单位设置的新模式，刷新了跨单位联建党组织的新亮点，构建了产业联建党组织的新格局，拓展了党建工作的新途径。

国家雪车雪橇中心项目党支部在积极开展"三会一课"日常组织生活的同时，创新 VR（虚拟现实）党建学习新模式，开拓党建日常工作新思路；并在工作之余组织参加公益、扶贫帮困活动，彰显央企担当；依托冬奥平台，借势助力宣传工作，书写宝冶人的冬奥缘。

首先是密切与政府各级部门的友好关系，加强区域协同发展。支部作为赛区联合党委成员，依托地域优势，与多方积极开展党建联建，促进多方关系。

作为冬奥建设者，与张山营镇政府、延庆区园林绿化局协同共建，参加"迎冬奥盛会，展海陀风情，向建设者致敬，同家乡人问好"活动；与延庆区住建委共同开展"助力冬奥送温暖，两地共建谱新篇"活动；与延庆区生态环境局形成共建，帮扶当地困难群众；与张山营镇工会形成长期共建，定期为一线建设者免费体检、理发；与西大庄科村党支部在项目建设过程中紧密配合和共建，形成和平年代的"鱼水情"，互敬互助；与北京

冬奥会延庆赛区联合党委揭牌仪式

国家雪车雪橇中心项目党支部
组织开展关爱困难儿童公益活动

八达岭希尔顿逸林酒店开展党建联建、廉洁共建等活动，进一步做到党建工作与生产经营深度融合。

同时，加强与建设单位的联络共建，有效推动项目建设：积极发挥联合党委成员单位作用，组织参加"纪念中国人民志愿军抗美援朝70周年""关爱困难儿童，彰显社会责任""赛区形象有你我，绿色环保在行动"以及冬奥知识系列讲座等多个活动，在活动中促进协同，在协同中共同推进项目建设，助力冬奥事业。在联合党委的指导和支持下，项目多名员工获得"最美冬奥建设者""首都最美家庭""北京榜样"称号。

项目党支部还多措并举助力脱贫攻坚战：打破新冠肺炎疫情影响的限制，将扶贫工作从线下转到线上，在各大App扶贫馆采购各类扶贫产品，走在联合党委扶贫采购前列；积极组织党员同志进行抗击疫情的捐款活动，得到热烈响应；多次采购延庆当地玉米、草莓、葡萄等果蔬，帮助延庆农民解决果蔬滞销问题，进一步与当地政府部门巩固了友好关系，推动区域协同发展。

三、踵事增华，开拓业务

冬奥会筹办工作千头万绪，检验着一个国家的综合实力，也检验着宝冶人的职责担当。为培养新兴产业工种，助力冰雪产业发展，宝冶人秉持"超越自我，敢为人先"的奋斗精神，迎难而上，牢牢抓住历史发展机遇，从零开始开拓新领域。项目建设过程中，面对赛道新工艺，边研发边试验，成功培养组建国内首支混凝土喷射手队伍和修面手班组，填补国内空白，获得权威专家好评；在对赛道结构和曲面熟悉的基础上，成功锻炼出一支中国自有的赛道制冰师团队，实现了喷射手、修面手多技能转变，为赛道维护和人才储备打下基础；利用中冶东方翻译中心语言人才优势，锻炼培养赛道塔台播报员，进行赛事运行和场馆运营多元化人才的培养和储备，开拓大型体育场馆运行保障工作，筑牢冬奥会运行保障体系，也为"后冬奥时代"国家队训练和场馆运营创造有利条件。

由建设团队成功转变为场馆运行团队后，在严峻的疫情形势下，陆续高质量完成了场地预认证、2021 年上半年相约北京系列测试赛、国际体育单项组织场地考察、"相约北京" 2021/2022 国际测试活动及国家队训练等多个保障任务，最终圆满完成北京 2022 冬奥会雪车雪橇赛事保障任务。从建设到运行，不变的是宝冶人对冬奥使命的坚守，对冬奥梦想的追寻。自 2020 年 10 月 9 日赛道迎来首滑开始，宝冶场馆运行团队在党支部的保驾护航下成功保障了场馆总滑行次数突破 3 万次。在庞大数字背后支撑的，是团队在长期高强度、高压力工作状态和特殊背景下，团结一致、奋力拼搏的精神，是宝冶人作为新时代优秀央企员工的敬业、忠诚、团结。

四、抗击疫情，力保工期

面对新冠肺炎疫情，国家雪车雪橇中心项目党支部迅速反应，严格落实各级管理部门指示精神和工作要求，严守防疫战线的同时全力推进项目建设；按照上级政府部门提出的充分考虑竞赛需求、外籍人员认证流线以及运动员滑行所需的要求，结合疫情防控万无一失的总体战略部署，积极排查疫情风险，全力控制传染源，防止疫情进入场馆范围；响应国家号召，有序组织参建人员进行疫苗接种，全力达到阶段性的 100% 疫苗接种率，确保国家雪车雪橇中心持续保持零感染。由于切实贯彻落实北京市委、市政府关于疫情防控的工作部署，扎实做好施工现场疫情防控工作，国家雪车雪橇中心项目获评"北京市房屋建筑和市政基础设施工程'放心'工地"。

国家雪车雪橇中心项目获评
"北京市房屋建筑和市政基础设施工程'放心'工地"

五、专题教育，提高站位

为加强党支部凝聚力，传承红色基因，弘扬爱国主义精神，国家雪车雪橇中心项目党支部开展"观红色影片，增爱国主义情怀""牢记历史，做红色基因的继承者"等观影活动，在建党百年之际通过新的学习形式悟党性、促实干，激励党员守初心、担使命、找差距、抓落实。

2021年，是中国共产党成立100周年，也是"十四五"规划的开局之年。国家雪车雪橇中心项目党支部围绕"学党史、悟思想、办实事、开新局"主题和"学史明理、学史增信、学史崇德、学史力行"目标，积极、有序组织开展党史学习教育，引导广大党员增强"四个意识"、坚定"四个自信"、坚决做到"两个维护"；通过开展党史学习教育专题党课，以及"知敬畏，重操守，强作风，推动反腐倡廉不停步"专题党课等活动，讲述中国共产党百年征程的五个重要历史阶段和取得的辉煌成就，深入贯彻落实党史学习教育精神内涵，激励全体党员统一思想，不忘初心、牢记使命，团结一致，争取胜利，警示党员干部提高站位，在履职尽责中知敬畏、重操守、强作风，切实提高作风建设和反腐倡廉建设水平，打造风清气正的氛围。

六、党建引领，全力保障

为保证党的路线方针和上级党组织的决策在基层项目部贯彻落实，及时传达上级组织布置的任务和通知，统筹协调各项工作，全力保障北京2022年冬奥会及冬残奥会圆满举办，上海宝冶及其北京分公司党委高度重视冬奥会保障工作，在项目团队建立后，多次组织召开冬奥会运营保障工作专题会，集团及北京分公司各级领导均对保障工作提出了具体要求，落实了各项责任，理清了工作思路，进一步增强了全体"参战"人员的积极性和主动性。

冬奥会召开期间，北控置业集团党委在运行保障团队中成立临时党支部，将战斗堡垒建在冬奥保障第一线。在北控置业集团党委领导下，冬奥会运行保障团队临时党支部赛前充分动员，增强了党性观念，强化了责任意识，坚定了信仰与信心，使党员队伍保持更高的政治站位和工作热情，投入到冬奥会运行保障任务中。

在冬奥会保障这一特殊任务中，延庆赛区联合党委继续发挥引领作用，带领赛区各单位基层党组织协同作战。上海宝冶冬奥会运行保障临时党支部在联合党委中担负起国家雪车雪橇中心场馆业主及相关方各单位党建工作统筹任务。支部第一时间完善机制，明确分工，带领团队14名党员在冬奥会保障

央视《创新进行时》专题报道上海宝冶助力
冬奥场馆建设的事迹

工作中充分发挥党员先锋模范作用，设置党员先锋队、党员先锋岗和青年突击队，在最关键的岗位始终坚定理想信念，牢记初心使命，进行定点值守，组织专项巡查，监督安全防疫，严抓纪律履职。

党支部将"我为群众办实事"的活动带到冬奥保障任务中，在带领团队坚定信念和思想意志的同时，进行心理疏导，开展谈心谈话；发挥基层工会职能，发放棉衣、防风裤、棉袜等防寒保暖物资，关心队员身心健康和生活保障，开展各类关爱关怀活动，并与公司工会共同组织开展新年家属慰问和"一份家书"等各类暖心活动。

国家雪车雪橇中心相关项目自开工建设以来就备受社会各界的广泛关注与期待，尤其在北京冬奥会期间，央视专题报道国家雪车雪橇中心项目8次，总时长107分钟。其中，央视科教频道专题纪录片《时尚科技秀——揭秘"雪游龙"》四集连播，《科技冬奥"汇"——"雪游龙"诞生记》和《人物·故事——逐梦冬奥》分别两集连播；CGTN俄语频道播出《"雪游龙"上的翻译官——走近国家雪车雪橇中心》专题片；宝山电视台、青岛电视台等电视媒体也对国家雪车雪橇中心保障团队进行了报道。正是扎实有力的党建工作，凝聚起项目团队合力，大家坚定信心，奋发有为，精益求精，战胜困难，贯彻落实各项办奥要求，高水平完成国家雪车雪橇中心的建设和运行保障工作。从工程建设到场馆运行，团队收到国家体育总局、延庆区委区政府、北京冬奥组委延庆运行中心、延庆区住建委、延庆区生态环境局等多个单位的锦旗、感谢信，受到多方肯定，为助力冬奥会举办交出了一份优异答卷。

CHAPTER FOUR　　第四章

延庆冬奥村及山地
新闻中心项目

04

北京国家高山滑雪有限公司党支部认真贯彻落实北京市委、市政府和北控集团、北控置业集团决策部署，组织总包及各参建单位，以党建工作为引领，以项目目标为导向，结合项目实际，统一策划开展了系列党建活动，有效促进了工程项目的建设和赛事服务保障工作的圆满完成。

一、提前筹划，组建过硬团队

为了全面、优质、高效地完成好冬奥村（冬残奥会）赛事服务保障任务，北京国家高山滑雪有限公司党支部及早筹划，在推选进入保障团队的人员时就充分考虑发挥党建引领作用；最终选入保障团队的29人中，有12名党员、5名积极分子，另有2人在保障工作期间递交了入党申请书。此外，北京国家高山滑雪有限公司党支部还组织各协作单位保障队伍中的35名党员，组成"冬奥保障临时党支部"，制定了党建工作方案，促进保障工作高效有序进行；设立了4支党员先锋队、6个党员先锋岗和1支青年先锋队，充分发挥党员的先进模范作用和团员青年的生力军、突击队作用，为各项服务保障任务得到高质高效落实奠定了坚实基础。

二、以党建工作为引领，确保高质量履约

根据北京市重大项目办及北京冬奥会工程建设指挥部关于延庆赛区工程建设的相关精神，北京国家高山滑雪有限公司党支部、北京住总延庆冬奥村及延庆山地新闻中心项目一标段项目部党支部、中建一局延庆冬奥村及延庆山地新闻中心项目二标段项目部党支部联合倡议开展了"党建引领、决战百天、笃定目标、高质履约"活动。

三个党支部联合向全体参建党员发出倡议：强党性，提高政治站位，把初心写在行动上，把使命落在岗位上；讲奉献，带头担当作为；比作风，

坚持群众路线，坚持服务基层、服务一线，以"真抓实干、马上就办"的过硬作风践行宗旨意识，汇聚各方正能量、激发全员战斗力，凝聚起党员群众、干部职工众志成城、同舟共济的强大力量，共同营造上下一心、团结拼搏，大干100天、奋战冲刺的良好氛围；看实绩，超前完成建设目标。

活动充分发挥了党组织的战斗堡垒作用和党员的先锋模范作用，让党旗在施工一线高高飘扬，确保了建设目标的圆满达成。

三、通过党史学习教育，激励奋斗精神

项目建设期间，北京国家高山滑雪有限公司党支部与总包单位项目部党支部开展了一系列党史学习教育活动，组织党员、团员学习《习近平新时代中国特色社会主义思想学习问答》《中国共产党简史》《论中国共产党历史》《毛泽东 邓小平 江泽民 胡锦涛关于中国共产党历史论述摘编》等理论书籍；参观平北抗日战争纪念馆、中法大学旧址，开展"缅怀革命先烈，传承红色基因""用好红色资源，赓续红色血脉"等主题党日活动，引导党员、团员带动青年从党史中汲取丰富的精神养分，增强历史使命感和时代责任感，获得凝心聚力、攻坚克难的不竭动力和智慧之源，高标准完成项目建设和赛事服务保障工作。

四、提升环境保护意识，落实绿色办奥理念

北京国家高山滑雪有限公司党支部与总包单位项目部党支部牢固树立和践行"绿水青山就是金山银山"的理念，立足首都生态涵养区功能定位，将绿色办奥理念融入北京冬奥会服务保障全过程，开展树木保护、生态修复等系列工作，有效保护赛区内的森林生态系统和景观资源，促进了冬奥会延庆赛区生态环境的可持续发展。

延庆赛区 2 号路项目

北京冬奥会延庆赛区 2 号路项目党支部，始终坚决贯彻落实党中央决策部署和华中公司党委要求，有序推进党建各项工作。在华中公司成立之初，唱响"立足新起点、提高新站位、着眼新标准"的口号，聚力严管大事强主责、严管干部强担当、严管党员强表率，力促项目党建工作上层次上台阶。

一、创建学习型党支部，确保党建工作落地落实

一是坚持学习理论，擦亮忠诚底色。以党史学习教育为牵引，坚持将党建工作、党史学习相互融合，互为助力、一并推进，通过个人自学、集体学习、"微讲堂"、读书会、讨论会、知识竞赛等方式，使项目党员清楚大庆之年学什么、党建工作干什么、红色基因看什么等问题，引导党员干部增强"四个意识"、坚定"四个自信"、做到"两个维护"。

二是突出建党百年活动，加强党的领导。在建党百年之际，组织支部党员参观了平北抗日战争纪念馆，重温抗战历史，缅怀革命先烈，传承红色精神，体验式的红色教育，使党员干部坚定了理想信念，强化了责任担当，确保党员干部听令景从、坚强有力、全面过硬。

三是学习先进典型，立起党员标杆。组织学习公司优秀共产党员不忘初心、扎根基层、爱岗敬业的典型事迹，并以之为标准，立起党员标杆，以点促面，培塑项目党员扎根基层默默奉献的无私品格、交融天下建者无疆的价值追求、甘为人梯带徒育人的园丁情怀、精益求精永不止步的匠人水准，形成人人争先创优、活力竞相迸发的生动局面。

二、创建服务型党支部，推动党建工作走深走实

一是围绕"两个导向"营造氛围。立起能者为先用人导向，职务调整、

提拔选用优先考虑工作成绩突出的个人，营造"凭素质立身，靠实绩进步"的良好氛围；立起服务为荣工作导向，全力搭建党员领导干部为职工服务的有效平台，形成"党组织为党员服务，党组织和党员为群众服务，党的工作为中心和大局服务"的整体格局，使服务成为项目党建的鲜明主题。

二是围绕"两个紧盯"激发活力。始终紧盯施工任务，把党建工作与工期节点任务融合，结合任务理思路、想办法，聚焦任务解难题、补短板，着眼任务抓督导、促落实，先后成立党员先锋队、青年突击队，在抢夺工期节点、劳动竞赛等活动中发挥重要作用；始终紧盯员工期盼，及时了解员工诉求愿望，跟进落实为员工办实事、解难题，广泛开展"我为项目发展献一策"等活动，提高职工以项目为家的主人翁意识，不断激发项目活力。

三、开展多样化活动，促进党建工作高质量发展

一是组织开展登山捡垃圾环保活动。"绵绵海陀人珍惜，悠悠点滴我做起"。为了保护北京冬奥会赛区自然环境，打造完美高山速降比赛场地，党支部组织全体职工组成"环保卫士"志愿者服务队，清理小海陀山的垃圾，更激发了全体职工的冬奥建设热情。

二是开展"微讲堂逐人讲、大讨论逐人谈"活动。结合公司党风廉政宣教月活动，党支部采取"微讲堂逐人讲、大讨论逐人谈"的方式，在每天晚饭前后，利用 5~10 分钟时间开展道德"微讲堂"活动，逐人登台，唱歌曲、诵经典、讲模范，用生动活泼的方式帮助职工知廉洁、懂廉洁、树廉洁，令人耳目一新。

三是开展廉政主题书法剪纸活动。将传统文化与"心至廉、路致远"的活动主题相结合，通过现场挥毫运墨的方式，创作出多幅以廉政为主题的书法作品，诠释了党支部创廉洁项目、扬正气清风的决心意志。

四、党建成果

三年来，项目获得 QC 优秀成果 2 项，多次获得"安全文明施工竞赛流动红旗"等荣誉，先后被评为"先进集体""安全生产先进单位""劳动竞赛先进单位""中交集团五四红旗团支部"和"先进党支部"。

Media Focus

媒体聚焦篇

Media Focus
媒体聚焦篇

09

冬奥会延庆赛区

媒体聚焦篇

Media Focus

延庆赛区是北京 2022 年冬奥会建设难度最大的赛区。延庆赛区核心区建设创造了冬奥建设史上多个"最"——建设周期最短、施工难度最大、设计标准最高、质量要求最严、现场参建队伍最多。

历时 4 年，北控集团将延庆赛区从宏伟蓝图变成了现实，带领各参建单位凝心聚力、攻坚克难，把延庆赛区从无路、无水、无电、无信号的"四无"山区，建设成拥有国内第一条符合奥运标准的雪车雪橇赛道、国内第一座符合奥运标准的高山滑雪赛场的场馆群。

从高空俯瞰整个赛区，国家高山滑雪中心 7 条雪道从山顶倾斜而下，山脚下的国家雪车雪橇中心宛若一条静卧的巨龙。延庆冬奥村这座中式庭院，掩映在山林之间，所有场馆和谐地融于自然之中，如同一幅优美的画卷。

高山滑雪项目被称作"冬奥会皇冠上的明珠"，国家高山滑雪中心 7 条赛道全长 9.2km，最大垂直落差可达 900m，是目前世界上顶级难度的高山滑雪赛道之一。雪车雪橇运动被誉为"雪上 F1"赛事，国家雪车雪橇中心是北京市冬奥工程竞赛场馆中设计和施工难度最大的新建场馆。延庆冬奥村共有 6 个"居住组团"，可为运动员及随队人员提供千余个床位。

在测试赛及北京 2022 年冬奥会、冬残奥会期间，延庆赛区"两馆一村"凭借高品质的硬件和服务，收获了国际奥委会、单项国际体育组织、专家、运动员、媒体和社会各界的高度赞誉。

本篇集中呈现冬奥官员、运动员对北京 2022 年冬奥会延庆赛区的盛赞与体验。

CHAPTER ONE　　　第一章

冬奥官员评价

01

巴赫

1. 国际奥委会主席巴赫

　　巴赫主席冬奥会期间6天4次打卡国家高山滑雪中心，称赞场馆设计建造得十分成功，漂亮且壮观。他表示："场馆非常棒！世界一流。"

　　巴赫还在与延庆冬奥村村长程红的视频会见中说："我想向延庆冬奥村表示祝贺。我刚刚在村里用了午餐，我必须要说，如果我在村里待上三天，我会再长十斤，这里的餐食太好吃了。""我路上交谈过的所有运动员都对这里的房间、餐食和服务极为满意，我本人感到很欣慰；志愿者也都很优秀，他们的笑容很温暖，完全可以感到自豪。"

2. 国际残奥委会无障碍专家伊利安娜·罗德里格斯

伊利安娜·罗德里格斯称赞国家高山滑雪中心是"无障碍设施做得最好的场馆"。

伊利安娜·罗德里格斯

3. 国际奥委会执委、国际雪车联合会主席伊沃·费里亚尼

伊沃·费里亚尼向北控集团颁发国家雪车雪橇中心雪车和钢架雪车的赛道认证证书时评价："延庆国家雪车雪橇中心是世界上最好的场馆……你们建成了一座卓越的场馆。在雪车和钢架雪车场馆的历史上，我认为这座场馆是无与伦比的！"

伊沃·费里亚尼

胡安·安东尼奥·萨马兰奇

4. 国际奥委会北京冬奥会协调委员会主席胡安·安东尼奥·萨马兰奇

萨马兰奇盛赞："在延庆冬奥村生活很美好，还想再次来延庆冬奥村！"

5. 斯洛伐克代表团首席新闻专员卢博米尔·绍切克

这是卢博米尔第二次在北京参加奥运会。"我认为北京冬奥村的住宿条件几乎是完美的，延庆冬奥村也差不多。""冬奥村的志愿者太棒了。他们非常友善，乐于助人，并且总是面带微笑。尽管有时他们的英语没那么好，但我认为他们对冬奥会敞开了心扉。"卢博米尔表示，相信北京冬奥会将给志愿者们留下美好而长久的记忆，成为他们独特的体验，"非常感谢志愿者的工作，给别人带来快乐以及积极的情绪。"

卢博米尔·绍切克

参赛运动员评价

1. 美国高山滑雪运动员赫特

在 2 月 5 日举行的延庆冬奥村新闻发布会上，美国"00 后"高山滑雪小将赫特大赞位于北京延庆的国家高山滑雪中心。"我很喜欢这里的雪，真的太棒了！"

2. 德国女子钢架雪车运动员海曼

海曼认为，延庆赛道的冰面非常平滑，加上地形设计得好，可以加起很快的速度。这也对选手过弯道技术提出挑战。

3. 俄罗斯的选手尼基缇娜 - 艾莲娜

艾莲娜说："这个赛道（国家雪车雪橇中心）景观很棒，滑起来确实挺刺激的。"

4. 美国女子雪车运动员凯莉

两次获得冬奥金牌的美国女子雪车运动员凯莉表示："赛道太棒了，冰面情况非常好，是绝佳的比赛场地。"

5. 牙买加高山滑雪运动员本杰明·亚历山大

"'雪飞燕'滑雪是令人赞叹的体验。周围的设施——公路、桥梁、隧道，这个冰雪胜地都是在过去几年中建设出来的，这简直是一种奇迹，我不知道还有哪个国家可以做到。"牙买加高山滑雪运动员本杰明·亚历山大感叹道。

Together for a shared future

"有朋自远方来，不亦乐乎！"
——孔子

"It's always a pleasure to greet a friends from afar!"

居民服务中心 2022.02.04
Resident Center YVI

CHAPTER THREE　　　　第三章

03

冬奥村服务

"Everything is perfect！ Good service！"自开村以来，延庆冬奥村居民服务中心以诚挚的热情和专业的服务，接待了一批批来自世界各地的客人，各国客人的感谢信也纷至沓来。为了凸显中国冬奥元素，居民服务中心还特别绘制了冰墩墩元素的图画送给客人。

外国运动员与志愿者合影，感谢细致服务

延庆冬奥村设有三个居民服务中心，其中包含一个 24 小时运行的超级居民服务中心。居民服务中心设置了商务中心，为小型代表团提供办公空间的专用工作站，自助洗衣烘鞋设施，可预订的会议室、医疗室和按摩室等，提供问询、预订、征集居民意见、投诉处理、失物招领、房间保洁等服务。

"阿根廷和西班牙的客人几乎每天都会预订使用按摩室，韩国客人会竖起拇指向工作人员说'大发'。"延庆冬奥村运行团队相关负责人介绍。

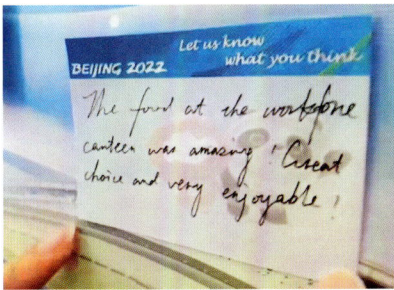

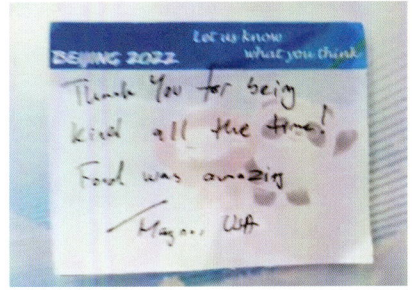

而每封感谢信的背后都有一个暖心的小故事。

冬奥村里有一墙的"好评便签纸"，全是各国官员、运动员等自发留下的：

中餐真好吃。谢谢你们准备的美食。

北京太棒了！所有运动员和教练都很感激你们的照顾。

爱你们！在北京延庆冬奥村运动员餐厅。

……

一面墙上贴满了各种"夸夸"留言，大多是对中华美食的喜爱，以及对志愿者的感谢，堪称冬奥村里的"表白墙"。

Appendix

附录

Appendix

附录

大事记

2017

- 2017 年 2 月 4 日，北京北控京奥建设有限公司正式成立。
- 2017 年 4 月 26 日，取得《北京市规划和国土资源管理委员会关于 2022 年冬奥会和冬残奥会延庆赛区核心区总体规划的批复》（市规划国土函〔2017〕1081 号）。
- 2017 年 5 月 17 日，上海宝冶集团有限公司国家雪车雪橇中心赛道施工筹备组成立。
- 2017 年 6 月 6 日，冬奥会延庆赛区准备情况汇报会召开，上海宝冶集团有限公司向北京市副市长、各政府部门及北控集团领导汇报情况。
- 2017 年 8 月 7 日，取得国家雪车雪橇中心前期工作函（京发改前期〔2017〕156 号）、国家高山滑雪中心前期工作函（京发改前期〔2017〕157 号）、基础设施前期工作函（京发改前期〔2017〕158 号）。
- 2017 年 8 月 15 日，国家雪车雪橇中心模块施工技术研发工作正式开展。
- 2017 年 8 月 31 日，3.8km 施工进场路建设完成并投入使用，实现道路直通国家高山滑雪中心结束区。
- 2017 年 10 月 8 日，国家雪车雪橇中心（赛道模块）开展第一阶段试验工作。
- 2017 年 10 月 10 日，第 24 届冬奥会工作领导小组第四次全体会议，审议通过了延庆赛区核心区规划设计方案。
- 2017 年 10 月 30 日，历经 8 个月，储雪实验雪堆温度、雪堆密度、雪堆体积等各项数据的收集和整理圆满完成，实验数据均满足国际雪务专家提出的要求。
- 2017 年 10 月，国家雪车雪橇中心第一组 3.5m 模块试验段喷射成型。
- 2017 年 11 月，上海宝冶集团有限公司与加拿大 ISC、韩国大林等国际咨询公司进行多次赛道施工技术交流。
- 2017 年 12 月 19 日，国家高山滑雪中心、国家雪车雪橇中心建设工程监理合同备案完成。

·2017 年 12 月 20 日,取得规划部门出具的设计方案审查意见函(规土审改试点函字〔2017〕0054 号)。

·2017 年 12 月 20 日、26 日、27 日,国家雪车雪橇中心施工总承包合同及国家高山滑雪中心一标段、二标段施工总承包合同先后备案完成。

·2017 年 12 月 29 日,取得国家高山滑雪中心、国家雪车雪橇中心施工登记意见书,竞赛场馆的"一会三函"工作基本完成。

·2018 年 1 月 5 日,北京北控京奥建设有限公司举行国家高山滑雪中心、国家雪车雪橇中心项目开工动员大会。

·2018 年 1 月 11 日,国家雪车雪橇中心项目正式开工。

·2018 年 1 月 19 日,上海宝冶集团有限公司中标国家雪车雪橇中心建设项目。

·2018 年 2 月 1 日,国家雪车雪橇中心项目表土剥离完成。

·2018 年 3 月 5 日,延庆区重大项目办、北京冬奥组委一行 80 余人至项目现场调研。

·2018 年 3 月 12 日,模块研发基地进行第一组 11m 模块试验段喷射。

·2018 年 3 月 18 日,上海宝冶集团有限公司一行赴韩国平昌考察雪车雪橇赛道。

·2018 年 3 月 23 日,北控集团召开北京 2022 年冬奥会延庆赛区项目建设誓师动员大会。

·2018 年 3 月 24 日,北京市委书记、北京冬奥组委主席蔡奇,北京市市长、北京冬奥组委执行主席陈吉宁一行视察 2022 年北京冬奥会延庆赛区场馆建设情况。北京市建委副主任王鑫视察国家雪车雪橇中心项目。

·2018 年 3 月 30 日,冬奥会延庆赛区施工现场提前一个月完成临时用电设备安装并完成通电,同时实现国家高山滑雪中心施工现场通信信号全覆盖。

·2018 年 5 月 9 日,北京市副市长、北京冬奥组委执行副主席张建东一行到国家雪车雪橇中心项目视察调研。

·2018 年 5 月 10 日,北京市市长陈吉宁一行到国家雪车雪橇中心项目现场调研检查。

·2018 年 5 月 14 日,国家雪车雪橇中心项目部青年突击队授旗,"党员之家""职工小家""青年安全监督岗"揭牌仪式举行。

·2018 年 5 月 24 日,北京市延庆区委副书记李军会一行视察国家雪车雪橇中心项目。

·2018 年 5 月 27—29 日,外方首席喷射手、混凝土专家、前届冬奥会论证专家到国家雪车雪橇中心项目模块区指导工作。

·2018 年 5 月 28 日,延庆赛区"一会三函"办理完成。

2017

2017—2018

2018

2018

- · 2018 年 6 月 8 日，中国气象局党组书记、局长刘雅鸣到国家雪车雪橇中心项目部视察调研。
- · 2018 年 6 月 14 日，北京市总工会建筑工会主席宋丽静到国家雪车雪橇中心项目调研。
- · 2018 年 6 月 21 日，国家雪车雪橇中心 11m 赛道模块接受并通过外方专家的预认证。
- · 2018 年 6 月 27 日，北京 2022 年冬奥会和冬残奥会延庆赛区核心区联合党委、联合工会揭牌仪式暨劳动竞赛启动仪式召开。
- · 2018 年 7 月 1 日，"北京市海拔最高的联合党委"——北京 2022 年冬奥会和冬残奥会延庆赛区核心区联合党委、联合工会正式成立。
- · 2018 年 7 月 2 日，北京北控京奥建设有限公司场馆运营分公司成立，负责冬奥延庆赛区国家高山滑雪中心及国家雪车雪橇中心两个场馆的运行保障工作。
- · 2018 年 7 月 10 日，由北京市总工会和北京冬奥组委联合主办，北京市建筑工会和北控集团工会承办的"寻找冬奥工程最美建设者"暨"夏送清凉"活动在冬奥会延庆赛区施工现场启动。
- · 2018 年 7 月 21 日，中央政治局委员，北京市委书记，北京 2022 年冬奥会和冬残奥会组织委员会主席、党组书记蔡奇视察项目现场。
- · 2018 年 7 月 24 日，国家雪车雪橇中心 11m 赛道模块以满分成绩一次性通过国际体育单项组织认证。
- · 2018 年 9 月 14 日，国家雪车雪橇中心人工挖孔桩全部完工。
- · 2018 年 9 月 20 日，张家口市市长武卫东一行调研国家雪车雪橇中心项目。
- · 2018 年 9 月，北京北控京奥建设有限公司李书平创新工作室，被北京市总工会与北京市科学技术委员会联合认定为市级职工创新工作室。
- · 2018 年 10 月 10 日，雪车雪橇赛道首段混凝土喷射成功完成。
- · 2018 年 10 月 20 日，北京 2022 年冬奥会和冬残奥会延庆赛区核心区联合工会、北京北控京奥建设有限公司举办"大干一百天"劳动竞赛第一阶段颁奖仪式。上海宝冶集团有限公司以满分成绩排名第一。
- · 2018 年 10 月 25 日，国家高山滑雪中心山顶区雪道土石方工程、D2 雪道抗滑挡墙施工完成。
- · 2018 年 10 月 26 日，国际联合检查组专家一行对国家雪车雪橇中心首段喷射混凝土的 S49 段赛道进行成型质量检查，并给予高度肯定；对 S23 段喷射混凝土前各项工序环节质量进行了重点检查，对检查结果表示满意，同意对该段赛道进行混凝土喷射。
- · 2018 年 10 月 27 日，国家雪车雪橇中心 S23 段赛道开始喷射混凝土。国际联合检查组专家全程观察、监督，在过程中进行指导，并对喷射手操作水平、喷射过程控制、混凝土表面修面等给予高度评价。

· 2018 年 10 月 31 日，国家高山滑雪中心中间平台及山顶出发区土石方工程完成。

· 2018 年 11 月 25 日，国家雪车雪橇中心第二次顺利通过国际单项体育组织的联合验收。

· 2018 年 11 月 27 日，国家高山滑雪中心 D3 雪道抗滑桩施工完成。

· 2018 年 11 月 29 日，国家高山滑雪中心赛道 10 个制冷单元完工。

· 2018 年 11 月 29 日，赛区 1 号桥、2 号桥箱梁施工完成。

· 2018 年 11 月，21 名中国首批雪橇赛道混凝土喷射手全部通过认证考核。

· 2018 年 12 月 15 日，赛区导行线施工完成。

· 2018 年 12 月 20 日，连接线 3 号桥全部桩基施工完成。

· 2018 年 12 月 21 日，延庆冬奥村项目开始进行第一根抗滑桩人工挖孔。

· 2018 年 12 月 23—24 日，北京北控京奥建设有限公司《关于"复杂山地条件下冬奥雪上项目信息融合平台研发与示范"科研项目实施方案》通过国家重点研发计划专项评审。

· 2018 年 12 月 28 日，北京 2022 年冬奥会延庆赛区核心区国家高山滑雪中心技术道路成功贯通。

· 2019 年 2 月 1 日，习近平总书记考察北京冬奥会和冬残奥会筹办工作，与延庆冬奥建设者们视频连线，向奋战在冬奥项目一线的建设者致以诚挚的问候。

· 2019 年 4 月 12 日，延庆冬奥村 1 组团进行第一次验槽。

· 2019 年 4 月 25 日，北京市总工会、北京市人力资源和社会保障局授予北京北控京奥建设有限公司 2019 年"首都劳动奖状"。

· 2019 年 5 月 1 日，赛区 2 号路山上段 K0+000~K3+600（起点—集散广场段）实现甩项通车，将极大缓解赛区交通运输压力，为国家高山滑雪中心工程建设提供重要条件。

· 2019 年 5 月 4 日，冬奥村 1 组团、2 组团及公共组团南区 3 台塔吊安装完成。

· 2019 年 5 月 15 日，赛区 5 号路甩项通车。

· 2019 年 5 月 31 日，北京 2022 年冬奥会和冬残奥会延庆赛区核心区联合团委成立。

· 2019 年 6 月 1 日，国内体积最大、一次性储氨量最高的氨制冷系统氨液分离器在国家雪车雪橇中心吊装完成。

· 2019 年 6 月 1 日，冬奥村临时供电正式电开始启用，柴油发电机供电阶段结束。

· 2019 年 6 月 26 日，雪车雪橇赛道首榀木梁吊装。

· 2019 年 6 月 30 日，国家雪车雪橇中心制冷机房主体结构封顶。

2018—2019

2019

- 2019 年 7 月 15 日，1290m 蓄水池具备蓄水条件。

- 2019 年 7 月 31 日，赛区 2 号路山上段 K3+600~K4+800 路面沥青混凝土底面层铺筑完成，标志着通往国家高山滑雪中心竞速结束区的主体道路甩项通车。

- 2019 年 8 月 4 日，陕西四季春清洁热源股份有限公司进场，进行冬奥村中深层换热测试孔施工。

- 2019 年 8 月 10 日，国家高山滑雪中心 F1 雪道支护工程全部完工。

- 2019 年 8 月 15 日，国家雪车雪橇中心赛道 U 形槽基础全部贯通，制冷机房结构施工完成。

- 2019 年 8 月 27 日，国家高山滑雪中心山顶出发区变电所、控制室、分界室地面混凝土浇筑完成，二次结构砌筑完成，有独立电源，配备临时施工照明，具备电力施工条件，并正式移交给北京市电力公司进行施工。

- 2019 年 8 月 30 日，国家高山滑雪中心 PS100 泵站总配电室通电。

- 2019 年 9 月 15 日，国家高山滑雪中心山顶出发区全面封顶。

- 2019 年 9 月 17 日，雪车雪橇赛道主体混凝土喷射完成，赛道合龙。中国第一条高强度双曲面雪车雪橇赛道主体结构完工。

- 2019 年 9 月 18 日，赛区 1 号路甩项通车。

- 2019 年 9 月 20 日，赛区连接线甩项通车。

- 2019 年 9 月 30 日，园区 2 号路山上段 K4+800~K7+032 甩项通车。

- 2019 年 10 月 5 日，1050m 泵站具备输水条件。

- 2019 年 10 月 8 日，国家高山滑雪中心集散广场配电室供电。

- 2019 年 10 月 10 日，冬奥村 1 组团钢结构完成最后一件构件的安装。

- 2019 年 10 月 10 日，园区 4 号路甩项通车。

- 2019 年 10 月 12 日，国家高山滑雪中心竞速结束区与集散广场、中间平台、山顶平台主体结构完工。

- 2019 年 10 月 29 日，造雪引水工程 1050m 高程塘坝正式蓄水，初步蓄水 47000m³，为国家高山滑雪中心造雪系统调试提供了供水保障。

- 2019 年 10 月 31 日，雪车雪橇赛道背部聚氨酯喷射完成。

- 2019 年 11 月 6 日，冬奥村 6 组团完成最后一根抗滑桩的施工。

- 2019 年 11 月 15 日，国家高山滑雪中心启动造雪。

- 2019 年 11 月 15 日，雪车雪橇赛道 V 形柱安装完成。

- 2019 年 11 月 19 日，冬奥村公共组团南区塔吊拆除。

- 2019 年 11 月 20 日，国家高山滑雪中心竞技结束区配电室供电。

- 2019 年 11 月 22 日，冬奥村 3 组团完成所有楼层板混凝土结构的施工，各组团整体实现真正意义的结构封顶。

- 2019 年 12 月 12 日，国家高山滑雪中心竞速雪道通过国际雪联赛道认证。

· 2019 年 12 月 19 日，国家高山滑雪中心 B1、C、F 索道取得安全检验合格证（特种设备使用登记证）。

· 2019 年 12 月 20 日，国家雪车雪橇中心制冷机房设备管道安装完成。

· 2019 年 12 月 25 日，雪车雪橇赛道防翻滚安全装置安装完成。

· 2019 年 12 月 31 日，雪车雪橇赛道屋面系统安装完成。

· 2020 年 1 月 7 日，冬奥村主体结构验收启动。

· 2020 年 1 月 8 日，雪车雪橇赛道木梁吊装完成，龙骨成型。

· 2020 年 1 月 15—20 日，第十四届全国冬季运动会高山滑雪比赛在国家高山滑雪中心顺利举办。

· 2020 年 1 月 16 日，国家雪车雪橇中心赛道（主体、制冷系统）、制冷机房（主体、制冷系统）通过完工验收。

· 2020 年 1 月 18 日，冬奥村"中国钢结构金奖工程"验收启动。

· 2020 年 2 月 3 日，国家雪车雪橇中心赛道及制冷机房通过氨试漏验收。

· 2020 年 2 月 7 日，国家雪车雪橇中心在自然环境温度下开始赛道制冰修冰训练。

· 2020 年 2 月 20 日，雪车雪橇赛道遮阳帘安装完成。

· 2020 年 2 月 28 日，国家雪车雪橇中心完成最后一次氨液充注，氨制冷系统正式运行。

· 2020 年 3 月 1 日，雪车雪橇赛道制冰正式开始。

· 2020 年 3 月 10 日，国家雪车雪橇中心首次正式赛道制冰修冰完成。

· 2020 年 5 月 17 日，冬奥村"北京市结构长城杯工程"第二次验收启动。

· 2020 年 5 月 26 日，延庆山地新闻中心主体结构验收启动。

· 2020 年 7 月 30 日，冬奥村 1 组团样板段全面完工亮相。

· 2020 年 7 月 30 日，雪车雪橇赛道遮阳棚系统全面完工。

· 2020 年 8 月 11 日，北京市重大项目办组织北京冬奥组委等的专家对冬奥村 1 组团样板段进行观摩验收。

· 2020 年 8 月 30 日，雪车雪橇赛道照明系统安装完成。

· 2020 年 8 月 31 日，900m 高程塘坝泵站施工完成。

· 2020 年 9 月 18 日，国家雪车雪橇中心启动第二次赛道制冰工作。

· 2020 年 9 月 30 日，国家雪车雪橇中心赛道第二次制冰修冰完成。

· 2020 年 10 月 6 日，雪车雪橇国家队正式进场。

· 2020 年 10 月 9 日，国家雪车雪橇中心迎来国家队首次滑行，成为北京冬奥会首个迎来国家队入驻训练的比赛场馆。

· 2020 年 10 月 19 日，国家雪车雪橇中心项目顺利通过基于预认证的完工验收。

· 2020 年 10 月 24 日，冬奥村能源中心分界室和配电室成功送电。

2019

2019—2020

2020

2020

2020—2021

2021

- 2020 年 10 月底，冬奥村 1 组团外立面施工全部完毕，实现外立面整体亮相。
- 2020 年 11 月 1 日，国家雪车雪橇中心场地预认证工作圆满结束。
- 2020 年 11 月 9 日，国际体育单项组织正式宣布，国家雪车雪橇中心赛道场地顺利通过国际认证。
- 2020 年 11 月 20 日，冬奥村开始正式供暖。
- 2020 年 12 月 29 日，国家高山滑雪中心、国家雪车雪橇中心、延庆冬奥村及山地新闻中心全面完工。
- 2020 年 12 月 31 日，国家雪车雪橇中心项目通过五方验收。
- 2020 年 12 月 31 日，冬奥村外立面全面亮相。
- 2021 年 1 月 18 日，习近平总书记考察调研北京冬奥会延庆赛区。
- 2021 年 5 月 20 日，延庆冬奥村及山地新闻中心建筑防雷检测完成。
- 2021 年 6 月 10 日，延庆冬奥村空气质量检测完成。
- 2021 年 6 月 17 日，延庆冬奥村档案预验收完成。
- 2021 年 6 月 30 日，国家高山滑雪中心、国家雪车雪橇中心顺利通过项目竣工验收。
- 2021 年 7 月 12 日，延庆冬奥村消防验收完成。
- 2021 年 9 月 13 日，延庆赛区场馆群核心区公共区（枢纽）临时设施项目正式开工。
- 2021 年 9 月 15 日，延庆赛区制服与注册中心临时设施全面完工。
- 2021 年 9 月 16 日，延庆冬奥村临时设施项目正式开始施工。
- 2021 年 9 月 18 日，延庆赛区临时设施项目完成飞猫规划手续。
- 2021 年 9 月 18 日，北京冬奥组委规划建设部发布国家雪车雪橇中心设施手册（OB6.1）。
- 2021 年 9 月 27 日，北京冬奥组委规划建设部发布国家雪车雪橇中心、延庆赛区制服与注册中心、残奥颁奖广场、核心区公共区（枢纽）及阪泉综合服务区设施手册（OB6.1）。
- 2021 年 9 月 28 日，市政配套工程二标段完成五方验收。
- 2021 年 9 月 30 日，市政配套工程一标段完成五方验收。
- 2021 年 9 月 30 日，制服与注册中心通过北京市重大项目办组织的综合评价，同日交付场馆运行团队使用。
- 2021 年 9 月 30 日，延庆赛区阪泉综合服务区正式开工。
- 2021 年 10 月 9 日，延庆赛区临时设施项目完成林地降级手续。
- 2021 年 10 月 15 日，颁奖广场正式开始施工。
- 2021 年 10 月 18 日，北京市 2022 年冬奥会建设指挥部办公室转发《北京冬奥组委规划建设部冬奥物流安检场建设需求的函》，函内明确冬奥物流安检场纳入临时设施建设范围。

· 2021 年 11 月 8 日，北京冬奥组委规划建设部发布国家高山滑雪中心（未包含竞技结束区）、国家雪车雪橇中心、延庆冬奥村、延庆赛区制服与注册中心、延庆残奥颁奖广场、延庆赛区核心区公共区（枢纽）、阪泉综合服务区设施手册（OB6.1）。

· 2021 年 12 月 3 日，北京市重大项目办副主任赵北亭主持召开延庆赛区临时设施建设协调会。会上要求所有场馆于 2022 年 1 月 4 日前全部完工；原则上不再增加临设内容，因疫情防控等必须增加的，特事特办。

· 2021 年 12 月 28 日，延庆赛区所有场馆临时设施顺利通过四方验收。

· 2021 年 12 月 29 日，延庆冬奥村收到公共卫生、住宿、电力、注册、媒体运行、技术、奥运服务、高山领队等 8 张新增需求清单。

· 2022 年 1 月 4 日，延庆赛区所有场馆临时设施通过综合评价。

· 2022 年 1 月 5 日，延庆冬奥村收到新增礼宾、旗帜等需求清单。

· 2022 年 1 月 7 日，国家高山滑雪中心收到礼宾、BRS 转播服务、语言服务、技术、赛时服务、餐饮、媒体运行方面共 12 张新增需求清单，以及竞速、竞技结束区新的整改意见。

· 2022 年 1 月 10 日，国家雪车雪橇中心收到新增无障碍需求。

· 2022 年 2 月 20 日，延庆赛区临时设施开启冬奥—冬残奥转换期改造。

· 2022 年 3 月 4 日，延庆赛区临时设施冬残奥转换完成，投入残奥会使用。

· 2022 年 3 月 13 日，北京 2022 年冬奥会及冬残奥会保障任务圆满完成。临时设施全程运转良好，无重大问题发生。

· 2022 年 3 月 18 日，延庆赛区临时设施拆除恢复工作启动。

· 2022 年 7 月 20 日，延庆赛区 8 个场馆的临时设施全部拆除恢复完成。

2021

2021—2022

2022

DIRECTORY OF CONSTRUCTORS

建设者名录

管理单位：北京控股集团有限公司

党委书记、董事长	田振清
党委副书记、副董事长	徐　波
党委副书记、工会主席	胡银同
党委常委、副董事长、常务副总经理	李永成
党委常委、董事	刘桂生
副总经理	张　韵
党委常委、纪委书记	王兴聘
党委常委、副总经理	李雅兰
党委委员、副总经理	姜新浩
党委常委、副总经理	王　剑
副总经理	戴小锋
党委常委、组织部长	董蓟伟

北京北控置业集团有限公司

党委书记	肖锡发
董事长	张文华
党委副书记、总经理	李书平
原党委副书记、工会主席	郭　闽
党委副书记、工会主席	李容慧
纪委书记	王永军
副总经理	杨斌华
财务总监	方　斌
总法律顾问	付连生
副总经理	赵新卫
总经理助理	罗　进

设计联合体牵头单位：中国建筑设计研究院有限公司

主管领导：中国建设科技集团股份有限公司　党委书记、董事长　　文　兵
　　　　　中国建筑设计研究院有限公司　　党委书记　　　　　　宋　源
　　　　　　　　　　　　　　　　　　　　总经理　　　　　　　　马　海
　　　　　　　　　　　　　　　　　　　　党委副书记　　　　　　路秀科
　　　　　　　　　　　　　　　　　　　　总经理助理　　　　　　仲继寿
　　　　　　　　　　　　　　　　　　　　总建筑师　　　　　　　李兴钢
　　　　　　　　　　　　　　　　　　　　总工程师　　　　　　　任庆英
　　　　　　　　　　　　　　　　　　　　总风景园林师　　　　　李存东

延庆赛区总规划师、总项目负责人：　　李兴钢
延庆赛区项目经理：　　谭泽阳　盛　况
延庆赛区项目负责人：邱涧冰　张音玄　张　哲　梁　旭　张玉婷　高　治
　　　　　　　　　　史丽秀　曹　阳　马奕昆　窦　通　杜爱梅
建筑设计专业：　　　刘紫骐　朱伶俐　刘　扬　李　欢　沈周娅　张司腾
　　　　　　　　　　李　虓　张一婷　闫　昱　杨　曦　袁智敏　李碧舟
　　　　　　　　　　杨　茹　陆婧瑶　姜汶林　陈译民　张捍平　宋洋洋
　　　　　　　　　　张　弨　李　慧　梁艺晓　许乃天　王思莹　胡家源
　　　　　　　　　　田　甜　张　钏　万子昂　苏　杭　侯新觉　谭　舟
　　　　　　　　　　刘　振　宋梓仪　王　源　刘辉龙　张丹丹　李广林
　　　　　　　　　　赵骏飞　李　哲　胡平淳　孙同宝　武　超　张　弛
　　　　　　　　　　林　志　潘彬瑶　袁　晨　王昳雯　刘燕辉　韩亚非
　　　　　　　　　　娄莎莎　马　琴
结构设计专业：　　　刘文珽　李　正　王　磊　李　森　杨松霖　张晓萌
　　　　　　　　　　刘　帅　李路彬　周轶伦　丁伟伦　罗　肖　张雄迪
　　　　　　　　　　刘增良　高　博　张晓宇　伍　敏　张起舞　刘　福
　　　　　　　　　　李梦珂　李　雪　刘　翔　任海波　杨　杰　杨　潇
　　　　　　　　　　徐　杉　罗敏杰　王春圆　杨子奥　周韶毅　杜敬贤
　　　　　　　　　　王雪培　张　扬　余　蕾　王大庆　陈文渊　朱炳寅
　　　　　　　　　　霍文营
给排水设计专业：　　申　静　郝　洁　李茂林　张　超　梁　岩　杨瀚宇
　　　　　　　　　　霍新霖　朱跃云　关若曦　张庆康　李　斌　高来泉
　　　　　　　　　　张璇蕾　曹为壮　石小飞　李雪晴　郭汝艳　赵　锂
　　　　　　　　　　安　岩
暖通设计专业：　　　祝秀娟　刘　维　侯昱晟　张祎琦　周　蕾　王志刚
　　　　　　　　　　胡建丽　苏晓峰　全　巍　肖孝徕　晁江月　李思达
　　　　　　　　　　王彬权　董俐言　金　健　马　豫　宋孝春　潘云钢
电气设计专业：　　　王　旭　李宝华　高学文　何学宇　张　辉　王　昊

	翟　奇	曹　磊	于　征	杨小雨	高　洁	许士骅
	刘征峥	岳世光	李俊民	张　青	陈　琪	王　健
室内设计专业：	张　超	马萌雪	王　强	张　然	张洋洋	李　毅
	安　石	闫　宽	刘　奕	郭彦茹	谈星火	曹　成
	刘子贺	张埕斌				
总图设计专业：	路建旗	高　伟	刘晓琳	郝雯雯	朱庚鑫	吴耀懿
	董亦堃	周清照	张　翔	李　爽	白红卫	
景观设计专业：	关午军	朱燕辉	王　悦	张宛岚	李秋晨	李　飒
	李和谦	王　龙	杨贺明	申　韬	戴　敏	常　琳
	管婕娅	巩　磊	高　宇	杨宛迪	张桂媛	赵芸立
	李　密	税嘉陵	刘宇婷	崔叶亮	藤依辰	白建立
	韩　迅	李　甲	邵　涛	魏　华	曹　雷	张　丽
	张　路	马玉虎	许亚奇	郭　强	吴连荣	武燕文
规划设计专业：	崔志明	王　翔	刘　晔	刘　超	胡　亮	王　萌
	王　静	王　琦	宁可佳	李秋童	张耀之	
可持续设计专业：	刘　鹏	林　波	郑　然	黄雅如	张　玥	赵　昕
场馆绿色顾问专业：	王陈栋	伊文婷	王芳芳	吴中洋	曹建伟	胡逸隆
	谷一弘	冯天园	李　博	周　楚		
交通设计专业：	洪于亮	叶平一	赵光华	吴哲凌	郭佳梁	郝世洋
	张丽娟	张兴雅	李君丰			
经济专业：	禚新伦	赵　红	曹　丽	滕　飞	丁　雨	钱　薇
	杨冠杰	刘晓瑜	王雍雅	边晓艳	陈　欣	胡艳豪
	汪　凯	赵　静	张桂芝	邓林峰	陈泳汐	徐瀚文
	马筠强					
照明设计专业：	丁志强	黄星月	李占杰	朱　梅		
桥梁设计专业：	赵宏伟	高明大	迟啸起	周立臣	余奇异	
运行设计：	赖钰辰	谭泽阳	谷婧云	蒋　翠	袁国茗	李佳晟
	杨锡为	范坤仪	邱雪桥	李玉鹏	刘宇明	王　姝
	刘建双	郭倍丞	董笑岩			
赛区科研：	曹　颖	赵　希	翟建宇	高　伟	李思瑶	吕海越
	温玉央	马　靖	孔祥惠	武显锋	万　鑫	么知为

A 部分（国家高山滑雪中心、国家雪车雪橇中心及配套设施项目）

建设单位：北京北控京奥建设有限公司

主管领导：　董事长、党总支书记（建设期）　　　　　李书平

董事长、党总支书记（运营期）	付连生
总经理	罗　进
原党总支副书记、工会主席	武京文
原党总支副书记、工会主席、副总经理	夏　魏
副总经理	李长洲
副总经理	吕泓佑
副总经理	韩小炎
财务总监	郑　欣
原副总经理	刘　坤

综合办公室： 高子超　张金萍　王立功　陈　靖　张　磊　曾　龙
张　濛　李　红　刘　上　左东博

党群工作部： 王秀权　张丹丹　李　霄　刘　杰　陶　瑞　罗小红

财务部： 谢　蛟　罗秋华　杜　静　曹斌霞　郭亚慧　钱立君

工程部： 刘文浩　于忠宝　王永生　陈海滨　聂全利　顾立海
李　松　张立东　郭　东　冯　露　赵志华　王倩倩
马　林　旷建华　祝伟铎　张建新　朱鹏山　鲁建国
汪建波　王　韧　胡高腾　王晓峰　刘　琦　栗　超
赵瑞勇

安全环保部： 耿春余　段　傲　刘　超　郭宏洲　祁明明

设计部： 孙向辉　张　威　李海涛　罗均武　尹正姝　那　苓
陈　涛　喻　雪　赵　煜　廖凌冰　王　伟　王　珺
刘　琼　崔　凯　苑绍鹏

环保及可持续发展工作组： 梁德栋　石磊娜　聂顺新　郭　浩

计划管理部： 杨　崴　李　阳　章永罡　郑　权　胡绍乾　张　淼

前期部： 吴雁冰　冯建磊　闫文良　张婉艺　刘永浩　张　乐

成本合约部： 胡红光　蔡春勇　王　娜　赵　鑫　冯浩伟　李江钊
罗奶静　隋晓飞　张金玲　崔喜美

国家高山滑雪中心第一标段施工单位：北京城建集团有限责任公司

主管领导：			
北京城建集团有限责任公司建筑工程总承包部		总经理	张锁全
北京城建一建设发展有限公司		总经理	米继东
北京城建集团有限责任公司建筑工程总承包部		副总经理	张培峰
		副总经理	周　辉
		副总工程师	金大春
		副总经济师	陈立荣
北京城建集团有限责任		部　长	王志海

| | 公司工程管理部 | 副部长 | 王晓辉 |

督导组：　　　王　超　曾广桃　林　斌　王　雷　刘天飞　李　琪
　　　　　　　张再华　卢　敏　张会中　张　盟　徐连营　何　棋

项目经理：　　张　洁

项目部支部书记：姬生智

常务副经理：　缪福元

总工程师：　　王生文

总经济师：　　廖陈斌

副经理：　　　袁超民　安宗伟

副书记：　　　陈　震

副总经济师：　严昆平

工程部：　　　闫　冬　郑　帅　张志鹏　陈文韬　王　涛　陶志民
　　　　　　　周　辉　张晓佩　薛金涛　苏晓领　刘东龙　还　军
　　　　　　　张　良　吴业中　肖　利　李　鹤　张海涛　雷仕海
　　　　　　　王蒙蒙　王　艳

技术质量部：　王丙辉　刘富亚　王向远　袁国旗　邹　磊　陈　陈
　　　　　　　孟　阳　王建飞　邓士睿　高亚江　张东林　孙志轩
　　　　　　　晁代先　李庆林　陈　峰　李　宁　陈明发　黄　强
　　　　　　　贺望生　刘东武　曹　凯　夏伟斌　郭丹霞

安全部：　　　王文刚　韩胜法　崔建波　张小兴　田永强　曹宗炎
　　　　　　　汪永发　贾　朋　刘梦达　崔建杰　管俊勇　郑光辉
　　　　　　　何德方　陶　宏

商务部：　　　宁　欣　杨　俊　杨　威　苏军立　邓　鹏　刘　颖
　　　　　　　余海洋　胡燕韬　屈　贵

机电部：　　　褚旭亮　涂可良　郑承辉　倪中心　曹　勇

综合办公室：　尹杰睿　夏福林　方　洁　祁　缘　刘泓材　张　鹏
　　　　　　　李永敏　王彩红

国家高山滑雪中心第二标段施工单位：中交一公局集团有限公司（中交隧道工程局有限公司）

主管领导：	中交一公局集团有限公司	党委书记、董事长	韩国明
		党委副书记、董事、总经理	李英俊
		党委副书记、董事、工会主席	吴　松
		党委常委、总会计师	潘文学
		党委常委、副总经理	徐振伟
		党委常委、副总经理	刘东元
		党委常委、副总经理	刘其亮

		党委常委、副总经理	徐会斌
		党委常委、副总经理	刘　志
		党委常委、副总经理	周越文
		副总经理	尹玉林
		党委常委、总工程师	赵宗智
		党委常委、纪委书记、总法律顾问	刘建军
		副总工程师	张军性
	中交一公局集团	党委书记、执行董事	陈平宇
	华中工程有限	党委副书记、总经理	陈玉奎
	公司	党委副书记、纪委书记、工会主席	尹国辉
		副总经理、安全总监	李宝东
		副总经理	张　雷
		副总经理	郝秋生
		总工程师	**杨　锐**
		总经济师	**张立新**
		总会计师、总法律顾问	**童　军**

项目经理：	付召坤				
项目书记：	邬　慧				
原总工程师：	李旭阳				
原总经济师：	曹海旭				
副经理：	张大伟	李跃亮	李　广	范承祥	
原副经理：	刘振峰				
安全总监：	王春平				
总会计师：	唐继业				
副总工程师：	苏彦珉				
副总经济师：	王　诚				
工程部：	郭思越	李彦凯	陶明明	徐　冉	陈浩达	王冬冬
	郭镇玮	谷雨轩	姜　旭	赵同贺	赵义雄	王　森
	刘学东	阎东生	刘　超	李亚祥	胡红亮	张　宁
	白玉振	王佳奇	王　帅	徐广辉	刘雪莹	邢晓东
安全部：	杨一修	唐浩川	杜文科			
材设部：	王　贺	高宝成	张　启	王宝珠	张红泽	
环保可持续部：	陶博文	李建楠				
试验室：	汲喜林	郝德石	于海洋	王书理	张　未	王亚帅
测量班：	黄秋义	梁博文	张　君	张伟力	梁建军	康科鹏
	郑新宇	教师源				
经营部：	孙　宇	李　博	孙魁亮	张　颖	关天浩	

财务部：　　　　黄　琰　刘　旭　马国强

人力资源部：　　周鑫港　王　磊

办公室：　　　　纪红军　刘肖欢　张学荣　曹梦真

国家雪车雪橇中心施工单位：上海宝冶集团有限公司

主管领导：上海宝冶集团有限公司　　　　副总经理　　　　　　　　

　　　　　上海宝冶集团有限公司北京分公司　党委书记、总经理　　　赫　然

　　　　　　　　　　　　　　　　　　　党委副书记、工会主席　张月奇

　　　　　　　　　　　　　　　　　　　总工程师　　　　　　　裴海清

项目经理：　　　　林剑锋

常务副经理：　　　姚　远

总工程师：　　　　赵安光

总经济师：　　　　卢金波

副经理：　　　　　贺传强

原总工程师：　　　李幻涛

机电施工负责人：　孙绪法

安全副经理：　　　马海涛

项目部：　　　张立伍　王海涛　蔡尚儒　刘恒贤　于良永　段　欣

　　　　　　　姜庄波　张　磊　郑浩然　王朝玉　于振鑫　尹佩佳

　　　　　　　范思宝　王　旭　王　刚　韩要东　马金木　刘冶坤

　　　　　　　朱　静　勾丽杰　张　雷　宋明景　胡　婷　刘　曼

　　　　　　　项天赐　高誉轩　李　杰　汪能恒　孙帮磊　陶　鑫

　　　　　　　王小进　张　林　韩丙武　杨玉恒　陈　龙　孙　悦

　　　　　　　王　博　王　磊　包相尧　杨　宽　罗雨平　张富晟

　　　　　　　罗　郑　郭亚鑫　王广旗　侯明志　舒德生　谢建魏

　　　　　　　李秋良　李超楠　胡港辉　占玉思

钢结构组：　　胡　毅　陈旭明　柯　旺　王晓科　董　明　赖俊羽

　　　　　　　翟沙林　张　辉　李晓林　陈　飞　周伟华　艮铁海

　　　　　　　景　勇　奚兴福　丁　旭

喷射混凝土组：魏金龙　马冰洋　李逢鹏　圣长波　张庆雷　樊健康

　　　　　　　王震宇　王庆森　雷　盼　段　炜　于洪岐　朱　璇

机电组：　　　李　宇　付红伟　冯　涛　顾道伟　王春林　段　孟

　　　　　　　杨凤祥　王俪葳　李　俊　任重远　孙　凌　黄　浩

　　　　　　　陈　兵　王　凯　曾　锐　杨　昆　卫　双　陈露露

　　　　　　　金沛杰　张　利　陈新兵　刘晓星　曹　勇　罗金安

　　　　　　　黄黎浩　邓德望　俞银林　宋春杰　刘昌友

赛道组：	彭　辉　施建昌　史越巍　徐　亮　陈世林　黄胜元
	海有贵　向茂胜　阳　斌　刘　东　严　超　易　鑫
	隋　波　樊　琼　林文龙　陈善奇
装饰组：	丁宝权　薛永涛　朱士洋　陆宁波　刘　斌　王从磊
	李志明　王亚平　程晓刚　尹学炜　董海元　徐啸宇
	吴一楠　王　鹏　邓　恺　林　波　邢　辉　孙　浩
	殷吾真　赵子淇　刘进宝　李　明　嵇　捷

延庆赛区 2 号路项目施工单位： 中交一公局集团有限公司（中交隧道工程局有限公司）

项目经理：	李明春
原项目经理：	张亦军　刘长波
项目书记：	刘占武
副经理：	韩振吉　王占东　史晓春
安全总监：	尹旭辉
总经济师：	张　新
副总工程师：	张朋辉
工程部：	李　尧　孙兆旭　李泽靖　张　亮
	李宗奇　张正霖　陈小伟
安全部：	初玉奇　王瑞浩
材设部：	贺振武　高　翔
经营部：	姜星宇　谷　涛
财务部：	齐凤廷　郭红梅
测量班：	孙海林　李　乐
试验室：	李家峰　史国藩
外协部：	朱　宁
办公室：	于佳尼

延庆赛区设计联合体成员
山体、雪道及技术道路、
索道系统布局等设计单位： 加拿大伊克森山地景区规划有限公司
（Ecosign Mountain resort Planners Ltd.）

主管领导：	总裁　Paul Mathews
项目经理、总设计师：	Paul Mathews
项目副经理：	高　晗
项目总工程师：	Dave Felius

度假区设计总监： Ryley Thiessen
（高级）设计师： Eric Callender　　Adam Schroyen
（高级）工程师： Jill Almond　　Nathan Smalley
　　　　　　　　 Peter O' Loughlin　　Paula Palmer

延庆赛区设计联合体成员
国家雪车雪橇中心赛道工艺设计单位：德国戴勒有限公司
　　　　　　　　　　　　　　　　　（Planungsbüro Deyle GmbH）

主管领导： 总裁　Uwe Deyle
项目经理、总设计师：Uwe Deyle
项目代表： 史　威
冰雪项目主设计师： Deyle
赛道设计： Walter　Nebur　Beinlich　Seyfarth
制冷设计： Nebur　Deicke　Bauer

延庆赛区设计联合体成员
市政基础设施设计单位：北京市市政工程设计研究总院有限公司

主管领导：北京市市政工程设计研究总院有限公司	总经理	张　韵
	副总经理	艾　凌
	工程技术研究中心副主任	郭淑霞
	道路交通专业总工程师	周正全
	桥梁专业总工程师	李　东
	结构专业总工程师	宋奇叵
	道路专业副总工程师	朱　江
	给水专业副总工程师	杨　力
	排水专业副总工程师	程树辉
	结构专业副总工程师	吴　彬
	暖通专业副总工程师	沈　铮
	隧道及地下结构专业副总工程师	马　杰
	电气自控专业副总工程师	王进民
	结构专业副总工程师	陈　重
	岩土专业副总工程师	李根义
北京市市政工程设计研究总院有限公司道路交通二院	院　长	马树田
	副院长	李照明
	副院长	李　江
	副院长	罗　凯

			副院长		陈　瓯
北京市市政工程设计研	院　长	田　萌
究总院有限公司水资源	副院长	饶　磊
与环境二院	副院长	王　洋
北京市市政工程设计研	院　长	刘子健
究总院有限公司道路交	副院长	毕　强
通一院

北京市市政工程设计研　院　长　　　　　　张　勇
究总院有限公司勘察院　院副院长　　　　　郭　印

项目负责人： 刘　源

项目副负责人： 饶　磊

道路专业： 王晓晓　张　涛　王　超　李　潇　衣　然

桥梁专业： 孙宏涛　汪凌云　胡　鹏　高　超　高莉莉
段守辉　欧阳嵩　李国峰　彭勃阳

交通专业： 胡　松　王　玮　陈　旗　陈文钊　姜　恒

市政专业： 纪海霞　梅　青　王洪刚　曲　蒙　张　博
江　敏　梁　毅　韩卫强　李剑屏　厉智成
田亚军　赵伟业　裘　娜　郭子玉　王怡人
王　青　闫京涛　常　军　林欣欣　隋　婧
强百祥　董　威　张勇强　龚远君　薛艳平
张邓霖　闫科举　莫剑峰　刘晓阳

电气专业： 历　莉　庄绪君　张志刚

结构专业： 王文魁　胡伟红　张　琪

隧道专业： 姚晓励　陈明奎　庞　康　李建林

岩土专业： 周超华　孙帅勤　刘立健　郭雨非

固废专业： 刘　力　王凯楠　刘嘉伟　王海龙　林俊岭
曹东明　田　皞

技经专业： 屈　望　马婉萍　马　郁　赵江湖　李江飞
于　洋　罗　林

商　　务： 庄　年　刘霄阅　李　丹　吴　芳　赵　鑫

标准编制单位：北京市建筑设计研究院有限公司

主管领导： 北京市建筑设计研究院有限公司
第九建筑设计院　院长　曹晓东

项目经理： 曹颖丽

编制负责人： 孙彦亮

建筑部分：　　　　　孙彦亮　耿天一
结构部分：　　　　　刘立杰　张晨军　高鹏飞
给水排水部分：　　　周　睿
暖通空调部分：　　　张建朋
电气部分：　　　　　温燕波　姜青海　马岩

标准编制单位： 华商国际工程有限公司

主管领导：　　　　　华商国际工业设计研究院院长　　　　王　斌
项目经理：　　　　　王　斌　李　坤
制冷工艺设计部分：　李　坤　管佳佳　张　蕊　马　进　王　斌
电气设计部分：　　　叶　芬　张伯乐　张　伟
自动化设计部分：　　李亚娜　贾文宇　高冬冬　叶　芬　张　伟

场馆及市政配套、地灾勘查设计单位： 北京市勘察设计研究院有限公司

主管领导：北京市勘察设计院有限公司　　党委书记、院长　　　　李胜勇
　　　　　地质工程分院　　　　　　　　副院长　　　　　　　　韩　铮
　　　　　　　　　　　　　　　　　　　副院长　　　　　　　　康　凯
　　　　　北京市勘察设计院有限公司　　总工程师　　　　　　　刘长青
　　　　　北京市勘察设计院有限公司　　总工程师　　　　　　　王维理
　　　　　地质工程分院　　　　　　　　副工程师　　　　　　　张宇翔
勘察项目负责人：　　高光亮
设计项目负责人：　　彭有宝
监测检测负责人：　　张建坤
勘察设计项目部：　　陈爱新　赵　佩　王　哲　郭晓光　贾利军　盖怀涛
　　　　　　　　　　王卫华　张　敏　朱成成　卜春昱　谢春光　陈　萌
　　　　　　　　　　他国山　陈　萌　刘青松　盛志战　胡高伟　张晓强
　　　　　　　　　　李　超　王崇臣　吴维伦　黄振涛　杜　川　王慧玲
　　　　　　　　　　李永东　刘力阳　范铁强　王　坚　闫超波　闫凤磊
　　　　　　　　　　马庆讯
监测检测部：　　　　陈昌彦　张　辉　贾　辉　马　龙　李胜强　杨　帆
　　　　　　　　　　高宏伟　白朝旭　苏兆锋　陈义军　刘　国　孙　硕
　　　　　　　　　　王家兴　曹永胜　甄新民　王金明　孙玉辉　张子真
　　　　　　　　　　谭　雪　王　智　马艳军　孙锦锦　朱月战　樊博武
　　　　　　　　　　孔祥凯　李帅帅　董飞虎　赵天海　雷晓鹏　王亚龙
　　　　　　　　　　顾凤顺

比赛雪道及训练雪道高填方加固工程设计单位：中交公路规划设计院
有限公司

主管领导：	总经理助理、市政事业部总经理	吴重男
	市政部总工程师	陶诗君
项目负责人：	刘奉喜　唐世雄	
设计组：	唐世雄　王　朋　马　坤　么玉鹏　袁　昂　汪　胜	
概算组：	徐海静　王　君	

造雪引水工程设计单位：北京市水利规划设计研究院

主管领导：	院长	沈来新
	副院长	石维新
	副院长	刘　勇
	总工程师	付云升
项目经理：		王宗刚
项目主管总工程师：	钱铁柱	
项目设计总负责人：	杨晓蕾	
项目审查：	张　亭　徐静蓉	
水工专业：	钱铁柱　徐静蓉　张　亭　杨晓蕾	
	李　萌　陈文斌　王　雄	
水文专业：	郭金燕　张建涛　赵月芬	
经评专业：	申碧峰　杨　丽　孙　静	
水资源专业：	郭金燕　李恒义　贺国平	
水机专业：	戚兰英　侯　治　邱象玉	
金结专业：	关金良　贾文斌　张雪明	
电气专业：	王君凤　熊小明　康军强	
自动化专业：	赵元寿　谢　迪　刘宝运	
建筑专业：	杨苏燕　赵生成　李艳荣　张晶波	
结构专业：	杨苏燕　张晶波　张育辉	
暖通给排水专业：	杨苏燕　褚伟鹏　苏　宇	
水保环评专业：	王艳梅　高路博　魏尊莉	
造　价：	耿春霞　朱　荔　冷悦霞　谭书芹	
施　组：	耿春霞　刘烨华　程翠林　王海霞	
测　绘：	陈海兵　鹿新壮　韩　帅　石贵新　郭胜利　李　慧	
地　质：	汪德云　张琦伟　袁鸿鹄　张如满	

通信管线设计单位： 中国通信建设集团设计院有限公司

主管领导：	中国通信建设集团设计院		
	有限公司	副总经理	褚　伟
	中国通信建设集团设计院	总经理	杨建华
	有限公司网络通信分公司	副总经理	曹学成
	中国通信建设集团设计院		
	有限公司网络通信分公司	原总经理	吴守阳

项目经理、总负责人： 张志武

项目技术负责人： 王振利

项目分项负责人： 付立宝　王　龙

排洪疏水涵洞设计单位： 中交第四航务工程勘察设计院有限公司

主管领导：	中交第四航务	董事长	李伟仪
	工程勘察设计	总工程师	卢永昌
	院有限公司	原副总经理	肖玉芳
		港航事业部总经理	覃　杰
		建筑设计院直属	
		党支部书记	张兆华

项目经理　总工程师： 钟良生

项目副经理： 李　彬

项目经营主管： 陈章岳

总图专业： 于　梅　许鸿贯　刘　堃

水工专业： 刘洪超　梁　伟　林先炜　杨克勤

给排水专业： 石伟红　李　彬　童　洁

道路堆场、结构专业： 李建宇　张兴明　尹流娟　袁静波　宋鉴学

概算专业： 周敬梓　郭　艳　储银桥

B部分
（延庆冬奥村、山地新闻中心建设及延庆赛区赛后改造运营项目）

建设单位：	北京国家高山滑雪有限公司	
主管领导：	董事长、党支部书记	付连生
	原董事长、总经理	夏　峰
	总经理	吴世革
	副董事长、副总经理	毕崇明
	常务副总经理	王　军

副总经理		杨仲生
副总经理		邱亚猛
财务总监		郑　欣
财务副总监		齐　楠
酒店业主代表		陈红艳
安全总监		夏　刚

设计部：　效　洁　曹　亮　孟令印　赵　越　王冬红　席秋红
　　　　　靳朝红　吴宇晨　姜文博

工程部：　张震环　刘博洋　王　剑　周海龙　余昌旻　王　隽
　　　　　苏　博

安保部：　刘　博　徐利翔　何泽昱　彭思琪

成本部：　陈洪星　陈　超　张宏玉　郑　全　张　烁　李华伟
　　　　　韩国强　李红军　田玉松

前期部：　宋　祎　刘　璐

计划投资部：　杨建刚　管　江　王　博

资产运营部：　赵鹏飞　林海禄　程　琳　尹　悦

财务部：　郭　婷　刘爱民　孙知微　陈　静

综合办公室：　魏建成　安　然　董维伟　童泽璠　章莉婷　张　晶
　　　　　　　杜嘉诚　刘艳菊　王天骏　付春丽

党群工作部：　余　寒　张思源　赵　怡　王胜男　马宇航

司机班：　杨子龙　卢　振　赵瑞强　贾　磊　王松涛　张　健

延庆冬奥村、山地新闻中心项目一标段施工单位：北京住总集团有限责任公司

主管领导：工程总承包二部总经理、党总支副书记		兰卫东
党总支书记、副经理		黄　群
党总支副书记、副经理		李凤山
党总支委员、工会主席		边孟欣
党总支委员、总会计师		程万友
党总支委员、副经理		朱燕军
党总支委员、副经理		王新国
副经理		王　军
总工程师		袁勇军
安全总监		贾满山
经营负责人		武洪奇
副总经济师		李　欣
总经理助理		王　震

项目经理：				谭小龙		

项目经理：　　　　　　　谭小龙
项目书记：　　　　　　　刘云龙
项目主任工程师：　　　　许明友
冬奥村项目生产经理：　　刘长海
山地新闻中心项目生产经理：张东彪
安全总监：　　　　　　　李　强
经营经理：　　　　　　　商　垒
行政经理：　　　　　　　佟堡坤
财务负责人：　　　　　　刘　旭
书记助理：　　　　　　　杨耀钧
副主任工程师：　　　　　贾启俊
机电负责人：　　　　　　陈建军

项目部：　　马金良　武文超　常　闯　刘文化　刘天贵　范　航
　　　　　　李　通　周春澍　南兴茂　康　磊　丁　浩　耿淑媛
　　　　　　李　静　张子龙　边广群　刘冰鑫　贺佳雯　郑关英
　　　　　　孙京龙　史志光　白鹏飞　闫　立　樊晓光　崔志保

土建施工组：　王陆珠　肖劲松　张新建　郝明辉
机电安装组：　张小军　韩海军　张　军　李后坤　冯　宗　顾跃进
装饰装修组：　曹　伟　朱　勉　王马扣　华腾玺　郭继红　王勇平
　　　　　　　陈威强　尚组印　何　强
钢结构组：　张俊杰
园林绿化组：　马　龙
后勤保障组：　张　燕

延庆冬奥村、山地新闻中心项目二标段施工单位：中国建筑一局（集团）有限公司

主管领导：　中建一局华江　党委书记、董事长　　　　　　杜鑫丹
　　　　　　建设有限公司　党委副书记、总经理　　　　　　刘彦明
　　　　　　　　　　　　　党委副书记、纪委书记、工会主席　房　薇
　　　　　　　　　　　　　副总经理、总工程师　　　　　　董清崇
　　　　　　　　　　　　　副总经理　　　　　　　　　　　谢启超

项目经理、书记：　　　　谢启超
执行经理、总工程师：　　殷　博
专职副书记：　　　　　　赵晋忻
商务经理：　　　　　　　石大志
生产经理：　　　　　　　秦东明

机电经理：	高鑫鑫			
安全总监：	董建宏	李国清		
质量总监：	周亮			
财务总监：	赵志芳			

项目部：	魏倩	卡的力艳木·依那木江	杨婧琦	李江红
	张雷	莘建	李明磊	程哲	李好强	李璋
	石博文	段胜超	覃逸	习晓阳	胡朝华	李剑
	李博	姜佳维	牛锐	刘春江	赵勇勇	于兵
	穆美君	李雨泽	连小峰	张磊	仝景雷	黄敏
	王云	刘博	张臣	张慧娟	裴晓鸾	何越
	周萱	王宇洁	李硕	张杰	成泽宇	张正垚
	倪向荣	张柏然	胡凤江	余俊江	李贺	陈思
	杨雨龙	蒋园园	刘志华	张腾	窦海潮	杨逸博
	周杰	范瑞强	路林潮	杨恋	王书娟	张平
	欧阳仁韬	张腾	刘波	安沛	王建巍	

延庆冬奥村、山地新闻中心及
配套基础设施建设项目勘察单位：北京市地质工程勘察院

主管领导：	法定代表人、总工程师	何运晏
	副总工程师	陈刚
项目负责人：	黄骁	
常务负责人：	王泽龙	张威
技术负责人：	贺文静	郑小燕

项目部：	宋炳川	方宇翔	牛立东	杜红旺	张顺智	李春荣
	田小甫	刘永刚	刘洋	周立	王鹏飞	高拓
	李嵚	赵爱晨	邹新悦	刘静	刘文龙	塔天琪
	王秀丽	陈俊良	李超	刘立岩	吕江亭	柴智
	朱德朋	付宁宁	郭同强			

延庆冬奥村、山地新闻中心机电弱电顾问单位：迈进工程设计咨询（北京）
有限公司

主管领导：	董事、总经理	俞涛
	技术董事	井金华
项目经理：		井金华
项目总监：		俞涛
暖通空调组：	韩蓓	张英男	马良	毕研波

给排水组：　徐　诚　刘　迎　王　倩　张　钦
电气组：　　周红菱　郭立元　田　野　张　剑　何发兴

延庆冬奥村小庄户村遗址文物
保护和展示利用工程方案设计单位：北京市文物建筑保护设计所

主管领导：　　　　　　　　　所长、总工程师　黎冬青
　　　　　　　　　　　　　　总工办主任　　　肖　辉
文物本体核定和保护区划定项目组负责人：　　夏艳臣
文物保护和展示利用工程方案项目组负责人：　刘　恒
文物本体核定和保护区划定项目组成员：　　　刘凤阳　王　夏　沈雨辰
文物保护和展示利用工程方案项目组成员：　　刘凤阳　夏艳臣

延庆冬奥村 D6 居住组团超低能耗咨询单位：北京实创鑫诚节能技术有限公司

主管领导：　总经理　　　　　　　　　　　陈　颖
　　　　　　副总经理　　　　　　　　　　史　阳
　　　　　　超低能耗咨询技术总工程师　　王　盟
　　　　　　咨询部经理　　　　　　　　　闫　硕
咨询部：　王婕宁　杜志萍　曹　闯　李栋钒

延庆冬奥村、山地新闻中心厨房设计单位：腾卡室内设计（上海）有限公司

主管领导：总经理　　　　李志敏
项目总监：　　　　　　　苏佐彬
项目经理：　　　　　　　刘　芳
项目助理：　　　　　　　张　岩

延庆山地新闻中心超低能耗咨询顾问：北京建筑节能研究发展中心

主管领导：常务副主任　　鲍宇清
　　　　　　副主任　　　　周　宁
　　　　　　低碳建筑部副主任　王亚峰

延庆冬奥村、山地新闻中心幕墙顾问单位：中国建筑科学研究院有限公司

主管领导：幕墙所所长　　　李　滇
项目总负责人：　　　　　　李　滇　屈华一

设计负责人：	潘光永
结构负责人：	李 腾
设计组：	谢 波　华志亮　张学凯　吴英国　范海森

规划设计气候服务咨询单位：北京万云科技开发有限公司

主管领导：	总经理	宋海岩
	副总经理	丁 谊
	总工程师	杨立鑫
项目经理：		王文栋
项目总工程师：		穆鸿雨
项目总经济师：		王可华

配电网规划单位：　北京电力经济技术研究院有限公司

主管领导：	副总经理	张 凯
	规划评审中心主任	秦 冰
	专业总工程师	左向红
	副主任	张 璞
	配网规划室主任	张 帆
	配网规划室主任工程师	刘方蓝
项目组：	刘昊羽　张 磊　赵经纬	

配电网设计单位：　北京京电电力工程设计有限公司

主管领导：	执行董事、总经理	李 蕴
	党总支书记	孙守龙
	副总经理	冷志铎
	副总经理	蔡有军
	设计中心主任	陈 尚
A 包设计总负责人：	王 艳	
B 包设计总负责人：	刘春磊	
送电组：	王占旭　赵宇涵　王汇渊　刘 婷　魏远赫　韩召芳	
变电组：	张凤华　段红阳　王 鑫　孙 静	
土建组：	宋 澎　韩 烨　隋潇洋　金 林　郭玉博　乔 祺	
	胡振兵	
通信组：	李铭阳	

临时设施集成服务项目施工单位： 　　中交一公局集团有限公司

项目经理： 　　樊兆卫

项目书记： 　　王　猛

副经理： 　　崔　尧

副经理： 　　范德立

总经济师： 　　董利艳

总工程师： 　　李晓光

安全总监： 　　王春平

项目部： 　　孙铭鸿　郭镇玮　冉国强　何宏星　付建丰　石建磊
　　　　　　闫洪伟　柴福贺　于佳尼　王　磊　李世杰　康科鹏
　　　　　　汲喜林　陈浩达

西大庄科村多功能用地项目施工单位： 中交一公局集团有限公司

项目经理： 　　李　超

副经理： 　　张晓刚　周士佳

安全总监： 　　贺永亮

技术负责人： 　　付宏亮

项目部： 　　关　怀　崔　琦　马双燕　邢晓东　张欣宇　姚曙光
　　　　　　赵海燕　欧远峰　刘双全

北京 2022 年冬奥会延庆赛区竞赛项目一览

北京 2022 年冬奥会延庆赛区金牌榜

大项	小　项	金牌获得者	国家
高山滑雪	男子滑降	贝亚特·费乌兹	瑞士
	女子大回转	莎拉·赫克托	瑞典
	男子超级大回转	马蒂亚斯·迈尔	奥地利
	女子回转	彼得拉·弗尔霍娃	斯洛伐克
	男子全能	约翰内斯·施特罗尔茨	奥地利
	女子超级大回转	拉拉·古特-贝赫拉米	瑞士
	男子大回转	马尔科·奥德马特	瑞士
	女子滑降	科琳娜·祖特尔	瑞士
	男子回转	克莱芒·诺埃尔	法国
	女子全能	米歇尔·吉辛	瑞士
	混合团体	卡塔琳娜·特吕佩、斯特凡·布伦施泰纳、卡塔琳娜·林斯伯格、约翰内斯·施特罗尔茨	奥地利
雪车雪橇	男子单人雪橇	约翰内斯·路德维希	德国
	女子单人雪橇	纳塔莉·盖森贝格尔	德国
	雪橇双人雪橇	托比亚斯·文德尔、托比亚斯·阿尔特	德国
	雪橇团体接力	纳塔莉·盖森贝格尔、约翰内斯·路德维希、托比亚斯·文德尔、托比亚斯·阿尔特	德国
	男子钢架雪车	克里斯托弗·格罗特赫尔	德国
	女子钢架雪车	汉娜·奈泽	德国
	女子单人雪车	凯莉·汉弗莱斯	美国
	男子双人雪车	弗朗西斯科·弗里德里希、托尔斯滕·马吉斯	德国
	女子双人雪车	劳拉·诺尔特、德博拉·莱维	德国
	男子四人雪车	弗朗西斯科·弗里德里希、托尔斯滕·马吉斯、坎迪·鲍尔、亚历山大·许勒尔	德国

2016——2022
奋斗铸就辉煌

向建设者致敬